校企合作双元开发实用教材
高等职业院校技能型人才培养新形态立体化教材

电机与电气控制技术（第2版）

主　编◎程晶晶（武昌职业学院）
　　　　　贺　兵（武昌职业学院）
副主编◎陈俊丽（武昌职业学院）
　　　　　陶　成（武昌职业学院）
　　　　　吴志文（武昌职业学院）
　　　　　骆成军（武昌职业学院）

西南交通大学出版社
·成　都·

图书在版编目（CIP）数据

电机与电气控制技术 / 程晶晶，贺兵主编. - 2版. 成都 ：西南交通大学出版社，2024. 8. --（校企合作双元开发实用教材）（高等职业院校技能型人才培养新形态立体化教材）. -- ISBN 978-7-5774-0016-7

Ⅰ. TM3; TM921.5

中国国家版本馆 CIP 数据核字第 2024K9Z145 号

校企合作双元开发实用教材
高等职业院校技能型人才培养新形态立体化教材
Dianji yu Dianqi Kongzhi Jishu（Dier Ban）

电机与电气控制技术（第 2 版）

主　编／程晶晶　贺　兵

策划编辑／罗在伟
责任编辑／雷　勇
封面设计／何东琳设计工作室

西南交通大学出版社出版发行
（四川省成都市金牛区二环路北一段 111 号西南交通大学创新大厦 21 楼　610031）
营销部电话：028-87600564　　028-87600533
网址：http://www.xnjdcbs.com
印刷：成都市新都华兴印务有限公司

成品尺寸　185 mm × 260 mm
印张　14.25　　字数　318 千
版次　2021 年 2 月第 1 版
　　　2024 年 8 月第 2 版
印次　2024 年 8 月第 3 次

书号　ISBN 978-7-5774-0016-7
定价　46.00 元

前言 Preface

“电机与电气控制技术”是高职高专机电类、电气信息类和电子信息类的一门专业基础课程。本教材切合学生的实际情况，根据高职院校的专业要求，以实用为原则、“工学结合”为指导，在内容编排上改变了以知识能力点为体系的框架，采用理论联系实践活动为组织编排本教材。为了适应高职高专教育体制改革的需要，培养符合社会经济发展、服务于生产第一线的高技能技术应用型人才，适用型教材的建设不可或缺，教材的改革是实现教学改革的重要手段。本教材的内容把增强学生的职业适应能力和应变能力作为课程目标的基本要素，形成“基本素质—— 职业能力—— 岗位技能”三位一体的课程目标模式，培养的学生既具有迅速上岗的能力，又有可持续发展和创新的能力。

本教材遵循“精选内容、项目化结构、任务驱动、合理排序、突出应用”的原则，力求做到以基本知识为基础，以专业目标培养为主线，体现针对性、实用性、先进性、适用性。将新知识融入以及由浅入深、循序渐进的方式进行编写。

主编带领全体参编人员树立精品教材意识，对教学内容、教学条件、教学手段与方法按思想的先进性、科学性、适用性的原则进行统筹安排，特别是结合高职高专教育的特点，使教材具有鲜明的基础性、可操作性、实用性的特点，使学生能学以致用，走上工作岗位后能较快地解决实际的工程技术问题。同时，在编写的过程中将教材中的重点、难点内容进行分散，使之图文并茂、易学易懂，也便于有关技术人员自学。

本教材由程晶晶（武昌职业学院）、贺兵（武昌职业学院）担任主编，陈俊丽（武昌职业学院）、陶成（武昌职业学院）、吴志文（武昌职业学院）、骆成军（武昌职业学院）担任副主编。具体分工：程晶晶、贺兵负责教材的统稿和校对；程晶晶负责教材项目一、项目二、项目三、项目四、项目七和项目八的编写；陈俊丽老师负责项目五、项目六的编写；陶成老师负责提供基层岗位所用装备的典型案例；吴志文老师负责所有项目练习题的编写；骆成军老师负责全书审读。 贺兵、吴志文、陶成均具有基层军队及军士院校多年的工作经历，提供了装备的典型案例，并对书中生产应用相关内容的撰写进行指导。

由于编者水平有限，书中难免存在不足之处，敬请广大读者批评指正。

编　者
2024 年 5 月

数字化教学资源目录

目 录 Contents

项目 1

PART ONE

变压器的运行与应用

任务 1.1　变压器的认识与使用

1.1.1　变压器的结构、用途与分类

1. 变压器的用途

变压器是一种静止的电气设备，是应用电磁感应原理来改变电压、电流的装置。在电力系统和电子线路中，变压器有着广泛的应用。在输送电方面，输电线路的电压越高，线路中的电流和相应的线路损耗就越小。由于发电机受绝缘结构的制约，输出电压不可能太高，需要利用变压器把发电机输出电压升高到输电电压，然后接入输电线路进行传送。

在用电方面，为了保证用电安全和满足用电设备的电压要求，需要利用变压器把输电线路上的高压降低到配电电压，供用户使用。

在电子线路中，变压器常用于实现信号的传递、阻抗的匹配。在电焊、整流、测量等方面，也需要各种专用变压器，图 1-1-1 所示为变压器的实物外形图。

（a）安装图　　（b）外观图

图 1-1-1　变压器实物图

变压器是一种静止的电磁机械，主要由铁心和线圈组成，通过磁的耦合作用把交流电从一次侧传送到二次侧。变压器利用铁心上一次绕组和二次绕组匝数的不等，改变绕组上的电压与电流。

图 1-1-2 是双绕组变压器的原理图。接电源的线圈称为一次绕组，与负载相连的线圈称为二次绕组。一次绕组和二次绕组的匝数分别用 N_1 和 N_2 表示。

变压器的主要组成部分是铁心和绕组，铁心是磁路部分，绕组是电路部分。铁心与绕组构成变压器的主体，它们装配在一起称为变压器的器身。对于大、中容量的变压器，为了改善散热条件，器身要进行油冷或风冷。油冷是将变压器器身浸在盛满变压器绝缘油的密封油箱中，借助绝缘油的导热作用，通过变压器外壳的散热装置，将变压器工作时产生的热量传送到外界。各绕组的出线端用绝缘套管引出。此外，为了变压器能安全、可靠地运行，一般还设有附件。

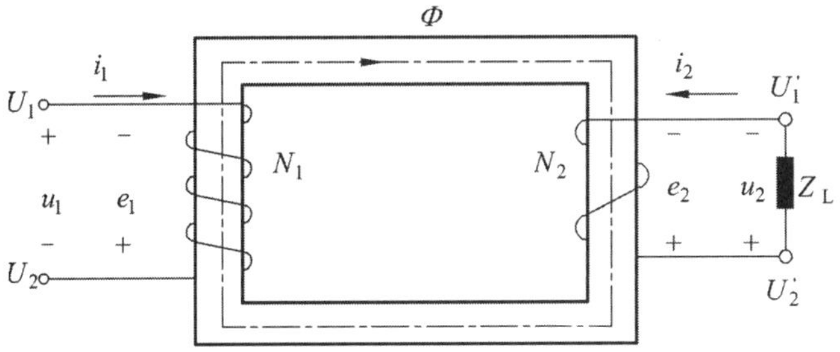

图 1-1-2　双绕组变压器的原理图

2. 变压器的结构

变压器的结构如图 1-1-3 所示。

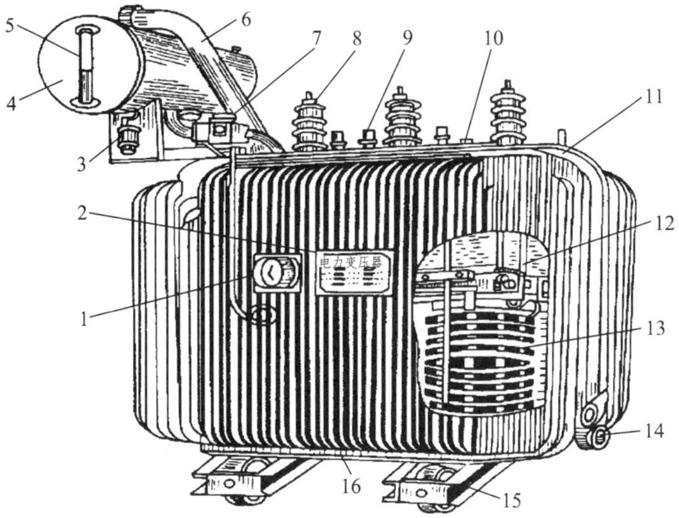

1—信号温度计；2—铭牌；3—吸湿器；4—油枕；5—套管；6—防爆罐；
7—瓦斯继电器；8，9—高低压套管；10—分接开关；11—油箱；
12—铁心；13—绕组；14—放油阀；15，16—接地端子。

图 1-1-3　变压器的结构示意图

1）铁心

变压器的铁心由 0.28 ~ 0.35 mm 厚的硅钢片叠成的。叠片的两面均涂有绝缘漆，使叠片间绝缘，以减小涡流损耗。另外，为了减小磁阻与励磁电流，铁心中不能有明显的间隙，每层叠片的接缝需要相互错开。由于硅钢片在顺轧制方向有较高的磁导率和较小的损耗，为了避免磁力线与硅钢片轧制方向直交，一般多采用全斜接缝，可以使空载电流下降 20%～30%，铁心损耗下降 7%～10%。

图 1-1-4（a）所示的心式铁心变压器中，一次、二次绕组环绕在铁心柱上。这种铁心构造比较简单，是一种应用较多的结构形式。另外，在这种结构中有较多的位置装设绝缘，适用于电压较高的变压器。

图 1-1-4（b）所示的壳式变压器中，一次、二次绕组被铁心包围。这种变压器用铜量较少，铁心散热较容易，适用于小功率大电流的单相变压器和特殊用途的变压器，如电焊变压器、电炉变压器等。

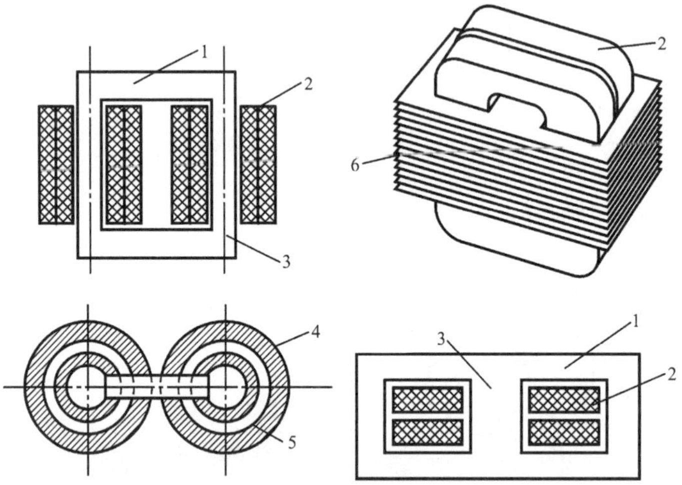

（a）心式结构　　（b）壳式结构

1—铁轭；2—绕组；3—铁心柱；4—高压绕组；5—低压绕组；6—铁心。

图 1-1-4　变压器铁心的结构形式

变压器铁心内的磁通是交变的，因此会产生一定的磁滞损耗与涡流损耗。为了减少铁心内的这些损耗，铁心通常都用表面涂有漆膜、厚度为 0.35 mm 或 0.5 mm 的硅钢片冲压成一定的形状后叠装而成。新型节能变压器的铁心采用非晶合金铁心材料制成，其空载损耗大为降低，所以要积极推广采用。可以这样说，变压器的发展史就是铁心的发展史，铁心的类型从 1885 年的卷铁心、1903 年的热轧硅钢片、1935 年的晶体无取向硅钢片，到 1964 年晶体有取向的冷轧硅钢片，最后发展为 1974 年至 1980 年的非晶合金钢片。

2）绕组

根据变压器高压绕组与低压绕组的相对位置，绕组可分为同心式与交叠式两种。

同心式绕组适用于心式变压器，一般低压绕组套在里面而高压绕组套在外面。高压绕组与低压绕组之间有一定的绝缘间隙，并用绝缘纸筒隔开，绝缘厚度根据绕组额定电压而定。

同心式绕组根据制造方法的不同，又可分为圆筒式、螺旋式、连续式和纠结式等，如图 1-1-5 所示。

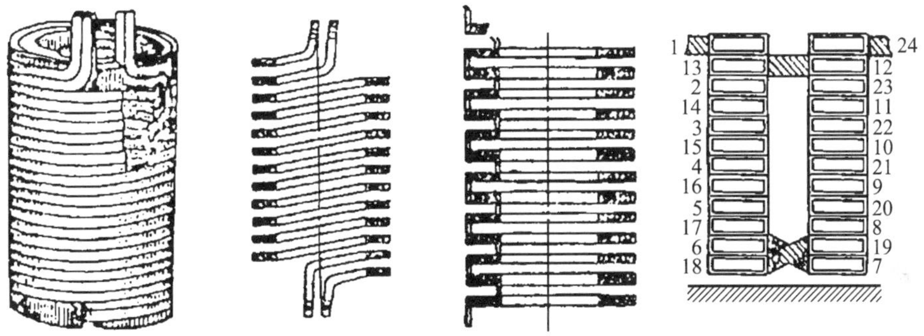

（a）圆筒式　（b）螺旋式　（c）连续式　（d）纠结式

图 1-1-5　同心式绕组的几种形式

3）油箱

油箱由箱体、箱盖、散热装置、放油阀组成，其主要作用是把变压器连成一个整体并进行散热，其内部是绕组、铁心和变压器油。变压器油既有循环冷却和散热作用，又有绝缘作用。绕组与箱体（箱壁、箱底）有一定的距离，通过油箱内的油绝缘。油箱一般采用散热管油箱。散热管的管内两端与箱体内相通，油受热后，经散热管上端口流入管体，冷却后经下端口流回箱内，形成循环。散热管油箱用于 1 600 kV · A 及以下的变压器。还有一种带有散热器的油箱，用于 2 000 kV · A 以上的变压器。

4）油枕

油枕的容积一般为箱体容积的 10%，其作用是储油和补油，保证变压器的油位高度，减少油面与空气的接触面积，减缓油的氧化过程。空气中吸入的水分、灰尘和氧化油垢沉积于油枕的底部积污区，减缓了绝缘油劣化速度，当变压器内部故障时，箱体内压增大，油枕起到减缓内压的作用。

5）呼吸器

油枕经呼吸器与大气相通，呼吸器内装有氯化钙或氯化钴浸渍过的硅胶。当大气流入后，硅胶吸收空气中的水分和杂质，起到过滤空气、使绝缘油保持良好性能的作用。

6）散热器

运行中的变压器箱体内的上、下油产生温差时，绝缘油经散热管形成对流循环，经散热器冷却后流回油箱底部，起到降低油温的作用。大容量变压器运行中，为了提高油冷却的效果，采用的冷却方式主要包括：

（1）油浸自冷式。

（2）油浸风冷式。

（3）强迫油循环风冷式。

（4）强迫油循环水冷式。

7）防爆管

防爆管装于变压器的顶盖上，通过喇叭形的管子与大气相通，管口用玻璃防爆膜封住。当运行中的变压器内部发生故障而其保护装置失灵时，变压器箱体内压增大，超过一定数值后，防爆玻璃破裂，将油分解的气体排出，防止了变压器内部压力骤增对油箱的破坏。

8）绝缘套管

绝缘套管是变压器高、低压绕组引线的固定和连接装置。变压器绕组通过绝缘套管、接线端子从内部引出到外部，与一次、二次电路连接，是变压器相对箱体的绝缘部分。

9）瓦斯继电器

瓦斯继电器是一种非电量的气体继电器，装于变压器油箱和油枕连接管上，是反映变压器内部故障的保护装置。变压器运行中发生故障时，若故障不严重，油箱内压力增大，瓦斯继电器的触点接通发出信号；若变压器内部严重故障，油箱内压力剧增，瓦斯继电器触点接通动作，断路器跳闸，防止故障的扩大。

10）分接开关

分接开关是调整变压器变比的装置，双卷变压器、三卷变压器的一次、二次绕组一般有 3～5 个分接抽头挡位。三挡分接头的中间挡位为分接头额定电压，相邻的分接头相差±5%；五挡分接头的变压器相邻的分接头相差±2.5%；对有载调压变压器，相邻的分接头相差±1.25%。改变分接头的位置，可调节中压和低压绕组的输出电压。

无励磁调压是在不带电的情况下进行切换分接头的调压方式，在实际应用中通过停电来切换变压器分接开关往往是不允许的，这就需要能在带电的情况下切换分接头的调压装置即有载调压方式。

有载调压装置的基本原理就是将变压器引出的分接头通过有载开关，在保证不切断负载电流的情况下由一个分接头切换到另一个分接头以改变变比，从而实现调压。这种方式可以适用于各种容量的变压器。

3. 变压器的分类

变压器按照用途可分为电力变压器和特种变压器。

变压器按照绕组数目可分为单绕组（自耦）变压器、双绕组变压器、三绕组变压器和多绕组变压器。

变压器按照相数可分为单相变压器、三相变压器和多相变压器。

变压器按照铁心结构可分为心式变压器和壳式变压器。

变压器按照调压方式可分为无励磁调压变压器和有载调压变压器。

变压器按照冷却介质和冷却方式可分为干式变压器、油浸式变压器和充气式变压器。

1.1.2 变压器的使用

1. 型 号

变压器的型号由两部分组成：前一部分描述变压器的种类、结构、特征和用途，用汉语拼音表示；后一部分描述变压器的容量和绕组的等级，用具体的数字表示。例如：S9-315/10 型变压器，表示这是三相油浸式铜绕组电力变压器，其容量为 315 kV · A，一次侧额定电压为 10 kV。

2. 额定参数

1）额定电压

一次侧额定电压 U_{1N}：根据绝缘程度和允许发热量，规定施加在变压器一次绕组上的工作电压有效值。

二次侧额定电压 U_{2N}：在变压器一次侧施加额定电压 U_{1N} 时二次侧空载电压有效值。

三相变压器一次侧和二次侧额定电压均指线电压。

2）额定电流

变压器一次侧额定电流 I_{1N} 和二次侧额定电流 I_{2N} 是指在变压器允许温升范围内，一次侧绕组和二次侧绕组长期允许通过的电流。

三相变压器一次侧额定电流和二次侧额定电流均指线电流。

单相变压器额定电流：

$$I_{1N}=\frac{S_N}{U_{1N}} \qquad I_{2N}=\frac{S_N}{U_{2N}} \tag{1-1-1}$$

式中　S_N——变压器额定容量。

三相变压器额定电流：

$$I_{1N}=\frac{S_N}{\sqrt{3}U_{1N}} \qquad I_{2N}=\frac{S_N}{\sqrt{3}U_{2N}} \tag{1-1-2}$$

式中　S_N——变压器额定容量。

3）额定容量

二次侧的额定视在功率称为额定容量 S_N，为二次侧额定电压和额定电流的乘积，反映了变压器的传递功率的能力。

单项变压器额定容量：

$$S_N=U_{2N}\cdot I_{2N} \tag{1-1-3}$$

三相变压器额定容量：

$$S_N = \sqrt{3} U_{2N} \cdot I_{2N} \qquad (1\text{-}1\text{-}4)$$

4）短路电压百分比 $U_d\%$

变压器二次侧短路，一次侧慢慢施加电压直到二次侧产生的短路电流等于二次侧的额定电流 I_{2N}，所对应的电压称为短路电压，短路电压百分比 $U_d\%$为短路电压与额定相电压之比的百分值。

$$U_d\% = \frac{U_d}{U_{1N}} \times 100\% \qquad (1\text{-}1\text{-}5)$$

5）空载电流百分比 $I_0\%$

变压器二次侧开路，一次侧施加额定电压 U_{1N}，流过一次侧的电流称为空载电流，空载电流百分比 $I_0\%$为空载电流与额定电流之比的百分值。

$$I_0\% = \frac{I_0}{I_{1N}} \times 100\% \qquad (1\text{-}1\text{-}6)$$

6）空载消耗 P_0

变压器二次侧开路，一次侧施加额定电压 U_{1N}，变压器损耗 P_0 近似等于变压器的铁损。

7）短路损耗 P_d

变压器二次绕组短路，一次绕组施加电压使其电流达到额定值时，变压器从电源吸收的功率称为短路损耗 P_d。

8）额定温升

额定温升是以 40°C 的环境温度为参考，规定在运行中允许的变压器温度超出环境温度的最大值。按照相关规定，绕组的温升值为 65°C，上层油面的温升限值为 35°C，确保变压器上层油面最高温度不超过 95°C。

9）冷却方式

铭牌上标明了变压器稳定运行时的冷却循环方式和冷却介质。

10）连接组号

连接组号是三相变压器一次侧和二次侧连接时与极性相关联的一种代号，表示变压器一、二次绕组对应电压之间的相位关系。

常见的连接方式有星形联结、三角形联结、曲折联结。图 1-1-6 所示为三相变压器绕组接法。

星形接法是将三个绕组的尾端 X、Y、Z 接成中性点 O，将首端 A、B、C 引出。三角形接法中的逆序三角形接法将相邻绕组的首、末端相连，而顺序三角形接法将相邻绕组的末、首相连，然后都从三相首端 A、B、C 引出。曲折连接法将每相绕组分成两半，然后将每一相绕组的一半与相邻绕组的下一半倒串联组成新的一相，将 A_2、B_2、C_2 连在一起作为中性点。

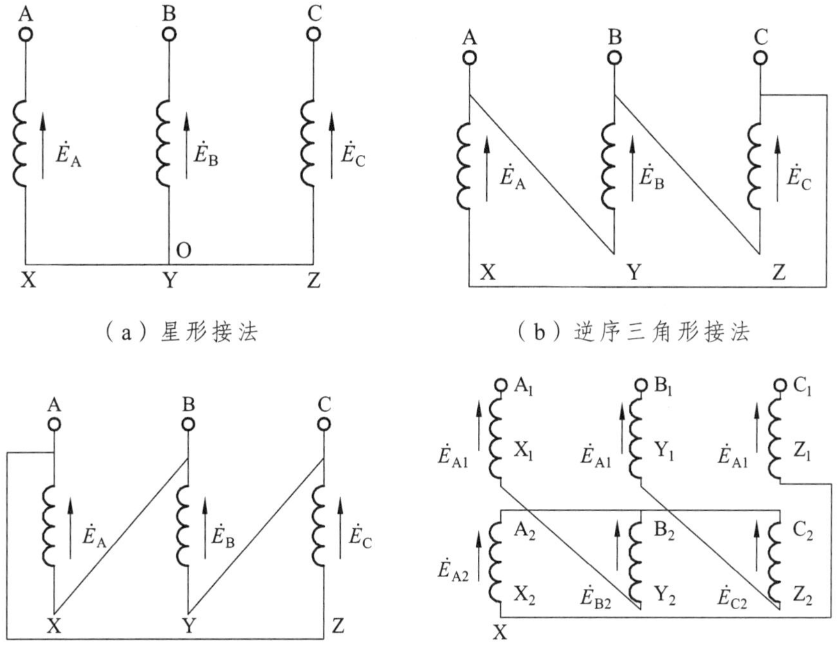

（a）星形接法　　（b）逆序三角形接法

（c）顺序三角形接法　　（d）曲折形接法

图 1-1-6　三相变压器绕组接法

三相变压器一次绕组和二次绕组根据不同的接线方式连接后，其一次电压和二次电压对应的相量之间存在相位差。这种相位差，以前一般采用时钟法表示，现在一般采用变压器连接组标号法表示。时钟法和连接组标号法主要包括：

（1）时钟法：采用线电压相量间的角度，分成 12 个时区，每隔 30°为一种号。将一次侧线电压相量定为时钟的分针，定位于 12 时区上；将二次侧线电压相量定为时针，所指的时区数即为变压器的连接组别的组号。

（2）连接组标号法：相位差表示为一次侧绕组和二次绕组对应端与中性点（三角形联结为虚设中性点）之间的电压相量角度差。相位差为 30°的倍数，标号为 0、1、2、3、4、5、6、7、8、9、10、11、12。为了实现变压器设计、制造的标准化，连接组标号仅为 0 和 11 两种，如图 1-1-7 和图 1-1-8 所示。

图 1-1-7 所示的连接组别一般用在低压侧电压为 400/230 V 的配电变压器中，供电给动力和照明混合负载。三相动力负载用 400 V 线电压，单相照明负载用 230 V 相电压。yn 表示星形连接的中心点引至变压器箱壳的外面再与“地”相接。

图 1-1-8 所示的连接组别通常用于低压侧电压高于 400 V，高压侧电压为 35 kV 及以下的输配电系统中。

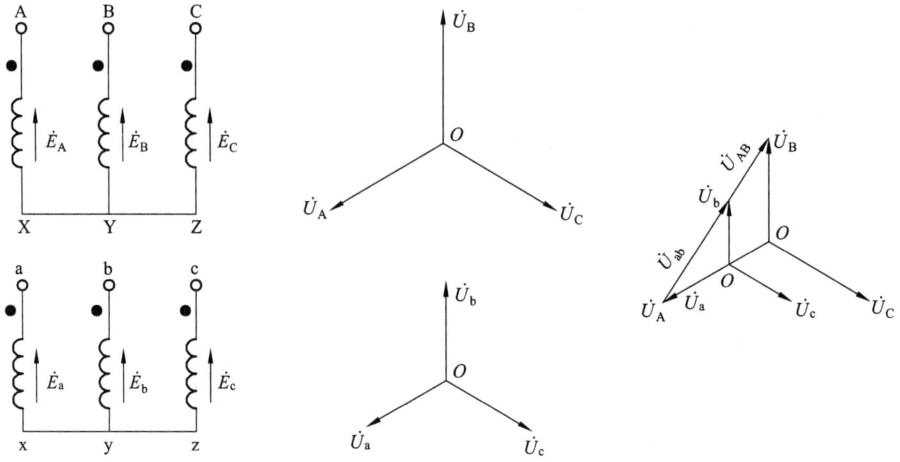

（a）连线　　　　（b）向量

图 1-1-7　Y/yn0（Y/y0-12）接线图和向量图

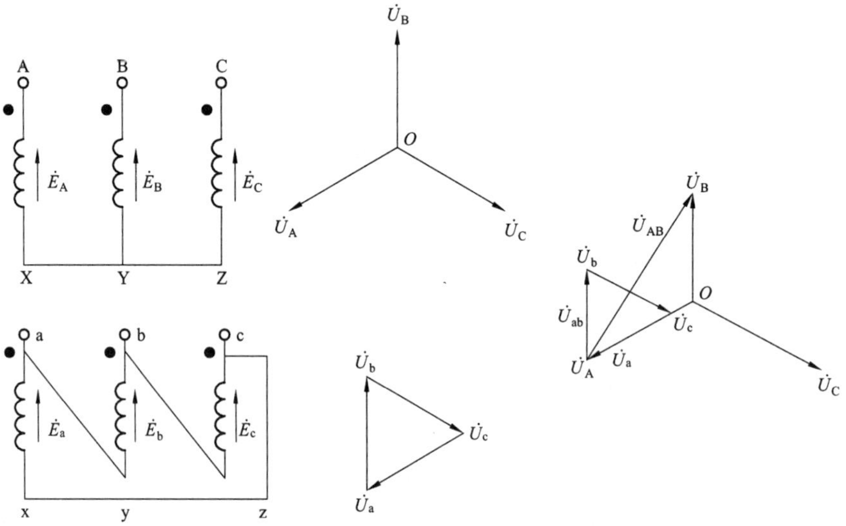

（a）连线　　　　（b）向量

图 1-1-8　Y/d11 接线图和向量图

任务 1.2　单相变压器的认识与使用

1.2.1　单相变压器的空载运行

空载是指变压器的一次侧绕组（初级 1）连接到电源，二次侧绕组（次级 2）开路。

1. 空载运行时的物理情况

单相变压器空载运行结构示意图如图 1-2-1 所示。

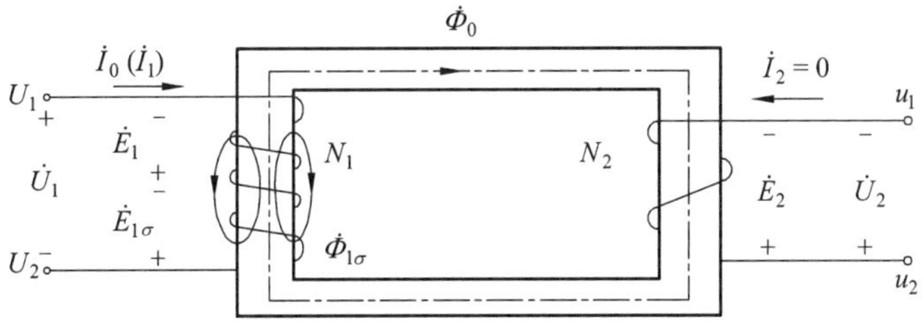

图 1-2-1 单相变压器空载运行结构示意图

1）变压器空载时各电磁量间的关系

变压器空载时各电磁量间的关系如图 1-2-2 所示。

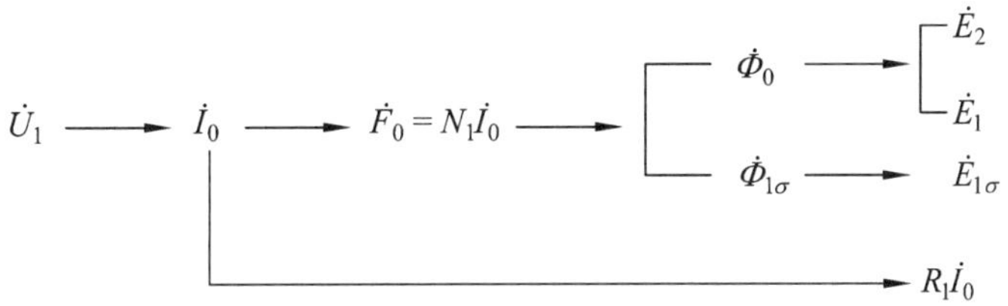

图 1-2-2 变压器空载时各电磁量间的关系

主磁通与漏磁通的区别：

（1）性质上的区别：Φ_0 与 I_0 呈非线性关系；$\Phi_{1\sigma}$ 与 I_0 呈线性关系。

（2）数量上的区别：占 99% 以上，仅占 1% 以下。

（3）作用上的区别：Φ_0 起传递能量的作用，$\Phi_{1\sigma}$ 起漏抗压降作用。

2）各电磁量参考方向的规定

规定电流的正方向与该电流所产生的磁通正方向符合“右手螺旋”定则，规定磁通的正方向与其感应电势的正方向符合“右手螺旋”定则。电流正方向与电势正方向一致。

3）感应电动势分析

（1）主磁通感应的电动势——主电动势。

$$E_1=E_{1\mathrm{m}}/\sqrt{2}=\sqrt{2}\pi fN_1\Phi_\mathrm{m}=4.44fN_1\Phi_\mathrm{m} \quad (1\text{-}2\text{-}1)$$

$$E_2=E_{2\mathrm{m}}/\sqrt{2}=\sqrt{2}\pi fN_2\Phi_\mathrm{m}=4.44fN_2\Phi_\mathrm{m} \quad (1\text{-}2\text{-}2)$$

当主磁通按正弦规律变化时，变压器的一次侧主电动势也按正弦规律变化，在相位上滞后主磁通 90°。该主电动势的大小与电源频率、绕组匝数及主磁通的最大值成正比。

（2）漏磁通感应的电动势。

$$E_{1\sigma}=4.44fN_1\Phi_{1\sigma} \quad (1\text{-}2\text{-}3)$$

$$\dot{E}_{1\sigma} = -\mathrm{j}4.44 f N_1 \dot{\Phi}_{1\sigma\mathrm{m}} \tag{1-2-4}$$

漏电动势也可以用漏抗压降来表示，即 $\dot{E}_{1\sigma} = -\mathrm{j}\omega L_{1\sigma}\dot{I}_0 = -\mathrm{j}\dot{I}_0 X_1$。

由于漏磁通主要经过非铁磁路径，磁路不饱和，故磁阻很大且为常数，所以漏电抗很小且为常数，它不随电源电压负载情况而变。

2. 空载电流和空载损耗

1）空载电流

（1）构成。

空载电流包含两个分量，一个是建立磁场的励磁分量，另一个是供铁损的铁损分量。

$$\dot{I}_0 = \dot{I}_{0\mathrm{a}} + \dot{I}_{0\mathrm{r}} \tag{1-2-5}$$

（2）性质和大小。

由于空载电流的无功分量远大于有功分量，所以空载电流主要表现为感性无功性质，也称励磁电流。

空载电流的大小与电源电压和频率、线圈匝数、磁路材质及几何尺寸有关，用空载电流百分比 $I_0\%$ 来表示。

$$I_0 = \frac{I_0}{I_\mathrm{N}} \times 100\% \tag{1-2-6}$$

2）空载损耗

变压器空载时一次侧从电源吸收少量有功功率 P_0，供铁损 P_{Fe} 和绕组铜损 $I_0^2 R_1$。由于 I_0 和 R_1 均很小，所以 $P_0 \approx P_{\mathrm{Fe}}$，即空载损耗近似为铁损耗。

$$P_{\mathrm{Fe}} \propto B_\mathrm{m}^2 \cdot f^{1.3} \tag{1-2-7}$$

对于已制成变压器，铁损与磁通密度幅值的平方成正比，与电流频率的 1.3 次方成正比，空载损耗约占额定容量的 0.2% ~ 1%，随变压器容量的增大而下降。为了减少空载损耗，优化设计结构时一般采用优质铁磁材料，如优质硅钢片、激光化硅钢片或应用非晶态合金。

3. 空载电动势方程

1）一次侧电动势平衡方程

$$\dot{U}_1 = -\dot{E}_1 - \dot{E}_{1\sigma} + \dot{I}_0 R_1 = -\dot{E}_1 + \dot{I}_0 R_1 + \mathrm{j}\dot{I}_0 X_1 = -\dot{E}_1 + Z_1 \dot{I}_0 \tag{1-2-8}$$

漏阻抗压降很小和忽略不计，式（1-2-8）改写成有效值形式，有

$$U_1 \approx E_1 = 4.44 f N_1 \Phi_\mathrm{m} \tag{1-2-9}$$

则

$$\Phi_{m} = \frac{E_1}{4.44 f N_1} \approx \frac{U_1}{4.44 f N_1} \quad (1\text{-}2\text{-}10)$$

由此可见，影响主磁通大小的因素包括电源电压和频率，以及一次侧线圈的匝数。

2）二次侧电动势平衡方程

$$\dot{U}_{20} = \dot{E}_2 \quad (1\text{-}2\text{-}11)$$

变比可表示为

$$k = \frac{E_1}{E_2} = \frac{N_1}{N_2} \approx \frac{U_1}{U_{20}} = \frac{N_{1N}}{N_{2N}} \quad (1\text{-}2\text{-}12)$$

对于三相变压器，变比为一次侧电动势与二次侧相电动势之比，可近似为一次侧额定相电压和二次侧额定相电压之比。

Y/d 接线：

$$k = \frac{U_{1N}}{\sqrt{3} U_{2N}} \quad (1\text{-}2\text{-}13)$$

D/y 接线：

$$k = \frac{\sqrt{3} U_{1N}}{U_{2N}} \quad (1\text{-}2\text{-}14)$$

1.2.2 单相变压器的负载运行

变压器一次侧接在额定频率、额定电压的交流电源上并且二次侧接上负载的运行状态，称为负载运行。变压器负载运行示意图如图1-2-3 所示。变压器负载时各电磁量之间的向量关系如图 1-2-4 所示。

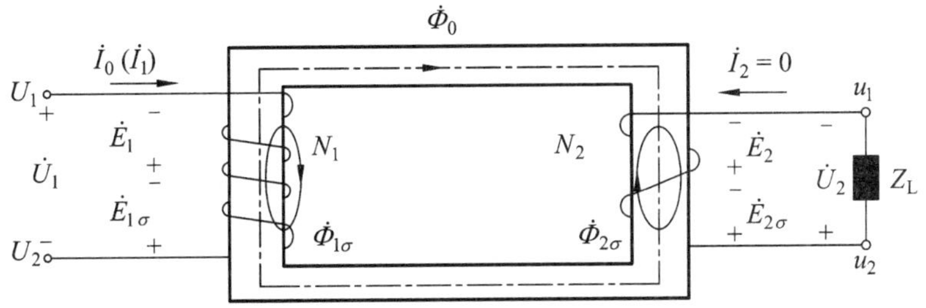

图 1-2-3　变压器负载运行示意图

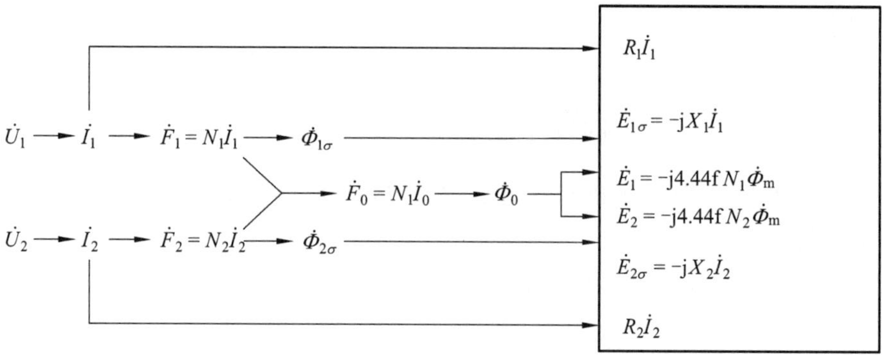

图 1-2-4　变压器负载时各电磁量之间的向量关系

负载运行是指一次侧绕组连接到额定频率、额定电压的电源上并且二次侧绕组接负载的运行状态。

1. 基本方程式

1）磁动势平衡方程

变压器空载时一次侧磁动势 F_0 产生主磁通 Φ_0；变压器负载时一次侧磁动势 F_1 和二次侧磁动势 F_2 共同作用产生主磁通 Φ_0。Φ_0 大小取决于 $\dot{U}_1$，只要 $\dot{U}_1$ 保持不变，变压器由空载状态到负载状态过程中 Φ_0 大小基本不变，因此有磁动势平衡方程可表示为

$$\dot{F}_1+\dot{F}_2=\dot{F}_0 \tag{1-2-15}$$

或

$$N_1\dot{I}_1+N_2\dot{I}_2=N_1\dot{I}_0 \tag{1-2-16}$$

电流平衡方程可表示为

$$\dot{I}_1=\dot{I}_0+\left(-\frac{N_2}{N_1}\right)\dot{I}_2=\dot{I}_0+\left(-\frac{\dot{I}_2}{k}\right)=\dot{I}_0+\dot{I}_{1L} \tag{1-2-17}$$

变压器的电磁场将变压器的一次侧和二次侧联系起来，二次侧电流增加或减少必然引起一次侧电流的增加或减少。负载运行时，可以忽略空载电流，则有

$$\dot{I}_1\approx-\frac{\dot{I}_2}{k}\text{或}\frac{I_1}{I_2}\approx\frac{1}{k}=\frac{N_2}{N_1} \tag{1-2-18}$$

式（1-2-18）表明，变压器的一次侧电流与二次侧电流之比近似于二次侧匝数与一次侧匝数之比。

2）电动势平衡方程

根据基尔霍夫电压定律，变压器一次侧、二次侧的电动势平衡方程可表示为

$$\dot{U}_1 = -\dot{E}_1 + (R_1 + \mathrm{j}\times 1)\dot{I}_1 \quad (1\text{-}2\text{-}19)$$

$$\dot{U}_2 = \dot{E}_2 - (R_2 + \mathrm{j}\times 2)\dot{I}_2 \quad (1\text{-}2\text{-}20)$$

$$\dot{I}_1 = \dot{I}_0 + (-\dot{I}_2 / K) \quad (1\text{-}2\text{-}21)$$

$$\dot{E}_1 / \dot{E}_2 = K \quad (1\text{-}2\text{-}22)$$

$$\dot{E}_1 = -Z_m \dot{I}_0 \quad (1\text{-}2\text{-}23)$$

$$\dot{U}_2 = Z_L \dot{I}_2 \quad (1\text{-}2\text{-}24)$$

2. 等效电路

1）折算概念

当 $N_2=N_1$ 时，将变压器的二次侧绕组或一次侧绕组用另一个绕组来等效，同时对该绕组的电磁量作相应的变换，以保持两侧的电磁关系不变，可以用一个等效的电路来代替实际的变压器。图 1-2-5 所示为分析折算时的等效电路示意图。

2）折算原则

在对变压器进行折算时的原则主要包括：保持二次侧磁动势不变；保持二次侧各功率或损耗不变。

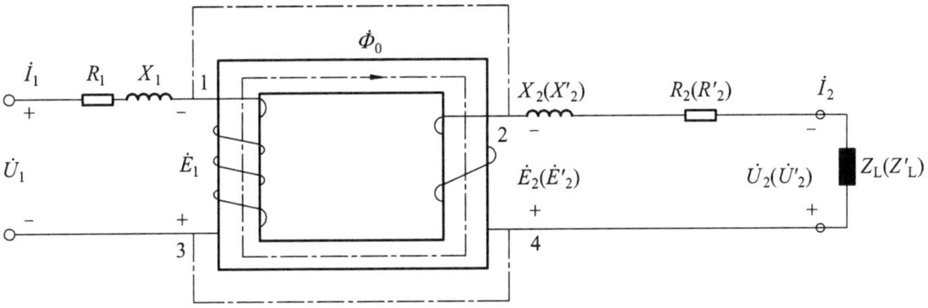

图 1-2-5 分析折算时等效电路示意图

3）折算方法

根据图 1-2-5 所示电路，将二次侧折算到一次侧，则有

$$I'_2 = \frac{I_2}{k} \quad (1\text{-}2\text{-}25)$$

$$E'_2 = kE_2 = E_1 \quad (1\text{-}2\text{-}26)$$

$$U'_2 = kU_2 \quad (1\text{-}2\text{-}27)$$

$$r'_2 = k^2 r_2 \quad (1\text{-}2\text{-}28)$$

$$x'_2 = k^2 x_2 \quad (1\text{-}2\text{-}29)$$

$$Z'_L = k^2 Z_L \quad (1\text{-}2\text{-}30)$$

折算后的方程式可表示为

$$\dot{U}_1 = -\dot{E}_1 + \dot{I}_1 R_1 + \mathrm{j}\dot{I}_1 X_1 = -\dot{E}_1 + \dot{I}_1 Z_1 \tag{1-2-31}$$

$$\dot{U}_2 = \dot{E}_2 - \dot{I}_2 R_2' - \mathrm{j}\dot{I}_2' X_2' = \dot{E}_2' + \dot{I}_2' Z_2' \tag{1-2-32}$$

$$\dot{I}_1 + \dot{I}_2' = \dot{I}_0 \tag{1-2-33}$$

$$\dot{E}_2' = \dot{E}_1 \tag{1-2-34}$$

$$\dot{E}_1 = -Z_{\mathrm{m}} \dot{I}_0 \tag{1-2-35}$$

$$\dot{U}_2' = \dot{I}_2' Z_{\mathrm{L}}' \tag{1-2-36}$$

4）等效电路

根据式（1-2-31）~式（1-2-36），图 1-2-5 所示的变压器电路可等效为图 1-2-6 所示。

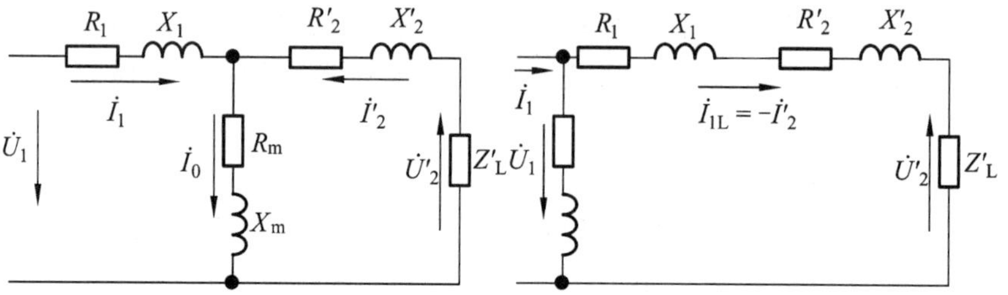

（a）T 型等效电路　　（b）近似等效电路

图 1-2-6　等效电路

图 1-2-6 可进一步简化为图 1-2-7 所示的电路图。

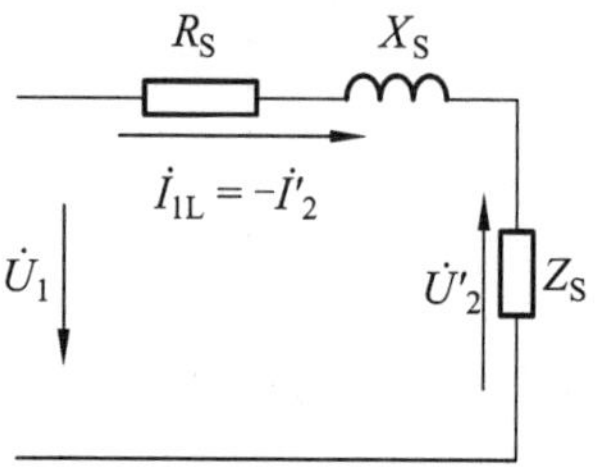

图 1-2-7　简化等效电路

图 1-2-7 中的 R_{S}、X_{S}、Z_{S} 可表示为

$$R_{\mathrm{S}} = R_1 + R_2' \tag{1-2-37}$$

$$X_{\mathrm{S}} = X_1 + X_2' \tag{1-2-38}$$

$$Z_{\mathrm{S}} = R_{\mathrm{S}} + \mathrm{j}X_{\mathrm{S}} \tag{1-2-39}$$

式中　R_{S}——短路电阻；

X_{S}——短路电抗；

Z_{S}——短路阻抗。

由图 1-2-7 所示的简化等效电路可知，短路阻抗 Z_S 起到限制短路电流的作用。由于短路阻抗 Z_S 很小，所以变压器的短路电流较大，一般可达到额定电流的 10 ~ 20 倍。

1.2.3 变压器的参数测定

1. 空载实验

1）实验目的

通过测量空载电流和一侧电压、二次侧电压以及空载功率来计算变压器的变比、空载电流百分比、铁损和励磁阻抗。

2）实验接线图

空载试验接线图如图 1-2-8 所示。

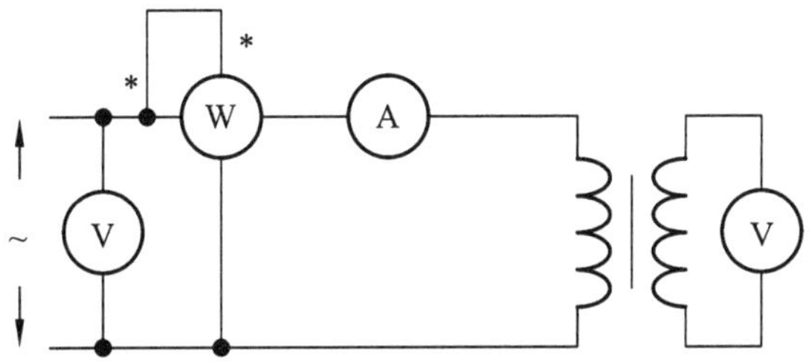

图 1-2-8 空载实验接线图

3）实验及分析

（1）本实验要求低压侧加电压并且高压侧开路。

（2）参数确定。

$$k=\frac{U_{20}}{U_{1N}} \tag{1-2-40}$$

$$I_0\%=\frac{I_0}{I_{1N}}\times 100\% \tag{1-2-41}$$

$$Z_m=\frac{U_{1N}}{I_0} \tag{1-2-42}$$

$$R_m=\frac{P_0}{I_0^2} \tag{1-2-43}$$

$$X_m=\sqrt{Z_m^2-R_m^2} \tag{1-2-44}$$

（3）空载电流和空载功率必须是在额定电压时的值，并根据这些参数计算励磁参数。

（4）为了计算高压侧的参数，必须对变压器进行折算。

（5）在计算三相变压器的其他参数值时，电压、电流和功率均为相值。

2. 短路实验

1）实验目的

通过测量短路电流、短路电压及短路功率来计算变压器的短路电压百分比、铜损和短路阻抗。

2）实验接线图

短路实验接线图如见图 1-2-9。

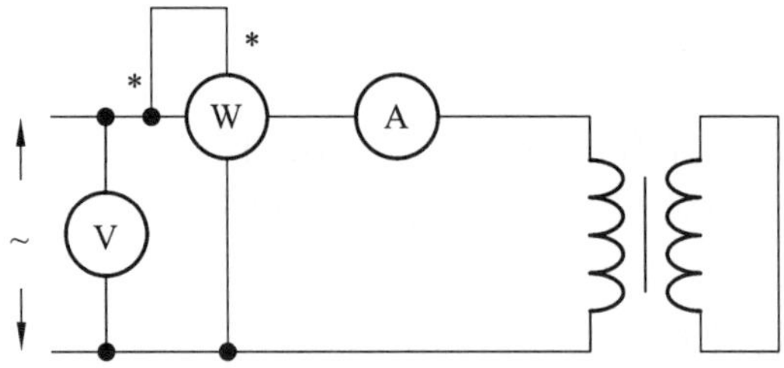

图 1-2-9　短路实验接线图

3）实验及分析

（1）本实验要求高压侧施加电压并且低压侧短路。

（2）通过调节电压，使短路电流 I_S 在 $0 \sim 1.3I_N$ 范围内变化，测出对应的 U_S、I_S 和 P_S，绘制 $I_S=f(U_S)$ 和 $I_S=f(P_S)$ 曲线。

（3）记录实验室的室温。

（4）由于外加电压很小，主磁通很少，铁损耗很少，忽略铁损，可得

$$P_S=P_{Cu} \tag{1-2-45}$$

（5）计算其他参数。

$$Z_S=\frac{U_S}{I_S}=\frac{U_{SN}}{I_{1N}} \tag{1-2-46}$$

$$R_S=\frac{P_S}{I_S^2}=\frac{P_{SN}}{I_{1N}^2} \tag{1-2-47}$$

$$X_S=\sqrt{Z_S^2-R_S^2} \tag{1-2-48}$$

4）短路电压

（1）变压器二次侧短路时，当短路电流为额定值时一次侧所加的电压称为短路电压，可表示为

$$U_{SN}=Z_{S75\,^\circ C}I_{1N} \tag{1-2-49}$$

（2）短路电压也称为阻抗电压，短路电压一般用短路电压百分比表示，可表示为

$$u_S\% = \frac{I_{1N}Z_{S75\,°C}}{U_{1N}}\times 100\% \tag{1-2-50}$$

从正常运行角度来看，短路电压小则副边电压随负载波动小；从限制短路电流角度来看，短路电压大则相应的短路电流就小。

任务 1.3　三相变压器的认识与使用

在电力系统中，输配电均采用三相制，三相变压器应用最广泛。从运行原理来看，三相变压器在对称负载下运行时，各相电压、电流大小相等，相位差为 120°，三相变压器的任何一相与单相变压器无区别。因此单相变压器的一些基本结论对也适用于三相变压器，但三相变压器又具有自身的特点。

三相变压器可以等效为三个单相变压器，称为三相变压器组；还有一种是三相心式变压器。三相心式变压器每相有一个铁心柱，三个铁心柱用铁轭连接起来，构成三相铁心，各相的高压绕组和低压绕组绕在同一铁心柱上，变压器高压绕组和低压绕组的出线端一般分别标记。与三相变压器组相比，三相心式变压器具有节省材料、效率高、占用面积小、成本低、运行维护方便、应用广泛的特点。三相变压器组只能应用于超高压、大容量巨型变压器。

1.3.1　磁路系统的认知

1. 组式磁路变压器

三相变压器组是由三个单相变压器按一定方式连接在一起组成的，如图 1-3-1 所示。由于各相的主磁通沿着各自独立的磁路闭合，各相磁路彼此无关，三相变压器组各相之间只有电的联系，没有磁的联系。当三相变压器组一次绕组加上三相对称电压时，将产生三相对称的一次绕组空载电流，进而产生三相对称磁通。

2. 心式磁路变压器

三相心式变压器的铁心是将变压器组的三个铁心合在一起演变而成，如图 1-3-2 所示。当变压器一次绕组加上三相对称电压时，流过三相对称电流，产生三相对称主磁通。其特点是三相磁路彼此有关联。

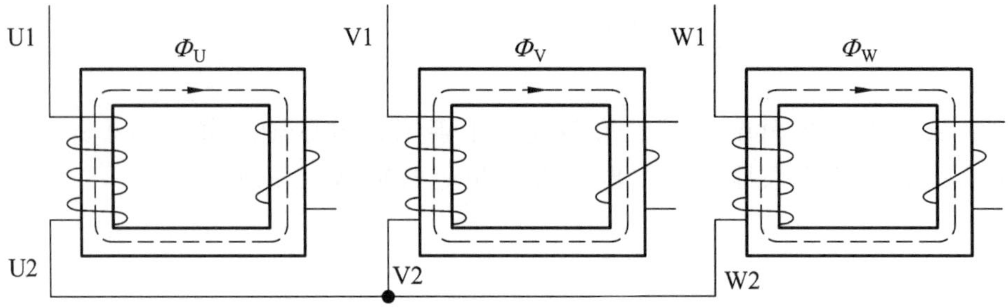

图 1-3-1 三相变压器的磁路系统

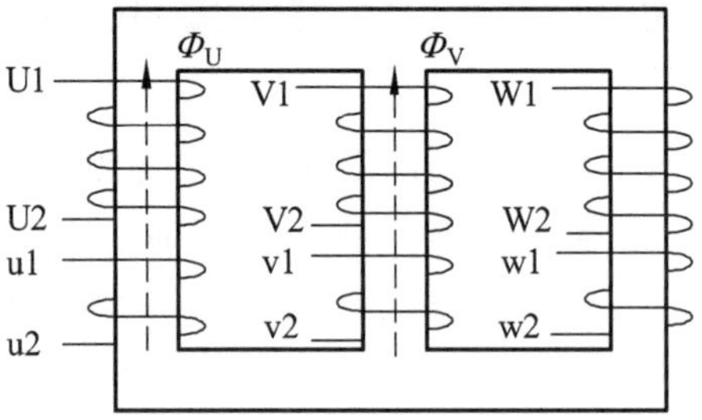

图 1-3-2 三相心式变压器的磁路系统

三相变压器和三相心式变压器的磁路系统各具优缺点。在相同额定容量下,三相心式变压器比三相变压器组的效率更高,维护更方便,占用面积小;而三相变压器组的每一台单相变压器具有制造、运输方便以及备用变压器容量较小等优点。一些超高压、特大容量的变压器,为了减少制造和运输困难,常采用三相变压器组;一般容量的变压器采用三相心式变压器。

1.3.2 电路系统的认知

1. 变压器的端头标号

三相变压器各相绕组的首、尾端的标志规定如表 1-3-1 所示。

表 1-3-1 三相变压器绕组首端和尾端的标志

绕组名称	首端	尾端	中性点
高压绕组	A、B、C	X、Y、Z	N
低压绕组	a、b、c	x、y、z	n

2. 三相变压器的连接组别

三相变压器的连接方法与绕组的接法、绕组标志有关,如 Y/yn、Y/d、YN/d、Y/y、YN/y、D/yn、D/y、D/d 等,其中“/”前面的大写字母表示高压绕组的连接,“/”后面的小写字母表示低压绕组的连接,N(或 n)表示有中性点引出。

对于 Y/y（或 D/d）连接，可以得到 0、2、4、6、8、10 等 6 个偶数组别；对于 Y/d（或 D/y）连接，可以得到 1、3、5、7、9、11 等 6 个奇数组别。变压器的连接组别很多，为了便于制造和并联运行，一般规定 Y/yn0、Y/d11、YN/d11、YN/y0 和 Y/y0 连接组为三相双绕组电力变压器的标准连接组别。Y/yn0 连接的二次绕组可以引出中线，成为三相四线制，用作配电变压器时可兼供动力和照明负载；Y/d11 连接用于低压侧电压超过 400 V 的线路中；YN/d11 连接主要用于高压输电线路中，电力系统的高压侧可以接地。

1.3.3 变压器的并联运行

变压器的并联运行是指将几台变压器的一次侧绕组和二次绕组分别连接到一次侧、二次侧的公共母线上，共同向负载供电的运行方式。

1. 并联运行的优点

变压器并联运行时具有的优点主要包括：

（1）提高供电的可靠性。

（2）提高供电的经济性。

2. 并联运行的理想条件

变压器并联运行的理想情况主要包括：

（1）空载时各变压器绕组之间无环流。

（2）带负载时各变压器的负载系数相等。

（3）带负载时各变压器的负载电流与总的负载电流同相位。

为了使变压器并联运行时达到理想运行状态，变压器满足的条件主要包括：

（1）各变压器一次侧额定电压和二次侧额定电压分别相等，即变比相同。

（2）各变压器的连接组别相同，这是变压器并联运行的必备条件。

（3）各变压器的短路阻抗（短路电压）的标幺值相等，且短路阻抗角也相等。

变压器运行规程主要包括：

（1）任何一台变压器不超过负荷的情况下，变比不同、短路阻抗标幺值不等的变压器可以并联运行。

（2）阻抗标幺值不等的变压器并联运行时，应该适当提高短路阻抗标幺值大的变压器的二次电压，以使并联运行的变压器的容量均能充分。

任务 1.4　其他用途变压器的认识与使用

互感器分为仪用电压互感器和仪用电流互感器，均属于特殊变压器。仪用互感器作为供配电技术中一次系统和二次系统之间的联络元件，其作用主要包括：

（1）把一次侧的高电压、大电流转换成二次侧标准的 100 V 低电压和 5 A 小电流，使二次电路正确反映一次系统的正常运行和故障情况。

（2）对低电压的二次系统与高电压的一次系统之间进行电气隔离，使二次系统的对地电位与一次系统无关。正常运行情况下电压互感器处于小于 100 V 的低压状态，便于维护、检修与调试，保证了人身安全和设备安全。

（3）可以得到零序电流、电压分量，继电保护装置根据这两个信号分析出一次侧的接地故障。

电压互感器一次绕组并接于电网，二次绕组与测量仪表或继电器电压线圈并联。电流互感器一次绕组与支路负载串接于电网，二次绕组与测量仪表或继电器的电流线圈相串联。互感器与系统的连接示意图如图 1-4-1 所示。

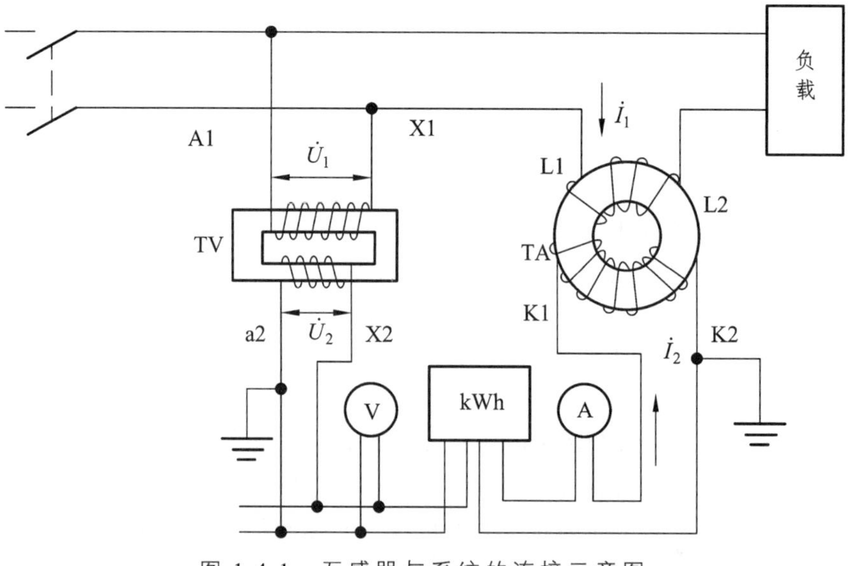

图 1-4-1　互感器与系统的连接示意图

互感器在安装时同名端子不允许接错，否则会造成这些装置运行中的紊乱，正确测定互感器的同名端并正确接入上述仪表装置十分重要。

互感器的功能主要包括：

（1）变换功能。把高电压和大电流变换为低电压和小电流，便于测量仪表和继电器的连线。

（2）隔离作用。使仪表、继电器等二次设备与主电路绝缘。

（3）扩大仪表、继电器等二次设备应用的电流范围，使仪表、继电器等二次设备的规格统一，利于批量生产。部分互感器实物图如图 1-4-2 所示。

图 1-4-2　部分互感器实物图

1.4.1　电流互感器

电流互感器相当于一个升压变压器，其容量较小，并且工作原理、构造和接线方式均与变压器相同。电流互感器能够可靠地隔离高压大电流，以保证测量人员、仪表和保护装置的安全，同时把大电流按一定比例缩小，使低压绕组能够准确地反映高压大电流量值的变化，以解决高压大电流测量难的困扰。电流互感器二次电流均为标准值 5 A。

1. 电流互感器的基本概念

电流互感器的文字符号为 TA，其电气符号如图 1-4-3 所示。

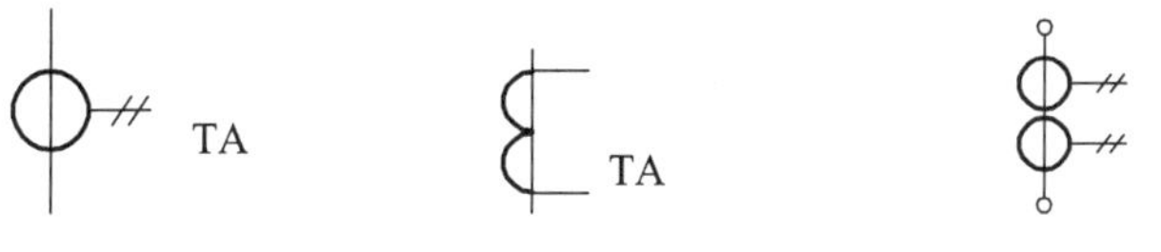

（a）形式一　　（b）形式二　　（c）高压 CT 图形符号

图 1-4-3　电流互感器电气符号

电流互感器的功能：将高压侧大电流变换成低压侧小电流。

电流互感器的组成：电流互感器组成与变压器相似，主要由铁心、一次绕组、二次绕组、接线端子以及绝缘支撑物组成。

电流互感器的构造：一次绕组匝数少，截面积较大；二次绕组匝数多，截面积小。

电流互感器中一次绕组电流决定于负载电流，与二次侧无关；二次侧电流与一次侧有关。

正常运行的电流互感器相当于一个短路运行的变压器。

电流互感器的工作原理：电流互感器铁心中的交变磁通在电流互感器

二次侧感应出二次电动势和二次电流。电流互感器工作原理示意图如图 1-4-4 所示。

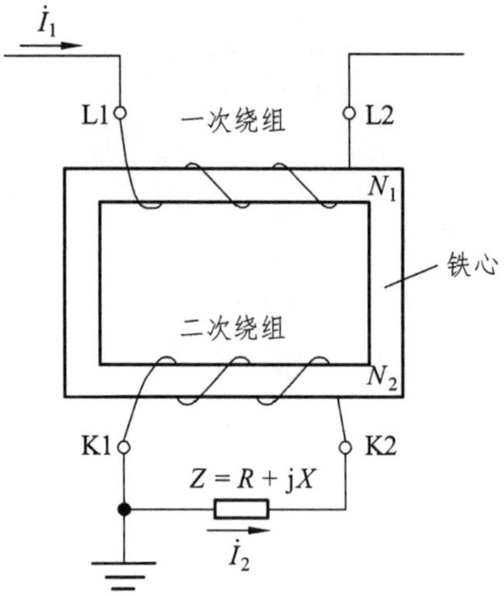

图 1-4-4　电流互感器工作原理示意图

电流关系：

$$I_1 \approx \left(\frac{N_2}{N_1}\right) \cdot I_2 \approx k_i \cdot I_2 \tag{1-4-1}$$

式中　k_i——电流互感器的变流比。

电流互感器二次侧的额定电流为 5 A 或是 1 A。

电流互感器的类型主要包括：

（1）按匝数划分。

电流互感器按匝数可分为单匝式和多匝式，其中单匝式又可分为母线式、心柱式、套管式互感器，多匝式又可分为线圈式、线环式、串级式互感器。

（2）按电压划分。

电流互感器按电压可分为高压电流互感器和低压电流互感器。

（3）按准确度划分。

电力互感器按准确度可分为测量用互感器和保护用互感器，其中测量用互感器可划分为 0.1、0.2、0.5、1、3、5 等级，保护用互感器可划分为 5P 和 10P 两级。

LQJ-10 型电流互感器的外形结构如图 1-4-5 所示，包括两个铁心和两个二次线圈，0.5 级用于测量，3 级用于继电保护。

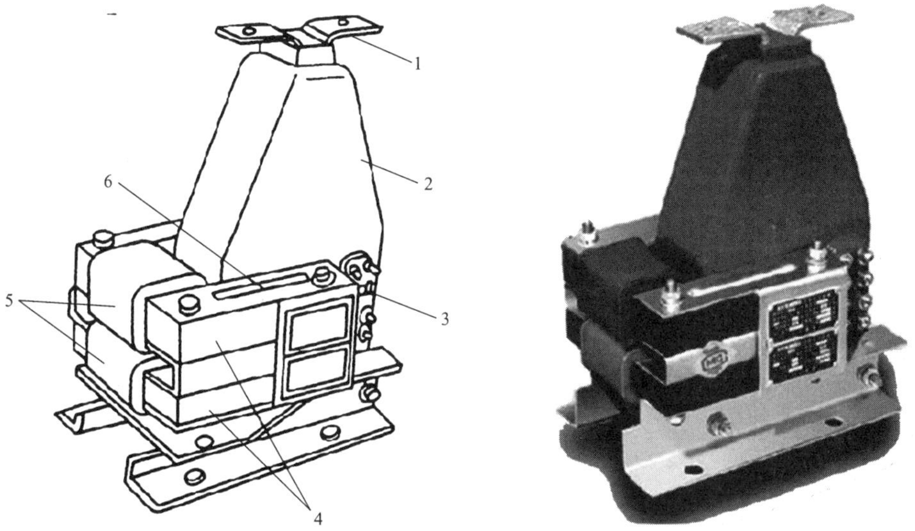

（a）结构图　　　　　　　　（b）实物图

1—一次接线端子；2—一次绕组；3—二次接线端子；4—铁心；
5—二次绕组；6—警告牌。

图 1-4-5　LQJ-10 型电流互感器结构示意图

LMZJ1-0.5 型电流互感器的外形结构如图 1-4-6 所示，属于单匝式电流互感器，互感器铁心为环形（5 ~ 800 A）或矩形卷铁心（1 000 ~ 3 000 A）。

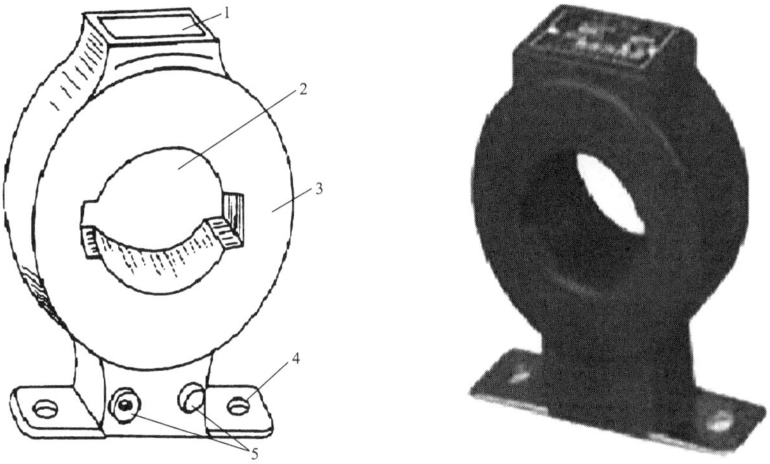

（a）结构图　　　　　　　　（b）实物图

1—铭牌；2—一次母线穿孔；3—铁心（外绕二次绕组，树脂浇注）；
4—安装板；5—二次接线端子。

图 1-4-6　LMZJ1-0.5 型电流互感器示意图

电流互感器型号定义如图 1-4-7 所示。

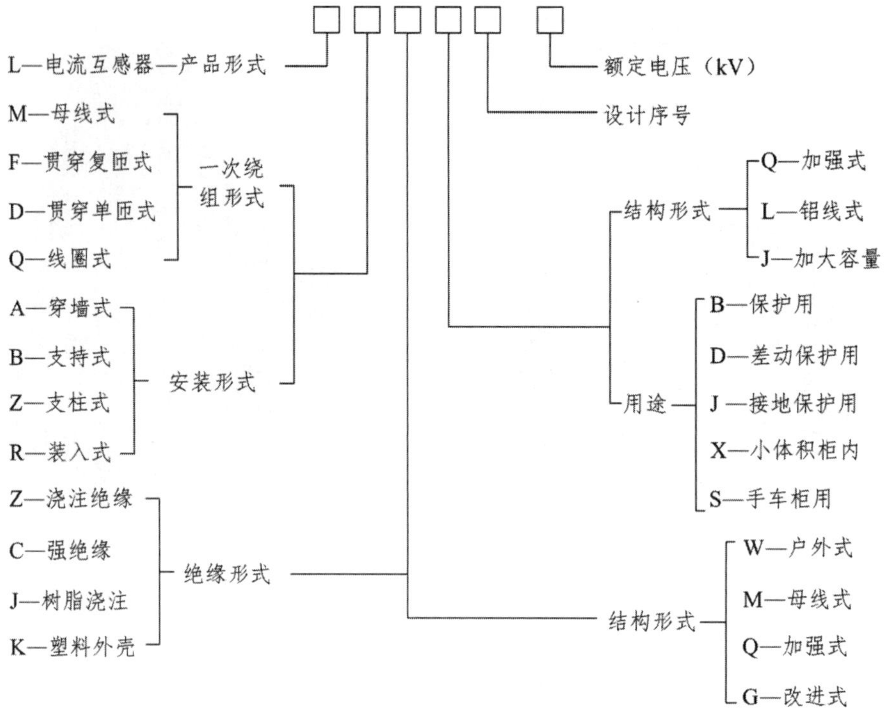

图 1-4-7　电流互感器型号定义

2. 电流互感器的接线方式

1）电流互感器的极性

电流互感器的极性采用“减极性”原则来确定。减极性是指在一次绕组和二次绕组的同极性端（同名端）同时加入某一同相位电流时，两个绕组产生的磁通在铁心中同方向。电流互感器接线方式示意图如图 1-4-8 所示。

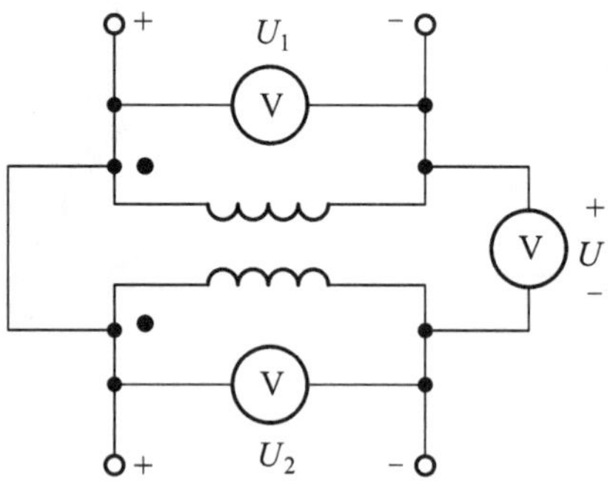

图 1-4-8　电流互感器接线方式示意图

一次绕组的出线端子标为 L1 和 L2，二次绕组的出线端子标为 K1 和 K2，其中 L1 和 K1 为同名端，L2 和 K2 为同名端。如果一次电流从同极性端流入时，则二次电流应从同极性端流出。

2）三相完全星形接线

三相完全星形接线如图 1-4-9 所示。该类接线采用三只电流互感器、三只电流继电器。

接线形式：互感器与继电器线圈为星形接法。

接线特点：这种接线流过二次侧电流线圈的电流分别对应主电路的三相电流，相间动作可靠。

适用范围：负荷不平衡的三相四线制系统和三相三线制系统中，用作电能、电流的测量及过电流保护。

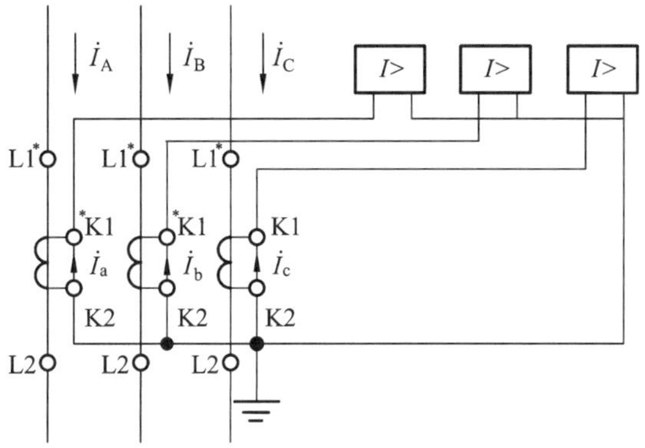

图 1-4-9　三相完全星形接线

3）两相完全星形接线

两相完全星形接线如图 1-4-10 所示。该类接线采用两只电流互感器、两只电流继电器。

接线形式：互感器与继电器线圈为不完全星形接法。

接线特点：电流互感器通常接于 A、C 相上，流过二次侧电流线圈的电流，反映一次电路对应相的电流，反映了一次电路 B 相的电流。

适用范围：中性点不接地系统，作相间短路保护。

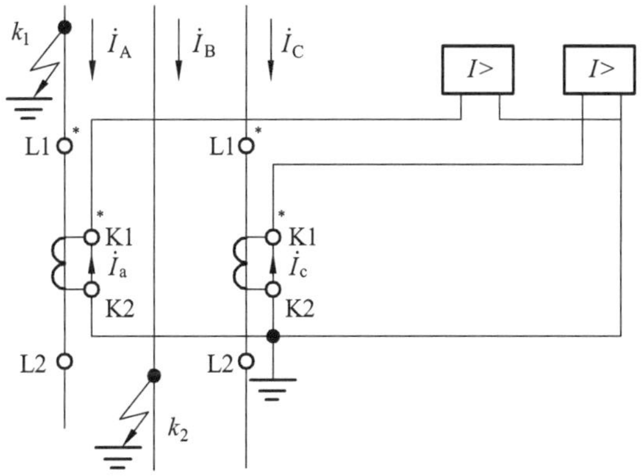

图 1-4-10　两相完全星形接线

4）两相电流差式接线

两相电流差式接线如图 1-4-11。该类接线采用两只电流互感器、一只电流继电器。

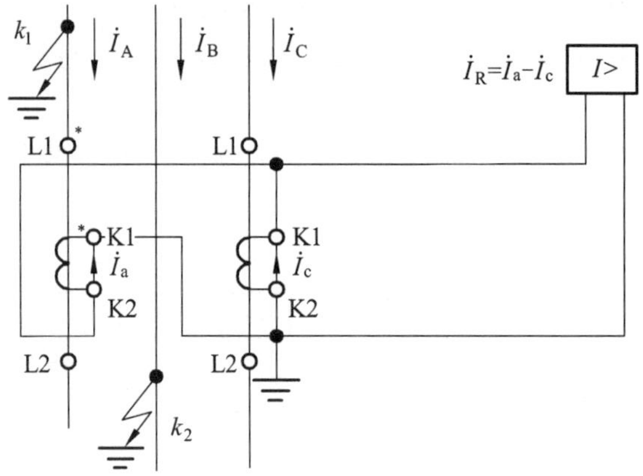

图 1-4-11　两相电流差式接线

接线特点：电流继电器的电流是两只电流互感器的电流差。

这种接线在不同短路故障反映到二次侧电流线圈的电流各自不同，因此对不同的短路故障具有不同的灵敏度。

适用范围：中性点不接地系统，作相间保护。

3. 电流互感器的技术参数

1）变流比

电流互感器的变流比是指一次侧绕组的额定电流与二次侧绕组额定电流之比。

$$k=\frac{I_{1N}}{I_{2N}} \tag{1-4-2}$$

2）误差和准确度级次

电流互感器的测量误差分为变比误差（比差）和相角误差（角差）。

变比误差可表示为

$$\Delta I\%=\frac{k\cdot I_2-I_{1N}}{I_{1N}}\times 100\% \tag{1-4-3}$$

电流互感器的相角误差是指二次电流的相量与一次电流相量间的夹角 δ。当二次相量超前一次电流相量时，δ 取正值，反之 δ 取负值。

电流互感器的准确度级次是以电流互感器最大变比误差和相角差来定义的，数值上等于变比误差的百分值。

电流互感器的 10% 误差曲线如图 1-4-12 所示。用于继电保护回路的电流互感器，应按 10% 误差曲线进行校验。

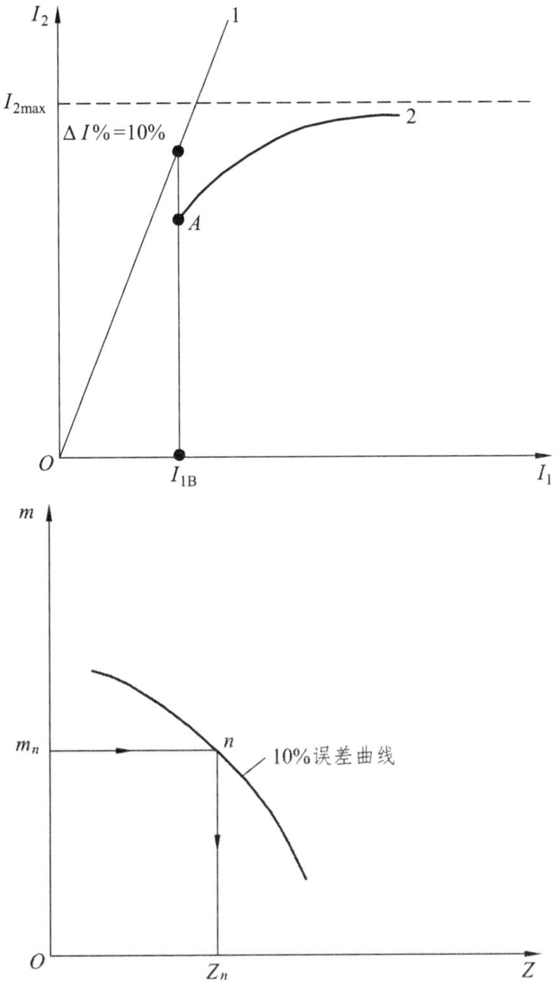

图 1-4-12 电流互感器的 10% 误差曲线

4. 电流互感器使用的注意事项

使用电流互感器时应该注意的事项主要包括：

（1）正常运行时，电流互感器二次绕组近似短路工作状态。

（2）电流互感器一次电流决定于一次电力网的负载电流。

（3）运行中的电流互感器二次回路不允许开路。

（4）电流互感器的一次电流变化范围很大。

（5）电流互感器结构应满足热稳定和电动稳定要求。

5. 电流互感器的配置原则

供配电技术中，应在每条支路的电源侧均装设足够数量的电流互感器，以供各支路测量、保护使用。由于电流互感器通常与电路中的断路器紧邻布置，安装时应与保护、测量用的电流互感器分开，尽量把电能计量仪表互感器与一般测量用的互感器分开，电能计量仪表互感器必须使用0.5级互感器，其正常工作电流是普通电流互感器额定电流的2/3左右。电流互感器的配置原则主要包括：

（1）保护用电流互感器的安装位置应尽量扩大保护范围，以消除主保护的不保护区。对大电流接地系统而言，一般应三相配置，以反映单相接地故障；小电流接地系统的发电机、变压器支路也要三相配置，以便监视不对称程度，其余支路一般配置A、C两相。

（2）为了减轻内部故障时发电机的损伤，自动调节励磁装置的电流互感器应布置在发电机定子绕组的出线侧，以便于分析及在发电机并入系统前发现内部故障；用于测量仪表的电流互感器通常安装在发电机中性点侧。

（3）差动保护元件的端口配置电流互感器时，各端口应属于同一电压等级，互感器变比应相同，接线方式也要相同。

（4）为了防止支持式电流互感器套管闪络造成母线故障，通常电流互感器应布置在断路器的出线侧或变压器侧。

1.4.2 电压互感器

1. 电压互感器的基本概念

电压互感器文字符号为TV，其电气符号如图1-4-13所示。

图1-4-13 电压互感器电气符号

电压互感器的功能：在一次绕组和二次绕组间产生电磁关系，并进行电压变换。

电压互感器的组成：铁心、一次绕组、二次绕组、接线端子、绝缘支撑物等。

电压互感器的工作原理、构造及接线方式都与变压器相同，只是容量较小，通常仅有几十伏安或几百伏安。电压互感器能够可靠地隔离高电压，保证测量人员、仪表及保护装置的安全，同时把高电压按一定比例缩小，使低压绕组能够准确地反映高电压量值的变化，以解决高电压测量的困难。

电压互感器的二次电压标准值为 100 V。部分电压互感器实物图如图 1-4-14 所示。

图 1-4-14　部分电压互感器实物图

2. 电压互感器的工作特点

电压互感器的工作特点主要包括：

（1）正常运行时，电压互感器二次绕组近似工作开路状态。

（2）电压互感器一次侧电压决定于一次电力网的电压。

（3）运行中的电压互感器二次侧绕组不允许短路。

电压互感器二次侧所通过的电流由二次回路阻抗的大小决定。当二次侧短路时，产生很大的短路电流会损坏电压互感器。为了保护电压互感器，一般在二次侧出口处安装熔断器或自动空气开关，用于过载和短路保护。原边也应装设熔断器，保护高压电网不因互感器高压绕组或引线故障危及一次系统的安全。

3. 电压互感器的构造

电压互感器的一次绕组匝数多，与供电系统的一次电路并联；二次绕组匝数少，与电压表、继电器的电压线圈等并联。

电压互感器运行时相当于一个空载的变压器，二次电压等于二次电动势，取决于一次电压值。

4. 电压互感器的工作原理

一次绕组并联在主电路中，二次绕组与仪表、继电器并联连接。电压互感器接线示意图如图 1-4-15 所示。

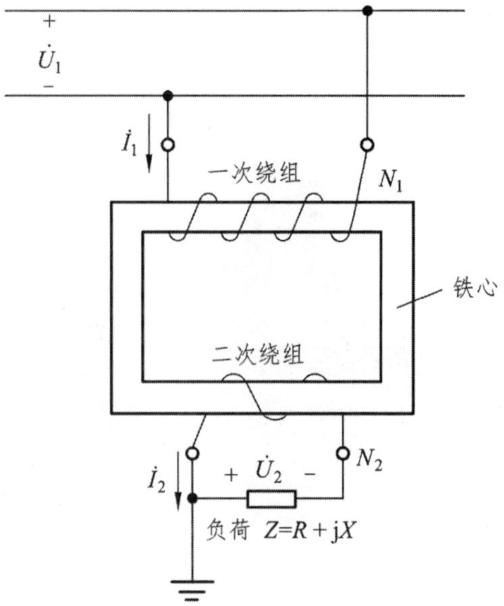

图 1-4-15　电压互感器接线示意图

电压互感器的电压关系可表示为

$$U_1 \approx \left(\frac{N_1}{N_2}\right) \cdot U_2 \approx k_u \cdot U_2 \tag{1-4-4}$$

电压互感器二次侧额定电压 U_2 可表示为

$$U_2 = 100\ \text{V} \tag{1-4-5}$$

当系统发生单相接地故障时，电压互感器二次侧额定电压 U_2 可表示为

$$U_2 = \frac{100}{\sqrt{3}}\text{V} \tag{1-4-6}$$

电压互感器的二次剩余电压绕组电压可表示为

$$U_2 = \frac{100}{3}\text{V} \tag{1-4-7}$$

5. 电压互感器的类型

电压互感器按相数可分为单相式互感器和双相式互感器，按冷却方式可分为干式电压互感器和油浸电压互感器，按准确度可分为测量用 0.2、0.5、1、3 等级以及保护用 3P 和 6P 两级。

JDZJ-10 型单相三绕组环氧树脂浇注绝缘电压互感器的外形结构如图 1-4-16 所示，采用 Y0/Y0/△（开口三角形）接线方式。

图 1-4-16　JDZJ-10 型单相三绕组电压互感器

6. 电压互感器的型号

电压互感器的型号定义如图 1-4-17 所示。

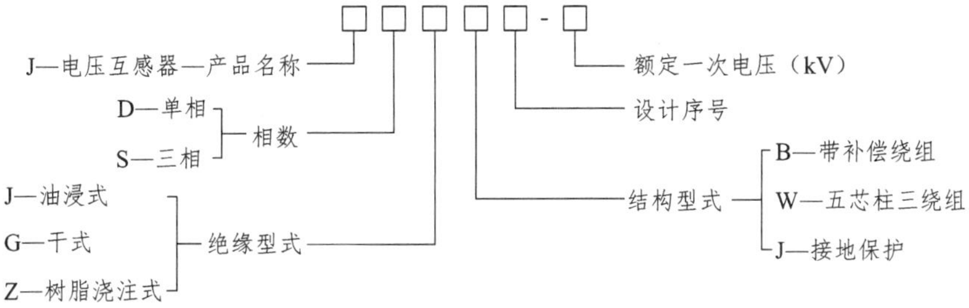

图 1-4-17　电压互感器的型号

7. 电压互感器的接线方式

供配电技术中，通常需要测量供电线路的线电压、相电压及发生单相接地故障时的零序电压。为了测量这些电压，电压互感器的二次绕组须与测量仪表、继电器等相连接，常用的接线方式如图 1-4-18 所示。

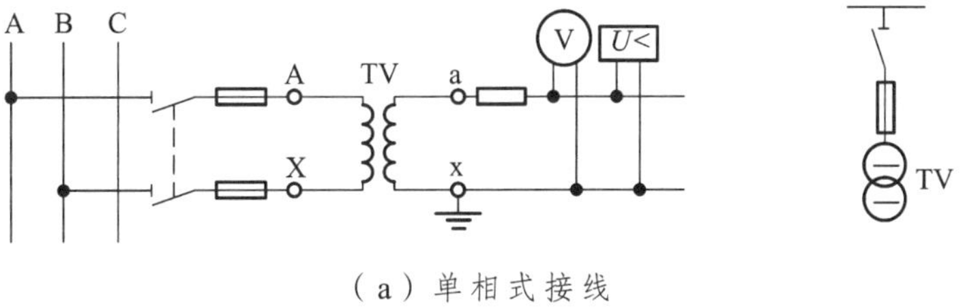

（a）单相式接线

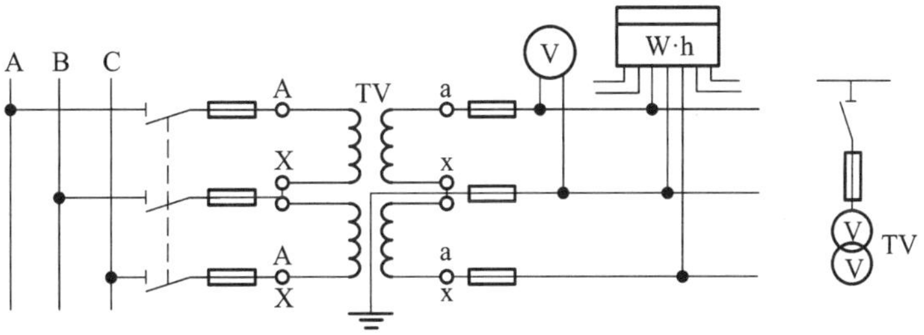

（b）V/V 形接线

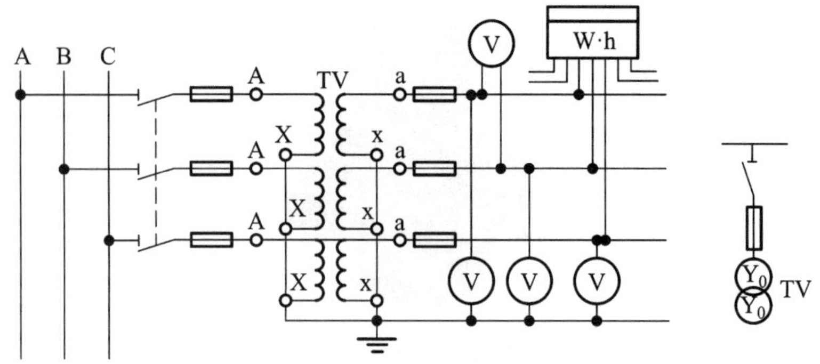

（c）Y0/Y0 形接线

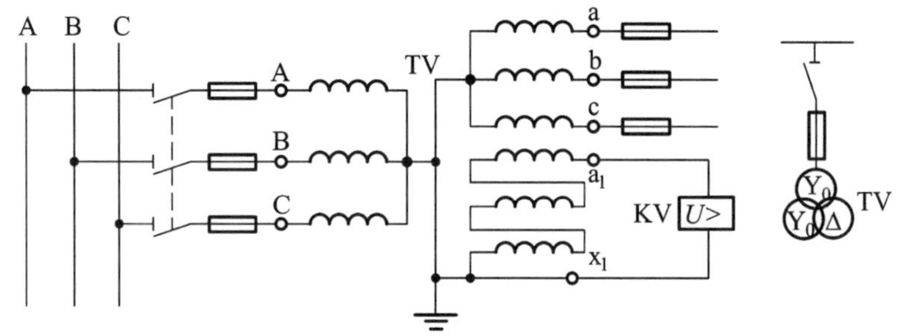

（d）Y0/Y0,△ 接线

图 1-4-18　电压互感器常用接线方式

8. 电压互感器的技术参数

电压互感器的变流比是指一次绕组的额定电压与二次绕组额定电压之比，可表示为

$$k = \frac{U_{1N}}{U_{2N}} \tag{1-4-8}$$

电压互感器的测量误差可分为变比误差（比差）、角误差（角差），其中变比误差可表示为

$$\Delta U\% = \frac{k \cdot U_2 - U_{1N}}{U_{1N}} \times 100\% \tag{1-4-9}$$

电压互感器的角误差是指电压的相量 U_2 旋转 180°后与一次电压相量的夹角 δ。当二次相量超前一次电压相量时，δ 取正值，反之 δ 取负值。

电压互感器的准确度级次是以电压互感器最大变比误差和角误差来定义的，数值上等于变比误差的百分值。

同一电压互感器对应不同的准确度有不同的容量。额定容量对应于最高准确度级次的容量。

9. 电压互感器使用的注意事项

电压互感器在工作时二次侧绝对不允许短路，并且电压互感器的二次侧必须有一端接地。

10. 电压互感器的配置原则

电压互感器的配置应满足测量、保护、同期和自动装置要求。在设备运行方式发生改变时，可保证保护装置不失压、同期点两侧都能方便地取得电压。电压互感器的配置原则主要包括：

（1）母线：6～220 kV 电压等级的每组主母线，其三相上均应安装电压互感器，旁路母线侧是否安装电压互感器应根据回路出线外侧是否需要安装电压互感器而确定。

（2）线路：在实际应用过程中为了供同期和自动重合闸使用，需要监测线路断路器外侧有无电压，在线路断路器外侧装一台单相电压互感器。

（3）发电机：一般在发电机出口处安装两组电压互感器，其中一组由三只单相电压互感器构成 D/y 接线方式，用来自动调节励磁装置；另一组由三相五柱式电压互感器或三只单相接地专用电压互感器构成 Y/y、△接线方式，辅助绕组接成开口三角形，供测量仪表、同期和继电保护设备相连。当互感器负荷较大时，可以增设一组不完全三角形连接的互感器，专供测量仪表使用。50 MW 及以下发电机中性点还常设一个单相电压互感器，用于定子接地保护。

（4）变压器：为了满足同步或继电保护的要求，变压器低压侧一般设置一组电压互感器。

练习题

一、选择题

1. 变压器空载损耗（　　）。

A. 全部为铜损耗　B. 全部为铁损耗

C. 主要为铜损耗　D. 主要为铁损耗

2. 一台变压器原边接在额定电压的电源上，副边带纯电阻负载，则从原边输入的功率（　　）。

A. 只包含有功功率　　　　B. 只包含无功功率

C. 既有有功功率又有无功功率　　D. 为零

3．不考虑变压器漏阻抗压降和饱和压降的影响，若原边电压不变、铁心不变，而将匝数增加，则励磁电流（　　）。

A．增加　　B．减少　　C．不变　　D．基本不变

4．一台变压器在（　　）时效率最高。

A．$\beta=1$　　B．P_0/P_S=常数　　C．$P_{Cu}=P_{Fe}$　　D．$S=S_N$

5．一台单相 50 Hz、220/110 V 变压器，二次侧带负载，若误将变压器一次侧接到 220V 直流电源上，忽略暂态过程，则（　　）。

A．一次侧电压和二次侧电流都很大

B．一次侧电流小，二次侧电流大

C．一次侧电流大，二次侧电流小（不为 0）

D．一次侧电流大，二次侧电流为 0

6．一台变压器向某车间的异步电动机供电，当电动机工作的台数增加时，变压器的端电压将（　　）。

A．升高　　B．降低　　C．不变　　D．可能升高也可能降低

7．额定电压为 220V/36 V 的变压器误接入 220 V 的直流电源，则将发生（　　）现象。

A．输出 36 V 的直流电压

B．输出电压低于 36 V

C．输出 36 V 电压，一次侧绕组过热

D．没有电压输出，一次侧绕组严重过热而烧坏

8．一台单相降压变压器的一次侧电压为 3 000 V，变比 K 为 15，则二次侧电压为（　　）。

A．4 500 V　　B．200 V　　C．20 V　　D．45 000 V

9．一台单相降压变压器的一次侧绕组匝数比二次侧绕组匝数（　　）。

A．多　　B．少　　C．一样多　　D．不能确定

10．自耦变压器接电源之前应把自耦变压器的手柄位置调到（　　）。

A．最大值　　B．调在中间　　C．零　　D．最小值

11．一台 Y/d11 连接的三相变压器，额定容量 S_N 为 630 kV·A，额定电压 U_{N1}/U_{N2} 为 10 kV/0.4 kV，二次侧的额定电流是（　　）。

A．21 A　　B．36.4 A　　C．525 A　　D．909 A

12．变压器铁心中的主磁通 Φ 按正弦规律变化，绕组中的感应电势（　　）。

A．正弦变化、相位一致

B．正弦变化、相位相反

C．正弦变化、相位与规定的正方向有关

D．正弦变化、相位与规定的正方向无关

13．一台原设计为 50 Hz 的电力变压器，运行在 60 Hz 的电网上，若额定电压值不变，则空载电流（　　）。

A．减小　　B．增大　　C．不变　　D．减小或增大

14．变压器在（　　）时，效率最高。

A．额定负载下运行　　B．空载运行

C．轻载运行　　D．超过额定负载下运行

15．自耦变压器的变比 K_a 一般（　　）。

A．≥2　　B．≤2　　C．≥10　　D．≤10

二、判断题

1. 变压器不仅能改变电压、电流、阻抗，还可以改变频率和相位。（　　）

2．变压器既能改变交流电压，也能改变直流电压。（　　）

3. 变压器的铁心采用相互绝缘的薄硅钢片是为了减小铁心损耗。（　　）

4.变压器高压绕组的匝数少，导线粗；低压绕组的匝数多，导线细。（　　）

5．升压变压器的变压比大于 1，降压变压器的变压比小于 1。（　　）

6．变压比为 K 的变压器，副绕组的负载阻抗折算到原绕组时，为其实际值的 K 倍。（　　）

7．当变压器的输出电压和负载的功率因数不变时，输出电压与负载功率的关系称为变压器的外特性。（　　）

8．变压器的铜耗是通过空载试验测得的，而变压器的铁耗是通过短路试验测得的。（　　）

9. 变压器铁心性能试验的主要内容是测试空载电流和空载损耗。（　　）

10．变压器在运行时，其总损耗随负载的变化而变化，其中铁耗是不变的，铜耗是变化的。（　　）

11．电焊变压器必须有较高的电抗，而且可以调节，其外特性应是陡降的。（　　）

12．变压器线圈绝缘处理工艺主要包括预烘、浸漆和干燥 3 个过程。（　　）

13．变压器一次电压低于额定电压时，不论是什么性质的负载，它的输出功率一定低于额定功率，温升也一定小于额定温升。（　　）

14．具有电抗器的电焊变压器，若减少电抗器的铁心气隙，则漏抗增加，焊接电流增大。（　　）

15．电流互感器在使用时允许副边开路。（　　）

16．在进行变压器的空载试验时，电流表应接在功率表前面。（　　）

三、综合题

1．变压器主要由哪些部分组成？

2．变压器并联运行的条件有哪些？其中哪一条应严格执行？

3．电压和电流互感器在高压电网线路中的作用各是什么？在使用过程中各应注意哪些事项？

4．为什么远距离输电要采用高压？

5．在分析变压器时，对于变压器的正弦量电压、电流、磁通、感应电动势的正方向是如何规定的？

6．变压器中的主磁通和漏磁通的性质和作用是什么？

7．变压器能改变直流电压吗？如接上直流电压，会发生什么现象？

8．变压器空载运行时，空载电流为何很小？

9．为什么变压器在空载试验时要防止高压线圈短路，而短路试验可测出铜损耗？

10．一台单相变压器的额定电压为 220 V/110 V，如果将二次侧误接在 220 V 电源上，对变压器有何影响？

11．有一台 5 kV·A 的单相变压器，高压绕组和低压绕组各由两个线圈组成，一次绕组每个线圈的额定电压为 1 100 V，二次绕组每个线圈额定电压为 110 V，用这台变压器进行不同的联结，可获得几种不同的电压比？每种联结时一次绕组和二次绕组的额定电流各是多少？

12．自耦变压器的主要特点是什么？与普通双绕组变压器有何区别？

13．自耦变压器为什么不能用作安全变压器？在使用过程中应注意什么？

14．有一台单相变压器 U_1=380 V，I_1=0.368 A，N_1=1 000 匝，N_2=100 匝，试求变压器二次绕组的输出电压 U_2、输出电流 I_2、电压比 K_u、电流比 K_i。

15．有一台单相变压器 S_N=250 kV·A，额定电压 U_{1N}=10 kV，U_{2N}=0. 4 kV，试求一次侧额定电压和、二次侧额定电流 I_1 及 I_2。

16．一台三相变压器 S_N=100 kV·A，U_{1N}=6 kV，U_{2N}=0.4 kV，Y/yn 联结，试求一次绕组额定电流 I_1 和二次绕组的额定电流 I_2。

项目 2

PART TWO

三相异步电动机的运行与应用

异步电机的转速不仅与电网频率有关，还随负载的变化而变化。异步电机既可以用作电动机，也可以用作发电机，一般用作电动机。

异步电动机具有结构简单、容易制造、使用和维护方便、运行可靠、价格便宜、效率高的优点，其缺点是必须从电网中吸收滞后的无功功率来建立磁场，降低了电网的功率因数。异步电动机可分为三相和单相电动机，其中三相异步电动机在工农业生产中应用最广泛，单相异步电动机一般用于家用电器。据不完全统计，在电网的总负载中，异步电动机占总动力负载的85%以上。

本章主要介绍异步电动机的工作原理、结构、运行特性和机械特性。

任务2.1　三相异步电动机的工作原理和基本结构

2.1.1　三相异步电动机的工作原理

1. 工作原理

三相异步电动机与其他类型电动机一样，利用通电导体在磁场中产生电磁力形成电磁转矩的原理制成的。

图2-1-1是异步电动机工作原理示意图。在异步电动机的定子铁心里，嵌放了对称的三相绕组U1-U2、V1-V2、W1-W2。以鼠笼式异步电动机为例，转子是一个闭合的多相绕组鼠笼电机。图2-1-1所示的定子、转子上的小圆圈表示定子绕组和转子导体。

当异步电动机的三相对称定子绕组中通过三相对称交流电流时，定子电流便产生一个以同步转速$n_1=\dfrac{60f_1}{p}$旋转的圆形磁场，磁场的旋转方向取决于三相电流的相序。图2-1-1中U、V、W三相绕组逆时针排列，当定子绕组中通入U、V、W相序的三相交流电流时，定子旋转磁场为顺时针转向。转子开始是静止的，故转子与旋转磁场之间存在相对运动，转子导体切割定子旋转磁场而感应电动势。转子有功分量电流与感应电动势同相位，其方向由右手定则确定。载有有功分量电流的转子绕组在磁场中受到电磁力作用，由左手定则可判定电磁力F的方向。电磁力F对转轴形成一个电磁转矩，其作用方向与旋转磁场方向一致，拖着转子沿着磁场方向旋转，将输入的电能变成转子旋转的机械能。如果电动轴上带有机械负载，则机械负载随电动机转动。

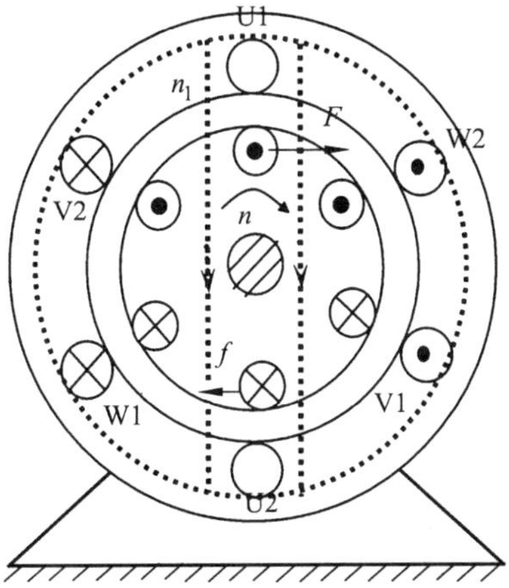

图 2-1-1　异步电动机工作原理示意图

异步电动机转子旋转方向始终与旋转磁场的方向一致，而旋转磁场的方向又取决于通入定子电流的相序。因此，只要改变定子电流相序，即任意对调电动机的两根电源线，便可使电动机反转。

异步电动机的转子转速 n 总是低于定子磁场的转速 n_1，转子绕组和旋转磁场间才会相对运动，产生感应电动势和感应电流，形成电磁转矩，使电动机旋转。如果 $n=n_1$，转子绕组和旋转磁场之间无相对运动，转子绕组中无感应电动势和感应电流产生，则异步电动机电磁转矩为零，异步电动机无法转动。异步电动机的转子电流是依靠电磁感应作用产生的，故称其为感应式电动机；电动机转速与旋转磁场转速不同步，故称其为异步电动机。

2. 转差率

同步转速 n_1 与转子转速 n 之差再除以同步转速 n_1，其值称为转差率，用字母 s 表示，即

$$s=\frac{n_1-n}{n_1} \tag{2-1-1}$$

根据转差率 s 可以求电动机的实际转速 n，即

$$n=(1-s)n_1 \tag{2-1-2}$$

转差率 s 是异步电动机的一个重要参数，反映了异步电动机的各种运行情况，对电动机的运行有着极大的影响。

异步电动机的负载越大，转速就越低，其转差率就越大；反之，负载越小，转速就越高，其转差率就越小。因此，转差率可直接反映转速的高低。异步电动机带额定负载时，其额定转速就很接近同步转速，转差率 s_N 很小，一般为 0.01 ~ 0.06。

2.1.2 三相异步电动机的基本结构

三相异步电动机主要部件是由定子和转子两大部分组成，还包括端盖、机座、轴承、风扇等部件。电动机装配时，转子装在定子腔内，定子与转子之间有很小的间隙，称为气隙。图 2-1-2 所示为鼠笼式异步电动机拆开后的结构图。

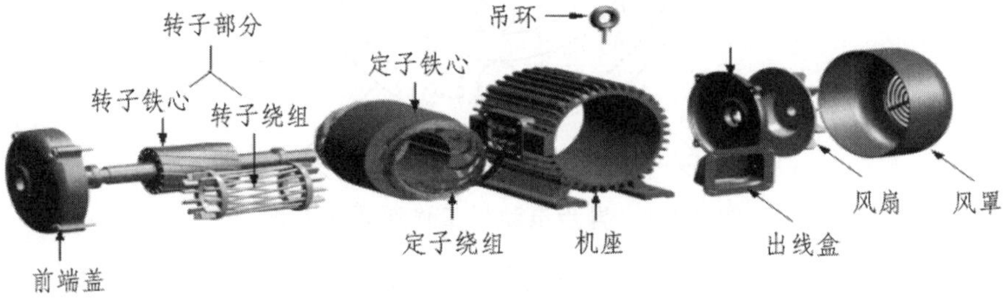

图 2-1-2 鼠笼式异步电动机拆开后的结构图

1. 定子部分

三相异步电动机的定子主要由定子铁心、定子绕组、机座等构成。定子的作用是用来产生旋转磁场。

1）定子铁心

定子铁心是电动机主磁路的一部分，放置定子绕组。为了提高导磁性能和减少交变磁场在铁心中的铁心损耗，采用片间绝缘的 0.5 mm 厚的硅钢片叠压而成。为了放置定子绕组，在铁心内圆开有槽，如图 2-1-3 所示。

2）定子绕组

定子绕组是电动机的定子电路部分，它通过电流建立磁场，并感应电动势以实现机电能量转换。三相定子绕组的每相由许多线圈按一定的规律嵌放在铁心槽内。定子绕组是三相对称绕组，由三个完全相同的绕组组成，三个绕组在空间互差 120°角度，如图 2-1-4 所示。

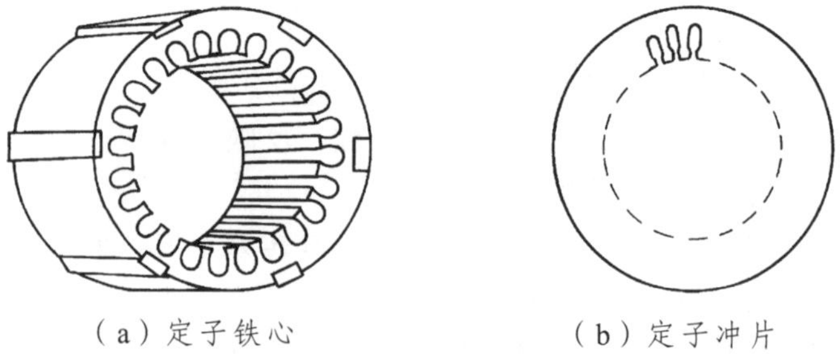

（a）定子铁心　　（b）定子冲片

图 2-1-3 定子铁心和定子冲片

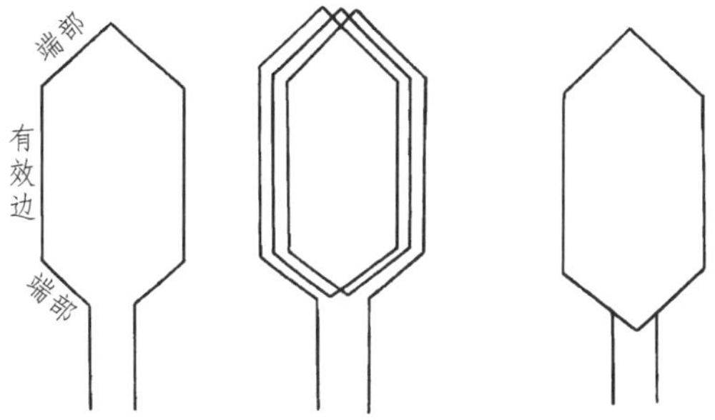

（a）单匝线圈　（b）多匝线圈　（c）多匝线圈简化图

图 2-1-4　定子绕组线圈示意图

3）机座

机座是电动机机械结构的组成部分，主要作用是固定和支撑定子铁心以及固定端盖。定子基座示意图如图 2-1-5 所示。

图 2-1-5　定子机座示意图

在中小型电动机中，端盖兼有轴承座的作用，则机座还要支撑电动机的转子部分，故机座要有足够的机械强度和刚度。中小型电动机一般采用铸铁机座。

对于封闭式中小型异步电动机，其机座表面有散热筋片以增加散热面积，使紧贴在机座内壁上的定子铁心中的定子铁耗和铜耗产生的热量，通过机座表面加快散发到周围空气中，避免电动机过热。

2. 转子部分

三相异步电动机的转子由转轴、转子铁心和转子绕组等构成。转子的作用是产生感应电流，形成电磁转矩，从而实现机电能量转换。

1）转子铁心

转子铁心也是电动机主磁路的一部分，需要放置转子绕组，采用 0.5 mm 厚的冲有转子槽形的硅钢片叠压而成。中小型异步电动机的转子铁心一般都直接固定在转轴上。

2）转子绕组

转子绕组按其结构形式可分为鼠笼式和绕线式两种。

（1）鼠笼式转子绕组。

在转子铁心的每一个槽中插入一根裸导条，在导条两端分别用两个短路环把导条连成一个整体，形成一个自身闭合的多相短路绕组，如果去掉转子铁心，整个绕组如同一个“鼠笼子”，故称鼠笼式转子。

对于中小型容量电机来说，为了节约用铜并提高生产率，一般都采用铸铝转子，如图 2-1-6（a）所示。

对于容量大于 100 kW 的电机，由于铸铝质量不易保证，常用铜条插入转子槽内，在两端焊上端环，构成笼形绕组。笼形绕组转子上既无集电环，又无绝缘，所以结构简单、制造方便、运行可靠。铜条转子绕组如图 2-1-6（b）所示。

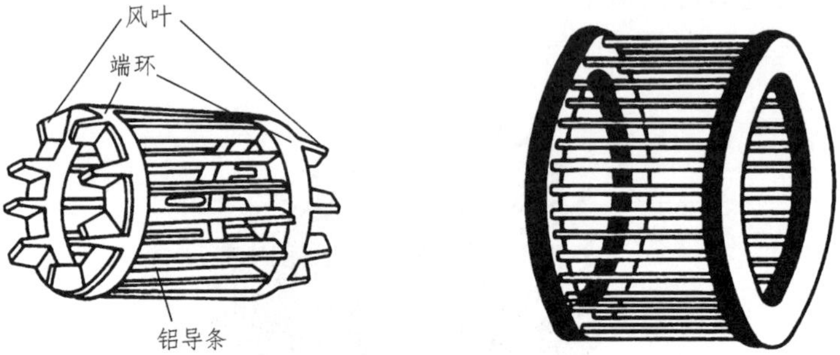

（a）铸铝转子绕组　　（b）铜条转子绕组

图 2-1-6　鼠笼式转子

（2）绕线式转子绕组。

绕线式转子绕组与定子绕组也是一个对称三相绕组，这个对称三相绕组接成星形，并接到转轴上的三个集电环上，再通过电刷使转子绕组与外电路接通，分别如图 2-1-7、图 2-1-8 所示。这种转子的特点：通过集电环和电刷可在转子回路中接入附加电阻或其他控制装置，可以改善电动机的起动性能或调速性能。

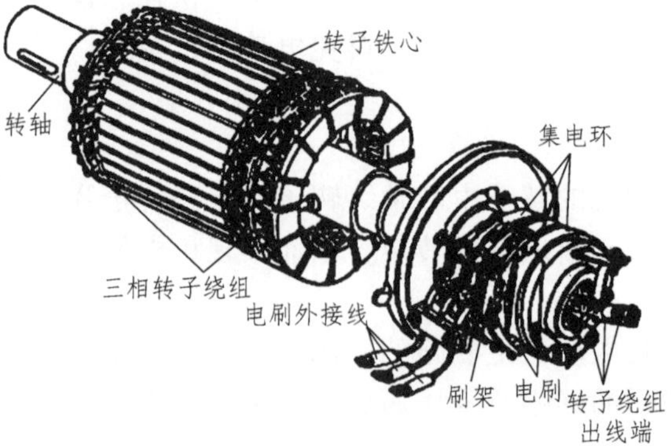

图 2-1-7　绕线式转子结构示意图

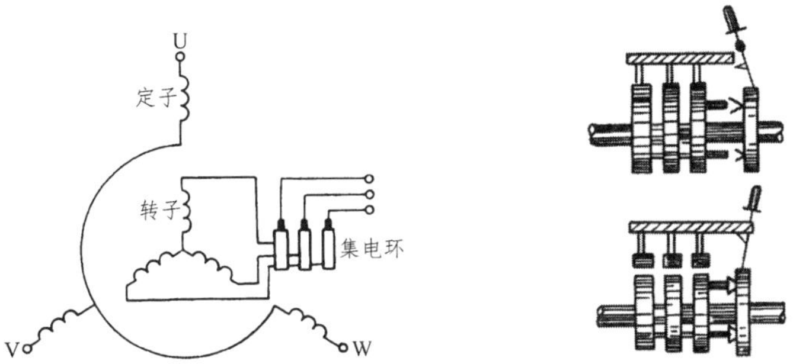

（a）接线回路　　（b）提刷短路装置

图 2-1-8　绕线转子回路接线示意图

对于中等容量以上的异步电动机还装有一种提刷短路装置。当电动机起动后而又不需要调节速度时，移动其手柄可提起电刷，与集电环脱离接触，同时将 3 只集电环彼此短接。

3）转轴

转轴的作用是支撑转子和传递机械功率。为了保证其强度和刚度，转轴一般采用低碳钢制成，整个转子靠轴承和端盖支撑。

4）端盖

端盖是电机外壳机座的一部分，一般采用铸铁或钢板制成。中小型电机一般采用带轴承的端盖。

3. 气隙

异步电动机定子内圆与转子外圆之间有一个很小的间隙，称为气隙。异步电机中的气隙一般很小，中小型异步电机一般为 0.2 ~ 2 mm。气隙的大小与均匀程度，对异步电动机的参数和运行性能影响很大。气隙大，磁阻大，所需励磁电流较大。励磁电流为无功电流，气隙增大会导致电机的功率因数变差，但可以减小谐波磁场，减小附加损耗，改善起动性能。气隙过小，电机装配困难。

2.1.3　三相异步电动机铭牌主要技术参数

异步电动机的机座上装有一块铭牌，上面标注了电动机型号和主要技术数据。了解铭牌上有关数据，对于正确选择、使用、维护和维修电动机具有重要意义。表 2-1-1 为三相异步电动机的铭牌相关参数。

表 2-1-1　三相异步电动机铭牌

型号	Y180L-8	功率	15 kW	频率	50 Hz
电压	380 V	电流	25.1 A	接线	△
转速	736 r/min	效率	86.5%	功率因数	0.76
工作定额	连续	绝缘等级	B	质量	185 kg
防护形式	IP44（封闭式）			产品编号	
×××××电机厂				××××年××月	

1. 型号

异步电动机的型号主要包括产品代号、设计序号、规格代号和特殊环境代号等。产品代号表示电机的类型，如电机名称、规格、防护形式及转子类型等，一般采用大写印刷体的汉语拼音字母表示。

设计序号是指电动机产品设计的顺序，用阿拉伯数字表示。规格代号用中心高、铁心外径、机座号、机座长度、铁心长度、功率、转速或极数表示。表 2-1-2 为系列产品的规格代号。

表 2-1-2　三相异步电动机系列产品的规格代号

序号	系列产品	规格代号
1	中小型异步电动机	中心高（mm）-机座长度（字母代号）-铁心长度（数字代号）-极数
2	大型异步电动机	功率（kW）-极数/定子铁心外径（mm）

机座长度：S—— 短机座；M—— 中机座；L—— 长机座。

中小型异步电动机：

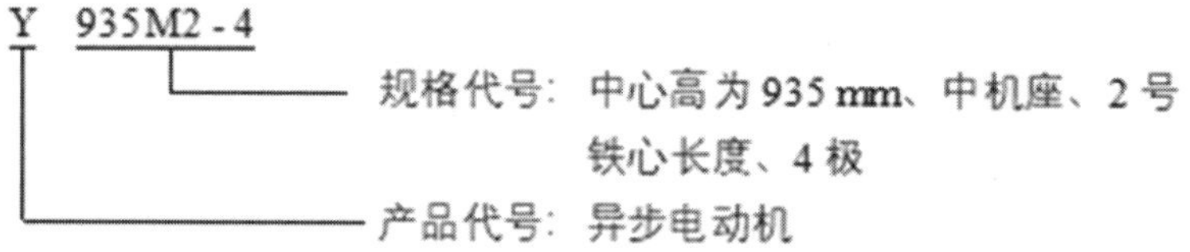

大型异步电动机：

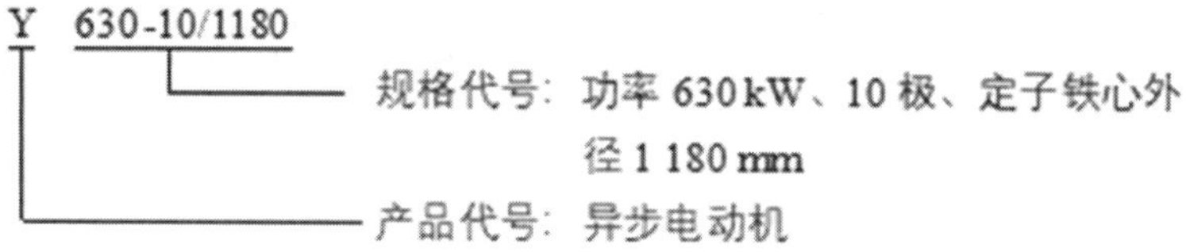

2. 额定值

额定值是指制造厂对电机在额定工作条件下长期工作而不至于损坏所规定的一个量值，即电机铭牌上标出的数据。电机额定值主要包括：

（1）额定电压 U_N。

额定电压是指电动机在额定状态下运行时，规定加在定子绕组上的线电压，单位为 V 或 kV。如表 2-1-1 中，U_N=380 V。

（2）额定电流 I_N。

额定电流是指电动机在额定状态下运行时，规定加在定子绕组上的线电流，单位为 A 或 kA。如表 2-1-1 中，I_N=25.1 A。

（3）额定功率 P_N。

额定功率是指电动机在额定状态下运行时，转轴上输出的机械功率，单位为 W 或 kW。如表 2-1-1 中，P_N=15 kW。

对于三相异步电动机，其额定功率为

$$P_N = \sqrt{3}U_N I_N \eta_N \cos\varphi_N \quad (2\text{-}1\text{-}3)$$

式中 η_N——电动机的额定功率；

$\cos\varphi_N$——电动机的额定功率因数。

（4）额定转速 n_N。

额定转速是指在额定状态下运行时电动机的转速，单位为 r/min。

（5）额定频率 f_N。

额定频率是指电动机在额定状态下运行时，输入电动机交流电的频率，单位为 Hz。我国交流电的频率为工频 50 Hz。

某异步电动机技术参数如表 2-1-3 所示。

表 2-1-3　异步电动机技术参数

电动机型号	额定功率/kW	满载时				堵转电流额定电流	最大转矩额定转矩	堵转转矩额定转矩
		转速/(r/min)	电流/A	效率/%	功率因数			
Y3-100L1-4	2.2	1430	5.1	81	0.81	7.0	2.3	2.3

可以利用表 2-1-3 中技术参数求 Y3-100L1-4 型电动机的额定转差率、额定转矩、起动电流、起动转矩、最大转矩和输入功率。

由表 2-1-3 可知，电动机为 4 极，极对数 p=2，故可计算其同步转速。

$$n_1=\frac{60f_1}{P}=\frac{60\times 50}{2}=1\ 500\ (\text{r/min})$$

额定转差率：

$$s_N=\frac{n_1-n_N}{n_1}=\frac{1\,500-1\,430}{1\,500}=0.046\,7$$

额定转矩：

$$T_N=9\,550\frac{P_N}{n_N}=9\,550\times\frac{2.2}{143}\approx 14.7(\text{N}\cdot\text{m})$$

起动电流：

$$I_{st}=7.0I_N=7.0\times 5.1=35.7\ (\text{A})$$

起动转矩：

$$T_{st}=2.3T_N=2.3\times 14.7\approx 33.8\ (\text{N}\cdot\text{m})$$

最大转矩：

$$T_m=2.3T_N=2.3\times14.7\approx33.8\ (\text{N}\cdot\text{m})$$

输入功率：

$$P_1=\sqrt{3}U_N I_N\cos\varphi=\sqrt{3}\times380\times5.1\times0.81\approx2.27\ (\text{kW})$$

或

$$P_1=2.2\div81\%\approx2.72\ (\text{kW})$$

3. 接线

接线是指在额定电压下运行时，定子三相绕组的连接方式。定子绕组有星形连接和三角形连接。铭牌上标注 380 V/220 V、Y/△ 接法，则说明定子绕组既可接成星形也可以接成三角形，电源电压为 380 V 时应接成 Y 形；电源线电压为 220 V 时应接成△形。无论采用哪种接法，相绕组承受的电压应相等。

国产 Y 系列电动机接线端的首端用 U1、V1、W1 表示，末端用 U2、V2、W2 表示，其 Y 形、△形连接如图 2-1-9 所示。

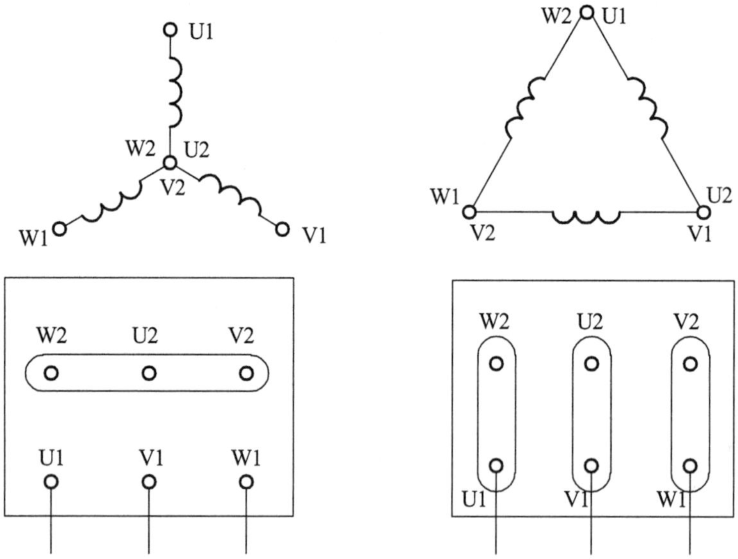

（a）Y 形连接　　（b）△形连接

图 2-1-9　三相异步电动机的接线盒

任务 2.2　三相异步电动机的运行

通过本任务一方面掌握三相异步电动机转子静止及转子转动时的电磁关系、电压平衡关系和等效电路图等；一方面理解转差率对转子回路各物理量的影响及附加电阻的物理意义。

三相异步电动机的定子与转子之间只有磁的耦合，没有电的直接联系，依靠电磁感应作用实现定子、转子之间的能量传递。异步电动机和变压器的磁场性质、结构与运行方式不同，但内部的电磁关系是相似的。异步电动机的定子绕组相当于变压器的一次绕组，转子绕组相当于变压器的二次绕组，分析变压器内部电磁关系的基本方法也适应于异步电动机。

2.2.1　异步电动机的空载运行

三相异步电动机定子绕组与对称的三相电源相连，转轴上不带机械负载运行时称为空载运行。

1. 空载运行时的电磁关系

异步电动机空载运行时轴上没带机械负载，电动机的空载转速很高，接近于同步转速。转子与定子旋转磁场几乎无相对运动，所以转子感应电动势 $\dot{E}_2 \approx 0$，转子电流 $\dot{I}_2 \approx 0$，此时异步电动机只有定子绕组中有电流流过。空载运行时的定子电流称为空载电流，用 $\dot{I}_0$ 表示。

与变压器一样，空载电流的作用是用来产生磁场的，空载电流 $\dot{I}_0$ 也称为励磁电流。空载电流属于无功性质的电流，空载运行时功率因数很低。由于异步电动机的磁路中存在气隙，异步电动机的空载电流比同容量变压器的空载电流大，可达到额定电流 20%～50%。空载时，异步电动机从电网中吸收的有功功率很小，吸收较大的感性无功功率，引起电动机和电网的功率因数下降，在使用时应尽量避免异步电动机的空载运行。

空载电流 $\dot{I}_0$ 产生的磁动势称为空载磁动势或励磁磁动势，用 $\dot{F}_0$ 表示，主要用于建立气隙磁场。

异步电动机三相对称的绕组流过三相对称的电流时产生旋转磁场，其中绝大部分磁通（称为主磁通，用 $\dot{\Phi}_1$ 表示）沿异步电动机的定子铁心、气隙、转子铁心芯形成闭合回路，与定子绕组、转子绕组同时交链。除主磁通外的磁通称为漏磁通，用 $\dot{\Phi}_{1\sigma}$ 表示。三相异步电动机空载时电磁关系图如图 2-2-1 所示。

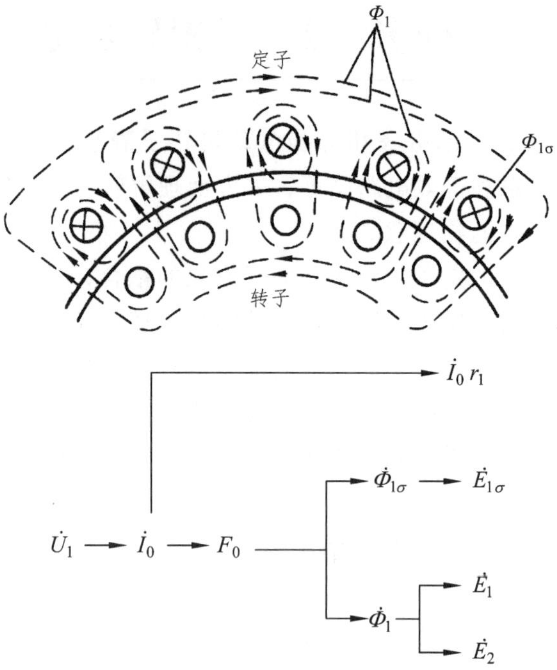

图 2-2-1　三相异步电动机空载时电磁关系图

2. 空载运行时的基本方程式

三相异步电动机空载时，电磁转矩只需克服很小的空载损耗，对应的转子电流 $\dot{I}_2 \approx 0$。三相异步电动机空载与变压器空载相似，空载时的定子侧的基本方程与变压器一次侧的基本方程相同。

三相异步电动机空载时定子侧的基本方程可表示为

$$\dot{E}_1 = -\mathrm{j}4.44 f_1 k_{\mathrm{N1}} \dot{\Phi}_1 = -\dot{I}_0(r_{\mathrm{m}} + \mathrm{j}X_{\mathrm{m}}) = -\dot{I}_0 Z_{\mathrm{m}} \tag{2-2-1}$$

$$\dot{U}_1 = -\dot{E}_1 + \dot{I}_0 r_1 + \mathrm{j}\dot{I}_0 X_1 = -\dot{E}_1 + \dot{I}_0 Z_1 = \dot{I}_0 Z_{\mathrm{m}} + \dot{I}_0 Z_1 = \dot{I}_0(Z_{\mathrm{m}} + Z_1) \tag{2-2-2}$$

$$\dot{U}_1 \approx -\dot{E}_1 \text{或} U_1 \approx E_1 = 4.44 f_1 k_{\mathrm{N1}} N_1 \dot{\Phi}_1 \tag{2-2-3}$$

与变压器一样，异步电动机的主磁通的大小由外加电压大小决定，即频率不变、外加电压 U_1 一定时主磁通一般是常量。

由于存在空气气隙，异步电动机的 I_0 比同容量的变压器要大。小容量异步电动机中，I_0 占 35%～50%，甚至占 60%。异步电动机的 X_{m} 比变压器的要小，即磁化能力弱于变压器。

由于异步电动机空载运行时，输出的机械功率 P_2=0，只需从电网吸取很小的有功功率来平衡电动机的铁心损耗、定子绕组空载铜耗及机械损耗。因此，空载电流 I_0 主要成分是建立旋转磁场的感性无功电流，即与变压器一样，空载时功率因数 $\cos\varphi_0$ 一般小于 0.2。

2.2.2 三相异步电动机的负载运行

三相异步电动机的定子绕组接在三相对称交流电源上并且转子带负载运行，称为异步电动机的负载运行。

当异步电动机从空载到负载瞬时，由于轴上机械负载转矩的突然增加，原空载时的电磁转矩无法平衡负载转矩，电动机开始降速，旋转磁场与转子之间的相对运动加大，转子感应电动势增加，转子电流和电磁转矩增加，当电磁转矩增加到与负载转矩和空载制动转矩相平衡时，电动机就以低于空载时的转速而稳定运行。

可见，当负载转矩改变时，转子转速 n 或转差率 s 随之变化，而 s 的变化引起了电动机内部许多物理量的变化。

1. 转子各物理量与 s 的关系

1）转子绕组感应电动势及电流的频率 f_2

$$f_2 = \frac{p(n_1 - n)}{60} = \frac{pn_1}{60} \times \frac{n_1 - n}{n_1} = f_1 s \tag{2-2-4}$$

由式（2-2-4）可知，转子电动势及电流的频率 f_2 与转差率 s 成正比。当 n=0 时，s=1，$f_2=f_1=f_{2\max}$；$n\uparrow\rightarrow s\downarrow\rightarrow f_2\downarrow$。当 $n=n_N$ 时，由于 s_N=0.015 ~ 0.05，所以 $f_{2N}=f_1 s_N\approx$1 ~ 3 Hz。

2）转子旋转时转子绕组的电动势 E_{2s}

$$E_{2s} = 4.44 f_2 k_{N2} N_2 \Phi_1 = 4.44 s f_1 k_{N2} N_2 \Phi_1 = sE_2 \tag{2-2-5}$$

当 n=0 时，s=1，静止时 $E_{2s}=E_2$ 为最大，$n\uparrow\rightarrow s\downarrow\rightarrow E_{2s}\downarrow$

3）转子电抗 X_{2s}

$$X_{2s} = 2\pi f_2 L_2 = 2\pi f_1 s L_2 = sX_2 \tag{2-2-6}$$

当 n=0 时，s=1，静止时的 $X_{2s}=X_2$ 为最大，$n\uparrow\rightarrow s\downarrow\rightarrow X_{2s}\downarrow$。

4）转子电流 I_{2s}

$$I_{2s} = \frac{E_{2s}}{\sqrt{r_2^2 + X_{2s}^2}} = \frac{sE_2}{\sqrt{r_2^2 + (sX_2)^2}} \tag{2-2-7}$$

当电动机起动瞬间，s=1，I_{2s} 为最大；$n\uparrow\rightarrow s\downarrow\rightarrow I_{2s}\downarrow$。

5）转子的旋转磁通势 F_2 相对定子的转速

$$sn_1 + n = \frac{n_1 - n}{n_1} \times n_1 + n = n_1 \tag{2-2-8}$$

F_2 与 F_1 的转速都是同步速，两者之间没有相对运动，在空间相对静止。

2. 负载运行时的基本方程式

1）磁通势平衡方程式

由上述分析可知，当外加电源的电压和频率不变时，主磁通近似为一常量。因此，空载时产生主磁通的磁通势 F_0 与负载时产生主磁通的合成磁通势（F_1+F_2）应相等。

$$F_1+F_2=F_0 \text{ 或 } F_1=F_0+(-F_2) \tag{2-2-9}$$

异步电动机通过磁通势平衡关系，使电路上无直接联系的定子电流和转子电流有了关联。当负载转矩增加时，转速降低，转子电流增大，电磁转矩增大到与负载转矩平衡时定子电流增大，经过自动调整后进入新的平衡状态。

2）电动势平衡方程式

异步电动机负载转子电路与变压器二次电路不同的是：转子电路的频率为 f_2，且转子电路自成闭路，对外输出电压为零，如见图 2-2-2 所示。

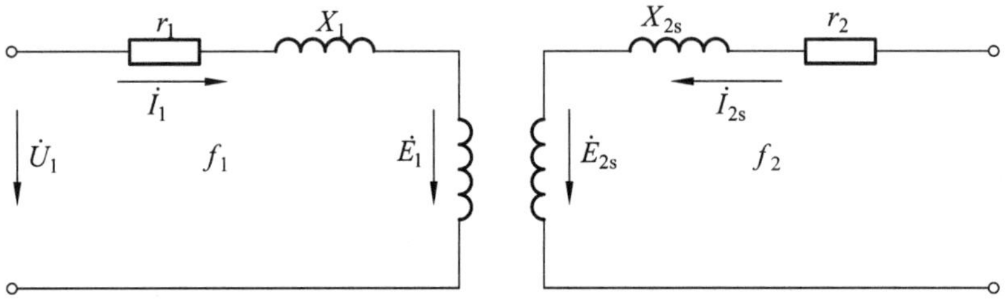

图 2-2-2　异步电动机负载运行时电路图

定子侧电动势平衡方程

$$\dot{U}_1=-\dot{E}_1+\dot{I}_1r_1+\mathrm{j}\dot{I}_1X_1=-\dot{E}_1+\dot{I}_1(r_1+\mathrm{j}X_1)=-E_1+\dot{I}_1Z_1 \tag{2-2-10}$$

转子侧电动势平衡方程

$$\dot{E}_{2s}=\dot{I}_{2s}(r_2+\mathrm{j}X_{2s})=\dot{I}_{2s}Z_{2s} \tag{2-2-11}$$

任务 2.3　三相异步电动机的特性

通过本任务掌握三相异步电动机的转矩特性。掌握最大电磁转矩、临界转差率及起动转矩与各参数的关系；掌握三相异步电动机的固有机械特性和人为机械特性。

2.3.1 转矩特性

1. 电磁转矩物理公式

转子中各载流导体在旋转磁场的作用下，受到电磁力作用所形成的转矩之和。

$$F = Bli \tag{2-3-1}$$

$$T \propto \Phi, I_2, \cos\psi_2 \tag{2-3-2}$$

$$T = K_T \Phi I_2 \cos\psi_2 \tag{2-3-3}$$

式中 Φ—— 旋转磁场每极磁通；

I_2—— 转子电流；

$\cos\psi_2$—— 转子电路的功率因数。

由此可知：

$$I_2 = \frac{sE_{20}}{\sqrt{R_2^2 + (sX_{20})^2}}\text{；}\quad \cos\psi_2 = \frac{R_2}{\sqrt{R_2^2 + (sX_{20})^2}}\text{；}\quad U_1 = 4.44 f_1 N_1 \Phi_m$$

由此得电磁转矩公式：

$$T = K\frac{sR_2}{R_2^2 + (sX_{20})^2}\cdot U_1^2 \qquad X_{20} = 2\pi f_1 L_{\sigma 2} \tag{2-3-4}$$

由式（2-3-4）可知：

（1）电磁转矩 T 与定子每相绕组电压 U_1^2 成正比。当电源电压 U_1 下降时电磁转矩 T 也下降。

（2）当电源电压 U_1 一定时，电磁转矩 T 为 s 的函数。

（3）R_2 的大小对 T 有影响。绕线型异步电动机可外接电阻来改变转子电阻 R_2，从而改变电磁转矩。

2. 额定转矩特性

由式 2-3-4 可知，在电源电压 U_1 和转子电阻 R_2 一定的情况下，电磁转矩与转差率的关系曲线 $T=f(s)$ 或转速与电磁转矩的关系曲线 $n=f(T)$ 称为电动机的机械特性曲线，如图 2-3-1（b）所示。

电磁转矩特性曲线 $T=T(s)$ 如图 2-3-1（a）所示。当 s 很小时，T 与 s 成正比；当 s 很大时，T 与 s 成反比（以双曲线为渐近线），并且有最大转矩 T_{max} 存在。

由图 2-3-1（b）可知：$T_L \uparrow \Rightarrow n \downarrow \Rightarrow s \uparrow \Rightarrow I_2 \uparrow \Rightarrow T \uparrow$，直至新的平衡（$T=T_L$）。

在此过程中，$I_2\uparrow$时，$I_1\uparrow\Rightarrow$电源提供的功率自动增加。

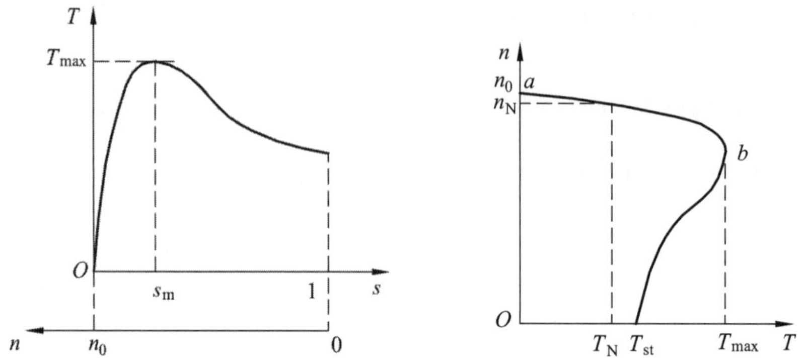

（a）转矩特性曲线　　　　（b）机械特性曲线

图 2-3-1　异步电动机的特性曲线

1）额定状态

电动机在额定电压作用下，以额定转速 n_N 运行，输出额定功率 P_N 时，电动机转轴上输出转矩，带动其他电气设备工作。

在电动机匀速转动时，其转矩 T 必须与阻力转矩 T_C 平衡。阻力转矩包括负载转矩 T_2 和空载损耗转矩 T_0，一般 T_0 很小，可忽略不计，所以

$$T = T_2 + T_0 \approx T_2 = \frac{P_2}{2n\pi / 60} \qquad (2\text{-}3\text{-}5)$$

$$T_N = 9\,550 \frac{P_{2N}(\text{kW})}{n_N(\text{r/min})} \qquad (2\text{-}3\text{-}6)$$

2）临界状态

临界状态指电机带动最大负载的能力，其特性曲线如图 2-3-2 所示。

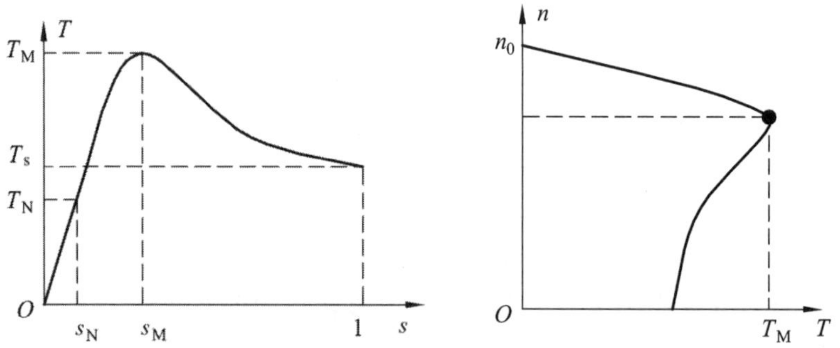

图 2-3-2　异步电机临界状态的特性曲线

$$T = K\frac{sR_2}{R_2^2 + (sX_{20})^2} - U_1^2$$

令 $\frac{\mathrm{d}T}{\mathrm{d}S} = 0$，求得

$s = s_M = \dfrac{R_2}{X_{20}}$，将 s_M 代入转矩公式，可得

$$T_M = K\frac{U_1^2}{2X_{20}} \tag{2-3-7}$$

过载系数可表示为

$$K_M = \frac{T_M}{T_N} \tag{2-3-8}$$

一般三相异步电动机的过载系数为 2 ~ 2.2，工作时必须满足 $T_L < T_M$，否则电机将会停转。如果 $T_L > T_{max}$，电机将会因带不动负载而停转。

过载系数可表示为

$$\lambda = \frac{T_{max}}{T_N}$$

一般三相异步电机的过载系数 λ 的取值为 1.8 ~ 2.5。

3）起动状态

电动机起动过程 n=0 时，s=1。由式 2-3-4 可得

$$T_s = K\frac{R_2U_1^2}{R_2^2 + X_{20}^2} \tag{2-3-9}$$

T_s 体现了电动机带载直接起动的能力。$T_s > T_L$ 时电机能起动，否则电机不能起动。异步电机起动状态的特性曲线如图 2-3-3 所示。

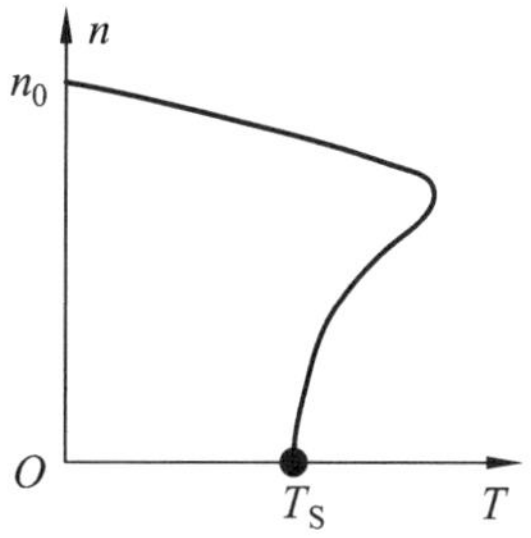

图 2-3-3　异步电机起动状态的特性曲线

2.3.2　三相异步电动机的机械特性

电动机的转速与电磁转矩的关系 $n=f(T_{em})$ 称为电动机的机械特性。在 U_N，f_N，R_a=0 的额定条件下的 $n=f(T_{em})$ 称为电动机的固有机械特性（自然机械特性），在非额定条件下的 $n=f(T_{em})$ 称为电动机的人工机械特性。

1. 固有机械特性

固有机械特性是指在额定电压和额定频率作用下，电动机按规定接线并且定子和转子电路不外接阻抗时的机械特性。电动机的固有机械特性可表示为 $n=f(T_{em})$。由于 $n=(1-s)n_1$ 并且 $T_{em}=f(s)$，可得到图 2-3-4 所示的异步电机固有机械特性曲线。

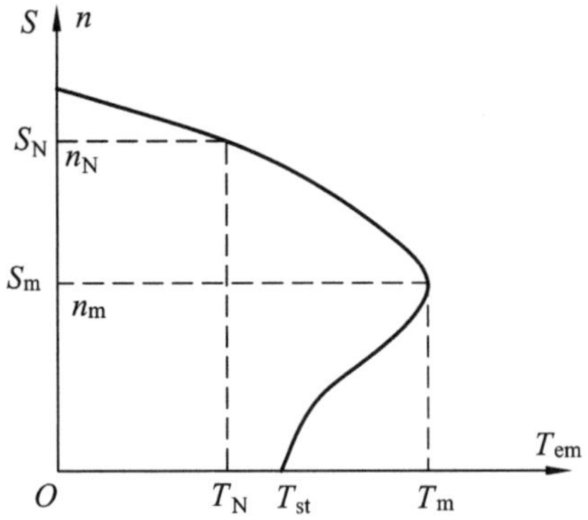

图 2-3-4　异步电动机固有机械特性曲线

2. 人工机械特性

异步电动机的人工机械特性是指人为改变电源参数或电动机参数而得到的机械特性。

1）降低定子电压的人工机械特性

异步电动机的电磁转矩与电压的平方成正比，增大或减小电源电压都会改变电磁转矩。由于异步电动机在额定电压下运行时磁路已经饱和，不能利用升高电压的方法来改变机械特性，本部分仅讨论降低定子电压的人工机械特性。异步电动机降压时的人工机械特性曲线如图 2-3-5 所示。

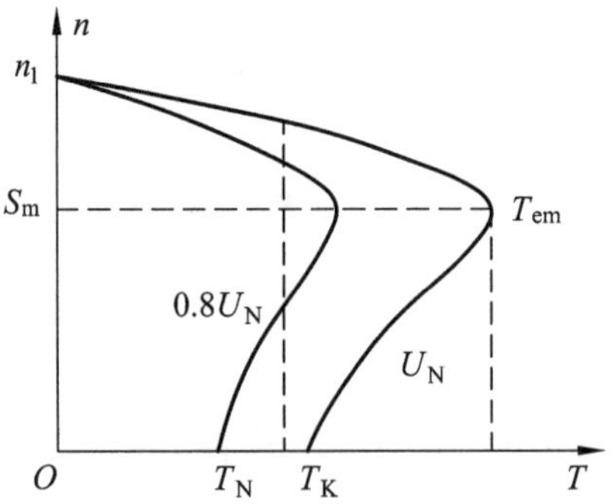

图 2-3-5　异步电动机降压时的人工机械特性曲线

当电动机在某一负载下运行时，降低电源电压会导致电磁转矩减小，电动机转速下降，转子电流、定子电流增大。若电动机电流超过额定值，则电动机的最终温升超过允许值，导致电动机寿命缩短，甚至烧毁电动机。如果电压下降过大，会导致最大转矩小于负载转矩，使电动机停止运转。降低电压后，人工机械特性曲线中的线性段斜率会变大，特性变软，起动转矩倍数和过载能力显著下降。

2）定子外串联对称阻抗的人工机械特性

定子外串联对称阻抗相当于增大定子阻抗变大，则有

$$T_{\mathrm{em}}=\frac{m_1 p}{2\pi f_1}\frac{U_1^2\cdot\frac{r_2'}{s}}{(r_1+r_2'/s)^2+x_k^2} \tag{2-3-10}$$

该种情况下人工机械特性与降压特性类似，则有

$$s_{\mathrm{m}}=\frac{r_2'}{\sqrt{r_1^2+x_k^2}} \tag{2-3-11}$$

由式 2-3-11 可知，r_1 或 x_{k} 增大，s_{m} 减小。

综上所述，同步转速 n_1 不变，但最大电磁转矩 T_{em}、临界转差率 s_{m} 和起动转矩 T_{st} 都随所串联电抗（电阻）的增加而减小。定子回路串联电抗一般用于鼠笼式异步电动机的降压起动，以限制起动电流。

3）绕线式转子外串联电阻 R_{a}

绕线式转子外串联电阻 R_{a} 的人工机械特性可表示为

$$T_{\mathrm{em}}=\frac{m_1 p}{2\pi f_1}\frac{U_1^2\cdot\frac{r_2'}{s}}{(r_1+r_2'/s)^2+x_k^2} \tag{2-3-12}$$

$$T_{\mathrm{em}}'=\frac{m_1 p}{2\pi f_1}\frac{U_1^2\cdot\frac{r_2'+R_{\mathrm{a}}'}{s}}{(r_1+(r_2'+R_{\mathrm{a}}')/s)^2+x_k^2} \tag{2-3-13}$$

在电源电压和频率不变的情况下，必须满足

$$\frac{r_2'}{s}=\frac{r_2'+R_{\mathrm{a}}'}{s}\text{或}\frac{r_2}{s}=\frac{r_2+R_{\mathrm{a}}}{s'} \tag{2-3-14}$$

由此可见，转子串联电阻后，其他条件不变时会产生相同的 T_{em}，s 增加，n 减小。

转子串联电阻特性与自然特性的区别主要包括：

（1）特性变软。

（2）$T_{\max}$ 不变，s_{m} 变大。

（3）T_{em} 相同点满足式 2-3-14。

练习题

一、选择题

1．异步电动机在正常工作时，其转速（　　）。

A．低于同步转速　　B．高于同步转速

C．等于同步转速　　D．和同步转速没有关系

2．某三相电动机的额定值：功率为 10 kW，转速为 1 420 r/min，效率为 88%，电压为 380 V，则额定电流为（　　）。

A．26.3 A　　B．15.2 A　　C．18.4 A　　D．以上答案都不对

3．三相鼠笼式异步电动机直接起动电流过大，一般可达到额定电流的（　　）倍。

A．2 ~ 3　　B．3 ~ 4　　C．4 ~ 7　　D．10

4．为了使三相异步电动机反转，只要（　　）就能实现。

A．降低电压　　B．降低电流

C．将任两根电源线对调　　D．降低线路功率

5．在三相交流异步电动机定子绕组中通过三相对称交流电，在定子与转子的空气隙间产生的磁场是（　　）。

A．恒定磁场　　B．脉动磁场　　C．合成磁场为零　　D．旋转磁场

6．异步电动机的机械特性曲线中，当电源电压下降时 T_{max} 及 s_m 将分别（　　）。

A．不变，不变　　B．不变，减小　　C．减小，不变　　D．减小，减小

7．转子绕组串联电阻起动适用于（　　）。

A．鼠笼式异步电动机　　B．绕线式异步电动机

C．串励直流电动机　　D．并励直流电动机

8．异步电动机运行时，若转轴上所带的机械负载愈大则转差率（　　）。

A．愈大　B．愈小　C．基本不变　D．在临界转差率范围内愈大

9．三相异步电动机在稳定运行时转差率的范围是（　　）。

A．零和临界转差率之间即 $0<s<s_{临界}$

B．额定转差率和 1 之间即 $s_N<s<1$

C．大于 1 即 $s>1$

D．临界转差率和 1 之间即 $s_{临界}<s<1$

10．U_N、I_N、η_N、$\cos\varphi_N$ 分别是三相异步电动机额定线电压、线电流、效率和功率因数，则三相异步电动机额定功率 P_N 为（　　）。

A．$\sqrt{3}\,U_N I_N \eta_N \cos\varphi_N$　　B．$\sqrt{3}\,U_N I_N \cos\varphi_N$

C. $\sqrt{3}\,U_NI_N$　　　　D. $\sqrt{3}\,U_NI_N\,\eta_N$

11. 某三相异步电动机额定转速为 1 460 r/min，p=2，f=50 Hz，当负载转矩为额定转矩的一半时，其转速为（　　）。

A. 1 500 r/min　　B. 1 480 r/min　　C. 1 460 r/min　　D. 1 440 r/min

12. 异步电动机的起动转矩等于最大转矩的条件是（　　）。

A. 转差率 s=1　　　　B. 转差率 $s=s_N$

C. 临界转差率为 1　　　D. 转差率 s=0

二、判断题

1. 三相异步电动机的定子只要满足有空间对称的三相绕组中通过交流电流即可产生圆形旋转磁场。（　　）

2. 电动机的额定功率，既表示输入功率也表示输出功率。（　　）

3. 异步电动机的转子旋转速度总是小于旋转磁场速度。（　　）

4. 电动机稳定运行时，其电磁转矩与负载转矩基本相等。（　　）

5. 异步是指转子转速与磁场转速存在差异。（　　）

6. 异步电动机只有转子转速和磁场转速存在差异时，才能运行。（　　）

7. 罩极式单相异步电动机铁心上短路环的作用是产生一个附加磁场。（　　）

三、综合题

1. 简述异步电动机的工作原理。如何改变三相异步电动机的旋转方向？

2. 简述异步电动机的结构和各部件的作用。

3. 什么是转差率？异步电动机的转差率一般是多少？

4. 一台三相异步电动机的技术参数：P_N=75 kW，n_N=975 r/min, $\cos\varphi_N$=0.87，U_N=3 000 V，I_N=18.5 A，f=50 Hz。试问：（1）电动机的极数是多少？（2）额定负载下的转差率 s_N 是多少？（3）额定负载下的效率 η_N 是多少？

5. 什么是三相异步电动机的固有机械特性？

6. 什么是三相异步电动机的人为机械特性？

7. 三相异步电动的旋转磁场是如何产生的？

8. 三相异步电动机旋转磁场的转速由什么决定？对于工频下的 2、4、6、8、10 极的三相异步电动机的同步转速为多少？

9. 试述三相异步电动机的转动原理并解释“异步”的意义。

10. 旋转磁场的转向由什么决定？如何改变旋转磁场的转向？

11. 当三相异步电动机转子电路开路时，电动机能否转动？为什么？

12. 为什么变极调速时要同时改变电源相序？

13. 试述绕线转子异步电动机转子串电阻调速原理和调速过程，有何优缺点？

14. 在额定工作情况下的 Y180L-6 型三相异步电动机，其转速为 960 r/min，频率为 50 Hz，问电机的同步转速是多少？有几对磁极对数？转差率是多少？

15.一台两极三相异步电动机，额定功率 10 kW，额定转速为 $n_N = 2\,940$ r/min，额定频率 $f_1 = 50$ Hz，求额定转差率 s_N 和轴上的额定转矩 T_N。

16. 一台三相异步电动机的电源频率 $f_1 = 50$ Hz，额定转差率 $s_N = 2\%$。求当极对数 $p = 3$ 时电动机的同步转速 n_1 及额定转速 n_N。

17. 已知一台三相异步电动机的技术数据：额定功率 4.5 kW，额定转速 950 r/min，$f_1 = 50$ Hz，试求：（1）极对数 p；（2）额定转差率 s_N；（3）额定转矩 T_N。

项目 3

PART THREE

直流电动机的运行与应用

直流电机包括直流发电机和直流电动机。将机械能转换为电能的是直流发电机，将电能转换为机械能的是直流电动机。与交流电机相比较，直流电机结构复杂、成本高、运行维护较困难。但直流电动机具有调速性能良好、起动转矩较大和过载能力较强等优点，在起动和调速要求较高的生产机械中，仍得到广泛的应用。

任务 3.1 直流电动机的基础知识

通过本任务掌握直流电动机的工作原理以及额定值；了解直流电动机的基本结构；理解直流电动机的铭牌和直流电动机系列的含义。

3.1.1 直流电动机的结构

直流电机结构主要由定子和转子两大部分组成，定子与转子之间有很小的气隙。小型直流电机的结构如图 3-1-1 所示，其剖面图如图 3-1-2 所示。

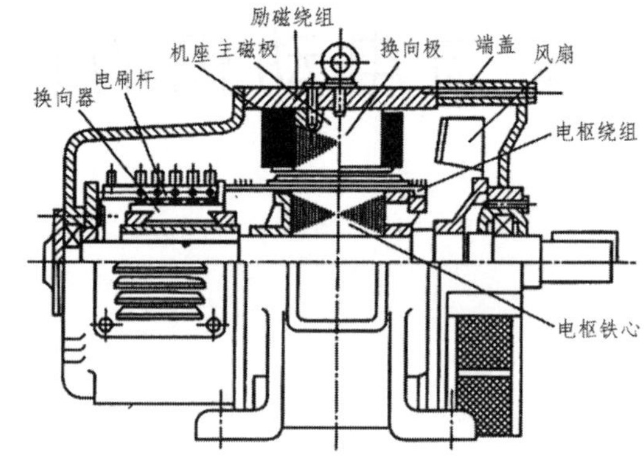

图 3-1-1 小型直流电机的结构

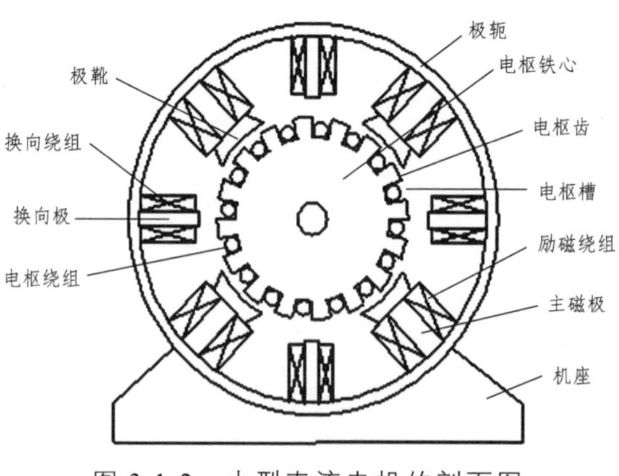

图 3-1-2 小型直流电机的剖面图

1. 定子部分

定子主要由主磁极、换向磁极、电刷装置、机座和端盖等部分构成，如图 3-1-3 所示。

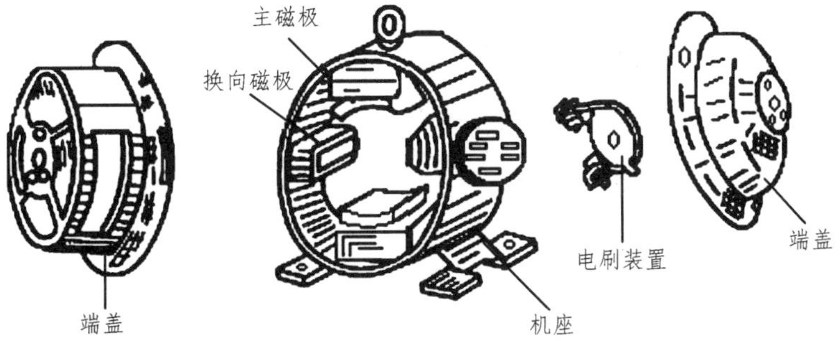

图 3-1-3　直流电机定子结构图

1）主磁极

主磁极的作用是产生恒定、有一定空间分布形状的气隙磁通密度。主磁极由主磁极的铁心和放置在铁心上的励磁绕组构成。励磁绕组是用绝缘铜线绕制的线圈，套在铁心外面。为了减小涡流损耗，主磁极铁心一般采用 1.0 ~ 1.5 mm 厚的硅钢片叠压而成。主磁极上的线圈是用来产生主磁通的，称为励磁绕组。当励磁绕组中通入直流电流时，各主磁极均产生一定的极尾号，且相邻两主磁极极性是 N、S 两极成对交替出现。改变励磁电流的方向，就会改变磁场的极性。主磁极的结构如图 3-1-4 所示。

2）换向磁极（附加极）

换向磁极也是由铁心和绕组构成的，它安装在相邻两个主磁极的中间线上。当换向磁极绕组通入直流电流时，它所形成的磁场对电枢磁场产生影响从而减小电刷与换向器之间的火花。换向磁极一般总与电枢绕组串联。作用是改善换向，容量超过 1 kW 电机应安装换向极。图 3-1-5 为直流电动机换向极结构图。

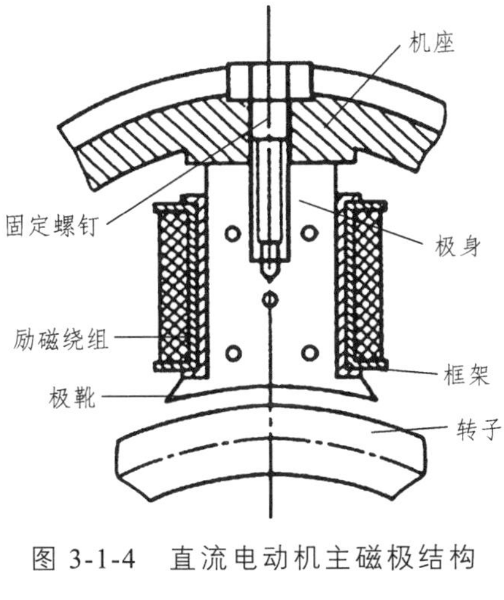

图 3-1-4　直流电动机主磁极结构

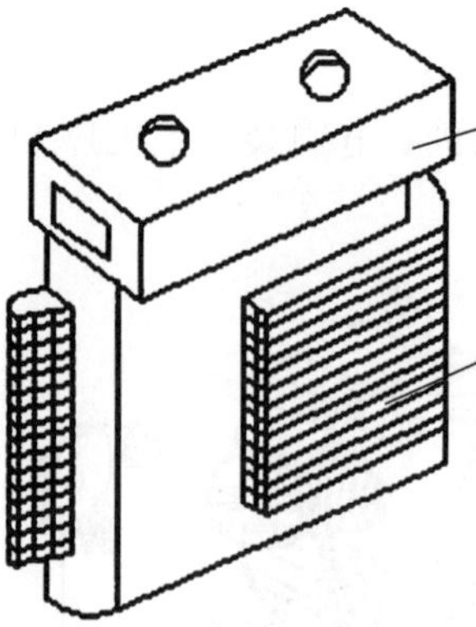

图 3-1-5 直流电动机换向极结构

3）电刷装置

电刷装置由电刷、刷盒、铜丝辫、压紧弹簧等构成，其作用是把转子电路与外电路连接起来，通过该装置把电机电枢中的电流与外部静止电路相连或把外部电源与电机电枢相连。电刷装置与换向片一起完成机械整流，把电枢中的交变电流变成电刷上的直流或把外部电路中的直流变换为电枢中的交流。电刷装在端盖上，可以移动，用以调整电刷的位置。电刷的结构如图 3-1-6 所示。

4）机座

电动机定子部分的外壳称为机座。为保证机座具有良好的机械强度和良好的导磁性能，通常由铸钢或厚钢板焊接而成。机座一方面用来固定主磁极、换向极和端盖，起到支撑和固定整个电动机的作用；另一方面也是磁路的一部分，构成磁极之间的通路。主磁路部分称为铁轭。机座材质采用整体铸钢。

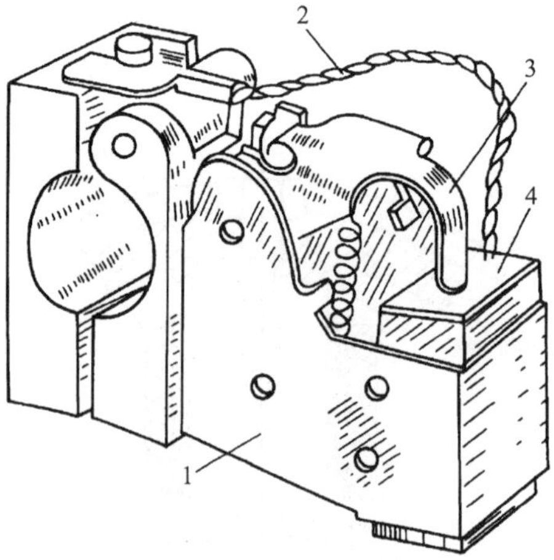

1—碳刷盒；2—铜丝辫；3—压紧弹簧；4—电刷块（石墨材料）。

图 3-1-6 电刷的结构

5）端盖

端盖主要起支撑作用，固定于机座上，其上放置轴承支撑直流电机的轴，使直流电机能够旋转。

2. 转子部分

直流电动机的转子是电机的转动部分，又叫电枢。由电枢铁心、电枢绕组、换向器、电机转轴和轴承等组成。直流电动机的转子结构示意图如图 3-1-7 所示。

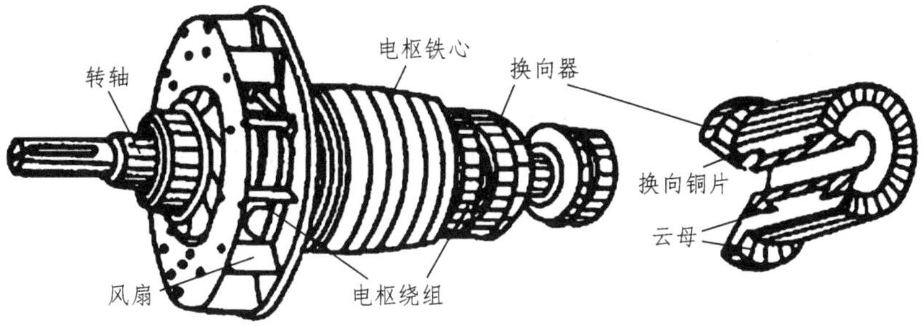

图 3-1-7　直流电动机的转子

1）电枢铁心

电枢铁心的作用是嵌放电枢绕组和通过磁通。为了降低电动机运行时电枢铁心中产生的涡流损耗和磁滞损耗，电枢铁心采用 0.5 mm 厚的硅钢冲片叠压而成。硅钢片上冲出转子槽用来放置电枢绕组，冲制好的硅钢片叠装成电枢铁心。小型直流电机的电枢冲片形状和电枢铁心装配图如图 3-1-8 所示。

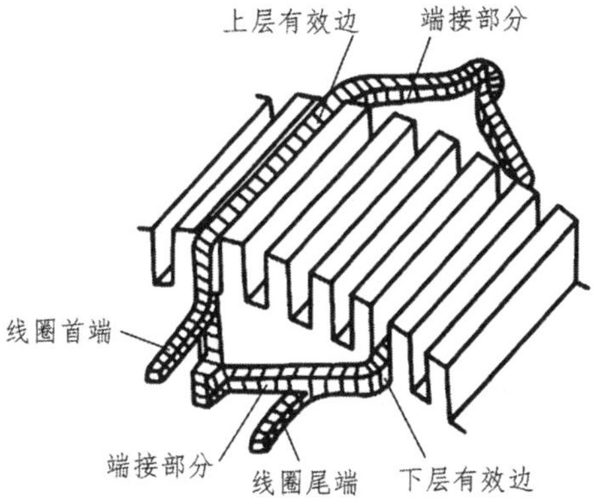

图 3-1-8　电枢绕组嵌放方法

2）电枢绕组

电枢绕组的作用是产生电磁转矩和感应电动势，是直流电动机进行能量变换的关键部件。电枢绕组由许多线圈组成，采用高强度漆包线或玻璃丝包扁铜线绕成后按一定规则嵌放在电枢铁心的槽中。线圈和铁心之间以及上下层线圈之间都要妥善绝缘，然后在铁心槽口用楔子压紧。电枢绕组的出线端焊接在换向器上，通过换向器与电刷之间的滑动接触，实现电流的引入或引出。中小电机的电枢绕组材质为铜导线。大型电机的电枢绕组材质为成型线圈。

3）换向器

换向器又称为整流子。在直流电动机中，它的作用是将电刷上的直流电源电流转换成电枢绕组内的交流电流，使电磁转矩的方向恒定不变；在直流发电机中，它将电枢绕组产生的交流电动势转换为电刷端上输出的直流电动势。换向器是由许多换向片组成的圆柱体，换向片之间用云母片绝缘，电枢绕组每一个线圈两端分别接在两个换向片上。材质为紫铜或铜合金。换向片靠近电枢绕组一端的部分与绕组引出线相焊接。换向器结构如图 3-1-9 所示。

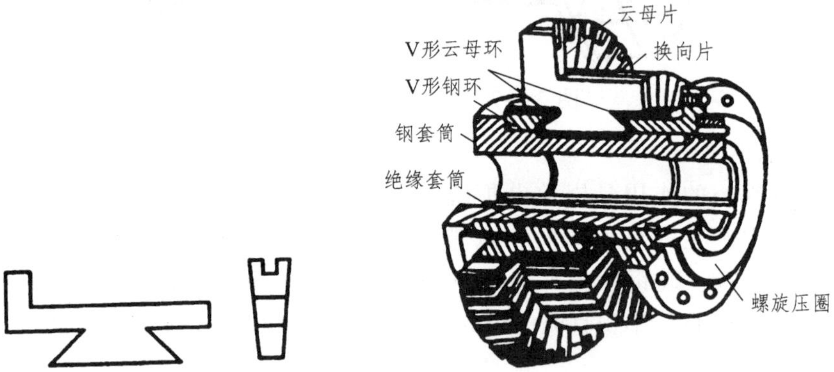

（a）换向片　　（b）换向器

图 3-1-9　换向器结构

3.1.2　直流电动机的工作原理

直流电机是利用电磁作用原理进行能量转换的机电装置，具有可逆性，既可以作为发电机运行，也可以作为电动机运行。如果电动机拖动直流电机的电枢旋转，则作为直流发电机运行。同一台直流电机当将直流电输入电机时，电机将电能转换为机械能，拖动生产机械旋转，则作为电动机运行。

直流电动机的工作原理图如图 3-1-10 所示。图中 N 和 S 是一对固定的磁极，可以是电磁铁，也可以是永久磁铁。磁极之间有一个转动的铁质圆柱体，称为电枢铁心。铁心表面固定一个用绝缘导体构成的电枢线圈 abcd，线圈的两端 a、d 分别接到相互绝缘的两个弧形铜片上，这两个铜片合称为换向器。在换向器上放置固定不动而与换向片滑动接触的电刷 A 和 B，线圈 abcd 通过换向器和电刷接通外电路。铁心、线圈和换向器组合在一起形成电枢。

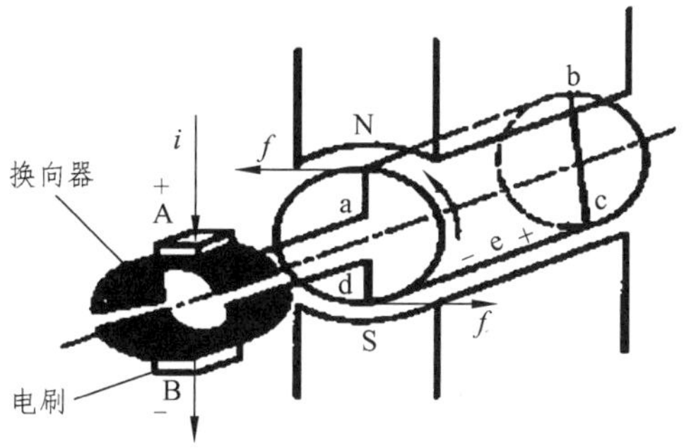

（a）A→d→c→b→a→A 回路

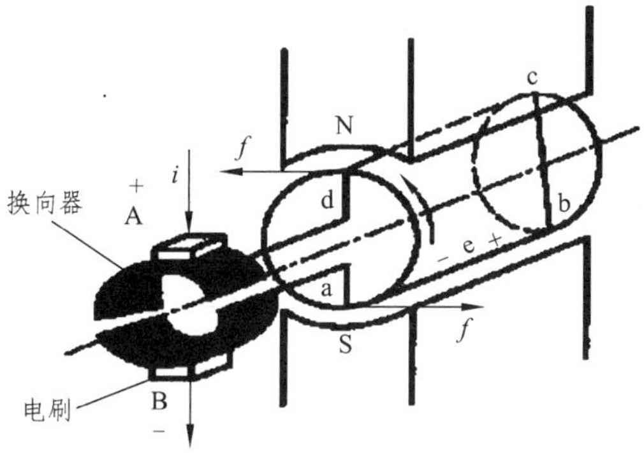

（b）A→a→b→c→d→B 回路

图 3-1-10　直流电动机的工作原理图

把电刷 A、B 接到直流电源上，电刷 A 接正极，电刷 B 接负极。此时电枢线圈中将电流流过。通电线圈在磁场中要受到磁场力的作用。假设电刷 A 与电源的正极相连，电刷 B 与电源的负极相连，电流经 A→d→c→b→a→B 形成回路。根据左手定则，线圈 ab 受力向右，线圈 cd 受力向左。这样就形成一个转矩，使电枢逆时针方向旋转，如图 3-1-10（a）所示。

当电枢转过 90°时，此时通电线圈虽受到电磁力的作用，但转矩为零。由于电枢机械惯性的作用，电枢也能转过一定的角度，这时线圈中电流的方向也发生了改变。

当电枢转过 180°时，这时电流经 A→a→b→c→d→B 形成回路，线圈内部电流的方向发生了改变。根据左手定则，线圈 ab 受力向左，线圈 cd 受力向右。仍然形成一个逆时针转动的转矩，使电枢按同一方向继续旋转，这样电动机就可以连续旋转，如图 3-1-10（b）所示。

因此，电枢一经转动，由于换向器配合电刷对电流的换向作用，直流电流交替地由导体 ab 和 cd 流入，使线圈边只要处于 N 极下，其中通过电流的方向总是由电刷 A 流入的方向，而在 S 极下时，总是从电刷 B 流出的方向。这就保证了每个极下线圈边中的电流始终是一个方向，从而形成一种方向不变的转矩，使电动机能连续地旋转。这就是直流电动机的工作原理。

直流电动机运行时得出的结论主要包括：

（1）外施加电源的电压、电流都是直流，电枢线圈内电流是交流。

（2）线圈中感应电势与电流方向相反。

（3）线圈是旋转的，电枢电流是交变的。

（4）产生的电磁转矩 T 与转子转向相同，是驱动性质。

3.1.3 直流电机铭牌数据及主要系列

每台电机上都有一块铭牌，上面列出的具体数据为额定值。电机的铭牌数据主要包括：电机的型号、电机的额定功率、额定电压、额定电压、额定转速、励磁方式、电机出厂编号等。直流电动机铭牌所标识的参数如表 3-1-1 所示。

表 3-1-1 直流电动机铭牌

型号	Z_2-92	励磁方式	并励
功率	5.5 kW	励磁电压	180 V
电压	440 V	效率	81.190%
电流	15 A	定额	连续
转速	3 000 r/min	温升	80 °C
出品号数	××××	出厂日期	2001 年 10 月
××××电机厂			

1. 电机型号

电机型号表明该电机所属的系列及主要特点。如型号为 Z_2-92，则该型号电机相关信息主要包括：

（1）Z 表示直流电动机。

（2）2 表示第二次统一设计。

（3）92 中的 9 表示机座号（如 1 号最小，12 号最大），2 表示电枢铁心的长度序号（如 1 号为短铁心，2 号为长铁心）。

2. 额定值

电机铭牌上标注的额定参数主要包括：

（1）额定功率 P_N。

额定功率 P_N（kW）是指在规定的工作条件下，长期运行允许输出的功率。对于发电机来说，是指正负电刷之间输出的电功率；对于电动机，是指轴上输出的机械功率。

（2）额定电压 U_N。

额定电压 U_N（V），对发电机来说是指在额定电流下输出额定功率时的端电压；对电动机来说是指所规定的正常工作时，加在电动机两端的直流电源电压。

（3）额定电流 I_N。

额定电流 I_N（A）是指直流电机正常工作时输出或输入的最大电流值。

对于发电机，三个额定值之间的关系为 $P_N=U_NI_N$。

对于电动机，三个额定值之间的关系为 $P_N=U_N \cdot I_N \cdot \eta_N$。

额定效率：$\eta_N=(P_N/P_1)\times 100\%$。

（4）额定转速 n_N：n_N（r/min）是指电机额定运行时的转速。

3. 励磁方式

直流电机在进行能量转换时，都以气隙中的磁场为媒介。除了采用磁钢制成主磁极的永磁式直流电机以外，直流电机都是在励磁绕组中通过励磁电流 I_f 产生磁场的。励磁绕组获得电流的方式称作励磁方式。励磁方式分为他励、并励、串励和复励。图 3-1-11 所示为直流电机的励磁方式示意图。

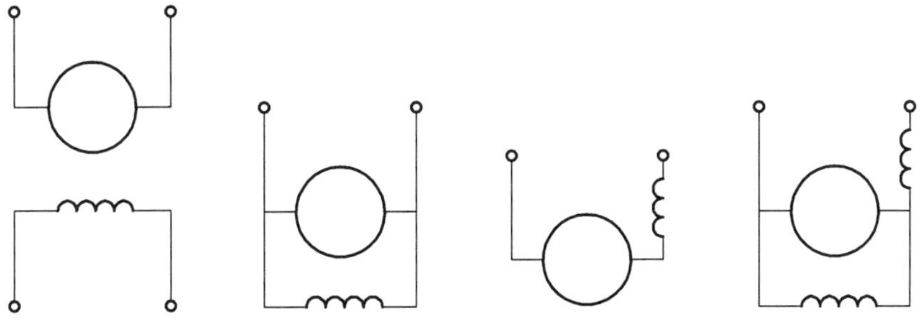

（a）他励　（b）并励　（c）串励　（d）复励

图 3-1-11　直流电机的励磁方式

（1）他励：励磁绕组的电流由单独的电源供给。

（2）并励：励磁绕组与电枢绕组并联。

（3）串励：励磁绕组与电枢绕组串联。

（4）复励：励磁绕组分为两部分，一部分与电枢绕组并联，是主要部分；另一部分与电枢绕组串联。

4. 直流电机的主要系列简介

我国直流电动机主要系列包括：

（1）Z 系列：一般用途直流电动机。

（2）ZQ 系列：直流牵引电动机。

（3）ZJ 系列：精密机床用直流电动机。

（4）ZH 系列：船用直流电动机。

（5）ZA 系列：防爆安全型直流电动机。
（6）ZKJ 系列：挖掘机用直流电动机。
（7）ZZJ 系列：冶金超重用直流电动机。
（8）Z4 系列：小型直流电动机。

5. 电动机运行状态

电动机的运行状态主要包括：
（1）额定：$I=I_N$，η 高。
（2）欠载：$I<I_N$，η 低。
（3）过载：$I>I_N$，寿命降低。

任务 3.2　直流电动机的特性

直流电动机的工作特性是指 $U=U_N$=常数，电枢回路不串入附加电阻，励磁电流 $I_f=I_{fN}$ 时，电动机的转速 n、电磁转矩 T 和效率 η 与输出功率 P_2 之间的关系。所以，工作特性也可看成 n、T、η 与 I_a 的关系。

3.2.1　他励、并励直流电动机的工作特性

（1）$n=f(P_2)$ 的转速特性。

他励、并励电动机的工作特性如图 3-2-1 所示，其 n 转速特性方程可表示为

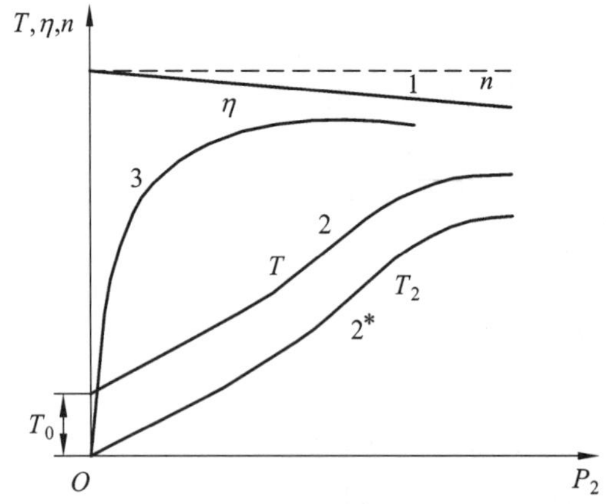

图 3-2-1　他励、并励电动机的工作特性

$$n = \frac{E_a}{C_e \Phi} = \frac{(U - I_a R_a)}{C_e \Phi} \quad (3\text{-}2\text{-}1)$$

当电机轴上的机械负载增大时，输出的机械功率 P_2 随之增大，输入功率 P_1 和电枢电流 I_a 也随之增加，电枢电阻压降增大，使转速 n 降低。但随着电枢电流的增加，电枢反应的去磁作用使气隙磁通减小，又使转速 n 上升。一般情况，电枢电阻压降的影响较大，所以，转速特性是一条略微向下倾斜的曲线，如图 3-2-1 中曲线 1 所示。

（2）$T = f(P_2)$ 转矩特性。

他励、并励直流电动机的 T 转矩特性可表示为

$$T=T_2+T_0=9.55P_2/n+T_0 \quad (3\text{-}2\text{-}2)$$

如果 n 不变，则输出转矩 T_2 与 P_2 成正比关系。$T_2 = f(P_2)$ 特性曲线是一条过坐标原点的直线。

考虑到 P_2 增大时，n 略有下降，故 $T_2 = f(P_2)$ 曲线呈略为上翘趋势。

而 $T_2 = f(P_2)$ 特性曲线与比 $T = f(P_2)$ 曲线高一个空载转矩 T_0，如图 3-2-1 所示的曲线 2。

（3）$\eta = f(P_2)$ 效率特性。

他励、并励直流电动机的 η 转矩特性可表示为

$$\eta = \frac{P_2}{P_1} \times 100\% = \frac{P_2}{P_2 + p_0 + p_{cua}} \times 100\% = \frac{P_2}{P_2 + p_0 + I_a^2 R_a} \times 100\% \quad (3\text{-}2\text{-}3)$$

当 P_2 从零开始逐渐增大，I_a 值很小，可变损耗 $I_a^2 R_a$ 很小，电机损耗以不变损耗 P_0 为主，损耗小。这样，输出功率 P_2 的增大比 P_1 增大得快，效率 η 上升很快。随后因可变损耗 $I_a^2 R_a$ 随电流按平方关系增大，使总损耗的增加很快，P_2 的增大比 P_1 增大得慢，效率有所下降，如图 3-2-1 曲线 3 所示。

可见效率曲线存在最大值。电机在空载、轻载时效率低，因此在使用和选择电机上应尽量使电机工作在高效率的区域。

3.2.2 串励直流电动机的工作特性

当负载电流较小时，电机磁路不饱和，每极气隙磁通与励磁电流呈线性关系，即

$$\Phi = k_f I_f = k_f I_a \quad (3\text{-}2\text{-}4)$$

电机转速特性可表示为

$$n = \frac{U_N}{C_e \Phi} - \frac{R_a I_a}{C_e \Phi} = \frac{U_N}{k_f C_e I_a} - \frac{R_a + R_f}{k_f C_e} \quad (3\text{-}2\text{-}5)$$

串励直流电动机的工作特性如图 3-2-2 所示。

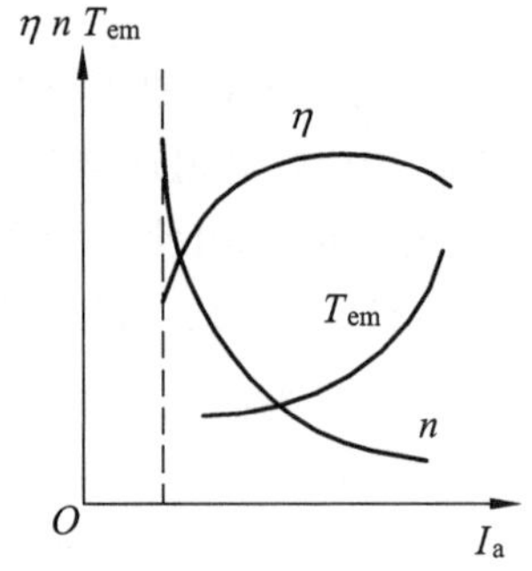

图 3-2-2　串励直流电动机的工作特性

当负载电流为零时，电机转速趋于无穷大，所以串励电动机不宜轻载或空载运行。

串励直流电动机的转矩特性可表示为

$$T_{em}=C_T\Phi I_a=k_f C_T I_a^2 \tag{3-2-6}$$

当负载电流较大时，磁路饱和，串励电动机的工作特性与他励电动机相同。

任务 3.3　直流电动机的运行原理

通过本任务了解直流电机电枢反应的特性；掌握直流电动机的基本方程式。

3.3.1　直流电机的空载磁场

直流电机空载即发电机与外电路断开、电动机轴上不带机械负载，此时电枢电流为零或近似为零。空载磁场可以认为仅仅是励磁电流通过励磁绕组产生的励磁磁通势 F_f 所建立的。由励磁磁通势 F_f 所建立的空载磁场分为主磁通 Φ_0 和漏磁通 Φ_σ。主磁通 Φ_0 对应的主磁路由气隙、电枢齿、电枢磁轭、主磁极、定子磁轭五部分组成，也可简化为由气隙和铁磁材料两大部分组成。直流电机空载磁场分布示意图如图 3-3-1 所示。

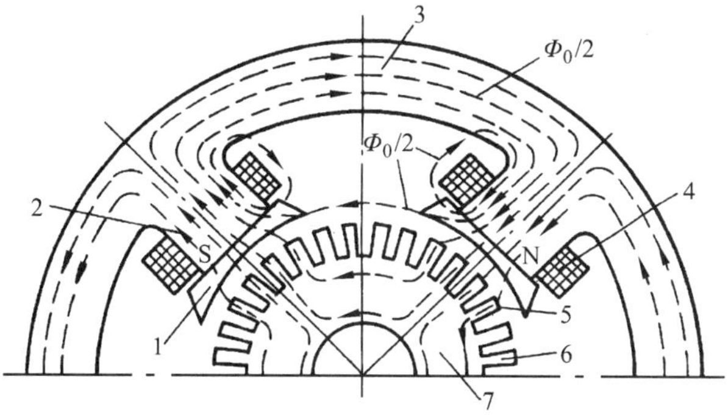

1—极靴；2—磁身；3—定子磁轭；4—励磁线圈；
5—气隙；6—电枢齿；7—电枢磁轭。

图 3-3-1　直流电机空载磁场分布示意图

空气的磁导率远比铁磁材料的磁导率小，直流电机空载时磁路的励磁磁通势 F_f 几乎都消耗在气隙部分，当忽略主磁路中铁磁性材料的磁阻时，主磁极下气隙磁通密度的分布就取决于气隙的大小和形状。磁极中心及附近的气隙较小且均匀不变时，磁通密度较大且基本为常数，靠近两边极尖处的气隙逐渐变大，磁通密度减小，超出极尖以外的气隙明显增大，磁通密度显著减小，在磁极之间的几何中性线处的气隙磁通密度为零。空载时主磁极磁通分布如图 3-3-2 所示。可见，电机空载时，物理中性线与几何中性线重合。

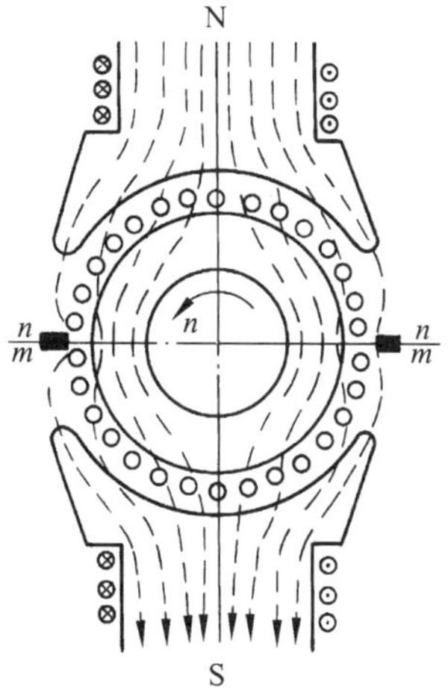

图 3-3-2　空载时主磁极磁通分布

3.3.2　直流电机的电枢反应

直流电机负载运行时，电枢绕组中便有电流通过，产生电枢磁动势，该磁动势建立的磁场为电枢磁场。图 3-3-3 为直流电机合成磁场的形成示意图。

由于负载后出现电枢磁场，对主极磁场的分布有明显的影响。这种电枢磁场对主极磁场（空载磁场）的影响称为电枢反应。

电动机拖动的机械负载越大，电枢反应的影响就越大。由于电枢磁通势与主极磁场相互作用而产生电磁转矩，从而实现机电能转换。

电枢反应性质主要包括：

（1）电枢反应使气隙磁场发生畸变。空载时，物理中性线与几何中性线相重合；加入负载后，由于电枢反应的影响，气隙磁场发生畸变，每一磁极下的电枢旋转方向要进入的主磁极磁场的一端磁场被削弱，而另一端则被加强。物理中性线与几何中性线不再重合。

（2）每极合成磁通比空载时每极主磁通 Φ_0 略小，称为去磁作用。

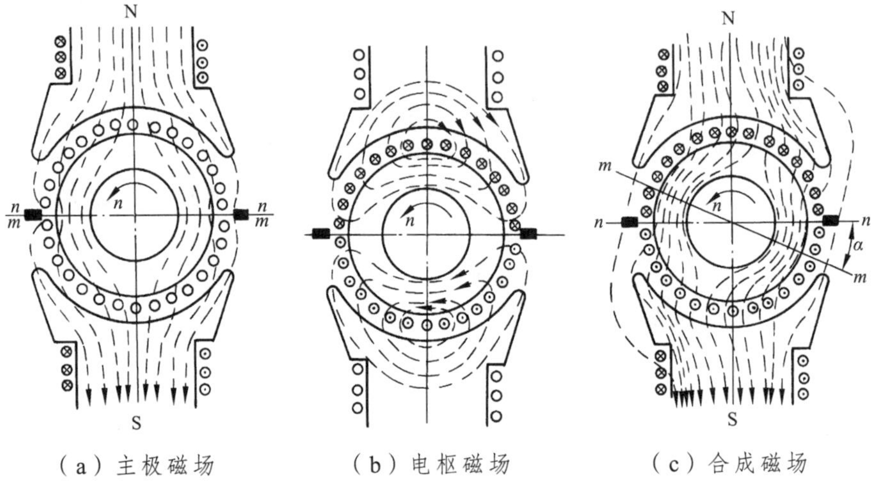

图 3-3-3　直流电机合成磁场

3.3.3　电枢电动势、电磁转矩及电机的功率

当直流电机作为电动机运行时，电磁转矩为拖动转矩，通过电动机轴带动负载，电枢感应电动势为反向电动势与电枢所加外电压相平衡；当其作为发电机运行时，电磁转矩为阻转矩，电枢感应电动势为正向电动势向外输出电压，供给直流负载。

1. 直流电机的电枢电动势

在直流电机中，感应电动势 E_a 是由于电枢绕组和磁场之间的相对运动，即导线切割磁力线而产生的。根据电磁感应定律可得

$$E_a = C_e \Phi n \tag{3-3-1}$$

式中　C_e——电动势常数，$C_e = N_p/(60a)$，取决于电机的结构；

Φ——每极磁通（Wb）、n 为转速（r/min）；

E_a——电枢电动势（V）。

可式 3-3-1 可见，已制成电机的电枢电动势 E_a 正比于每极磁通 Φ 和转速 n。

2. 直流电动机的电磁转矩

在直流电机中，电磁转矩 T 是由电枢电流与磁场相互作用而产生的电磁力所形成的。经推导电磁转矩可表示为

$$T = C_T + \Phi I_a \tag{3-3-2}$$

式中 C_T——转矩常数，$C_T=N_p/(2\pi a)$ 取决于电机的结构，即在制成的电机中 p、N（电枢绕组总导体数）、a 均为定值；

Φ 为每极下的合成磁通（Wb）。当 I_a 的单位为 A 时，电磁转矩单位为 N・m。

由式 3-3-2 可见，已制成的电机的电磁转矩 T 正比于气隙每极磁通 Φ 及电枢电流 I_a。

转矩常数 C_T 与电势常数 C_e 之间有固定的比值关系可表示为

$$C_T/C_e=(N \cdot p/2\pi a)/(N \cdot p/60a)=9.55 \tag{3-3-3}$$

【例 3-3-1】 一台直流发电机，$2p=4$，电枢绕组为单叠绕组，电枢总导体数 $N=216$，额定转速 $n_N=1\ 469$ r/min，每极磁通 $\Phi=2.2\times10^{-2}$ Wb，求：

（1）此发电机电枢绕组的感应电动势。

（2）此发电机若作为电动机使用，当电枢电流为 800 A 时，能产生多大电磁转矩。

解： 先求出电动势常数：

$$C_e = \frac{pN}{60a} = \frac{2\times216}{60\times2} = 3.6$$

再求出点击电枢绕组的感应电动势：

$$E_a = C_e\Phi n = 3.6\times2.2\times10^{-2}\times1\ 460 = 115.6\ (\text{V})$$

先求出转矩常数：

$$C_T = 9.55C_e = 9.55\times3.6 = 34.4$$

再求出产生最大的电磁转矩：

$$T = C_T\Phi I_a = 34.4\times2.2\times10^{-2}\times800 = 605\ (\text{N}\cdot\text{m})$$

3. 电机的损耗

电机的损耗主要铜损 P_{Cu}、机械损耗 P_{mec}、铁损 P_{Fe} 和附加损耗 P_{ad}。

1）铜损 P_{Cu}

铜损包括电枢绕组、励磁绕组、换向极绕组、补偿绕组的铜损和电刷与换向器接触电阻产生的损耗。铜耗的大小与电流、绕组电阻及电刷的接触电阻有关。铜损将引起绕组及换向器发热。铜损与电流的二次方成正比，随电机的负载变化，称为可变损耗。

2）机械损耗 P_{mec}

机械损耗是指电机旋转时，转动部分与静止部分以及周围空气摩擦所引起的损耗，主要有轴承摩擦损耗、电刷摩擦损耗和电枢与周围空气的摩擦损耗等，其大小和电机转速有关。机械损耗将引起轴承和转向器发热。

3）铁损 P_{Fe}

交变磁通在铁心中产生的磁滞和涡流损耗称为铁损。电枢铁心在静止的磁场中旋转，通过铁心中的磁通为交变磁通，产生铁损；电枢旋转时，电枢槽口引起主磁极表面磁通脉动，在极靴表面产生铁损。铁损大小与电机的转速、磁密及铁心冲片的厚度、材料有关。

机械损耗和铁损与负载的大小无关。P_{mec} 和 P_{Fe} 在电机空载时就存在，这两项之和称为空载损耗 P_0。

$$P_0=P_{Fe}+P_{mec} \tag{3-3-4}$$

4）附加损耗 P_{ad}

附加损耗一般估计为电机输出功率的（0.5～1）%，即 P_{ad}=（0.5～1）%P_2。

电机的总损耗：

$$\sum P = P_{Cu} + P_{Fe} + P_{mec} + P_{ad} = P_{Cu} + P_0 \tag{3-3-5}$$

4. 直流电机的电磁功率 P_{em}

直流电机的电磁功率 P_{em} 可表示为

$$\begin{aligned} P_{em} &= E_a I_a = (pN/60a)\Phi n I_a \\ &= (pN/2\pi a)\Phi I_a (2\pi n/60) \\ &= T\Omega \end{aligned} \tag{3-3-6}$$

对电动机而言，电动势 E_a 是反电动势，电源电压 U 必须大于电动势 E_a 把电流 I_a 灌入。从式 3-3-6 的推导过程可知，电动势 E_a 与电枢电流 I_a 的乘积是电功率属性的电磁功率 P_{em}，经过电磁作用转换为等量的机械功率属性的电磁功率 P_{em}，所以 P_{em} 是机电能量转换的桥梁。

3.3.4 直流电动机的基本方程式

直流电动机的结构及电路如图 3-3-4 所示。

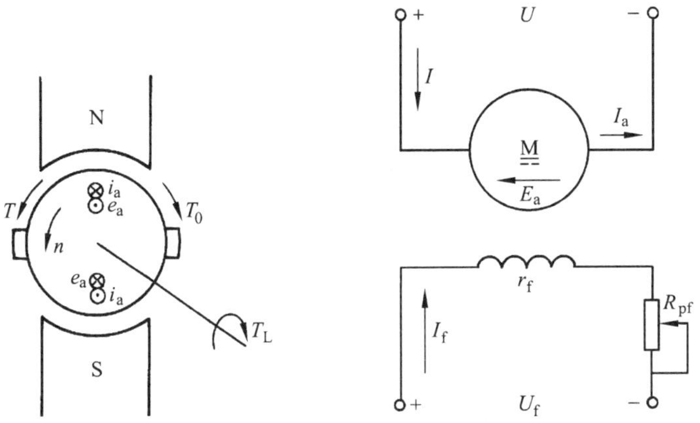

（a）结构示意图　　（b）电路图

图 3-3-4　直流电动机的结构示意图及电路图

电动机惯例：E_a 与 I_a 反向，T 与 n 同方向，T_L 与 n 反方向。

1. 电动势平衡方程式

根据电路的基尔霍夫定律可以写出电枢回路的电动势平衡方程式。

$$U=E_a+I_aR_a \tag{3-3-7}$$

式中　R_a——电枢回路总电阻；

I_a——电枢回路电流，当电动机为他励电动机时 $I_a=I$，为并励电动机时 $I_a=I-I_f$。

对于电动机：$U>E_a$，E_a 与 I_a 反方向。

2. 功率平衡方程式

电机在机电能量转换中，一部分能量不能被利用，这部分能量称为损耗。直流电机的损耗主要包括：

（1）P_m：由各类摩擦引起的机械损耗。

（2）P_{Fe}：铁心损耗（磁滞与涡流之和）。

（3）P_{cua}：电枢回路铜耗 $P_{cua}=I_a^2R_a$。

（4）P_f：励磁回路铜耗 $P_f=UI_f=R_fI_f^2$。

（5）P_s：附加损耗。

因此，功率平衡方程式就是扣除损耗的过程。

$$P_1=UI=UI_a=(E_a+I_aR_a)I_a=E_aI_a+I_a^2R_a=P_{em}+P_{cua} \tag{3-3-8}$$

由式 3-3-8 可知，当他励直流电动机接上电源 U 时，电枢绕组中流过电流 I_a，电网向电动机输入的电功率 $P_1=UI=UI_a$ 中的小部分消耗于电枢铜耗，大部分作为电磁功率转换成机械功率。但转变成机械属性的 P_{em} 还要扣除铁耗、机械损耗、附加损耗才是输出的机械功率 P_2。

$$P_2=P_{em}-P_{Fe}-P_m-P_s=P_{em}-P_0 \quad (3\text{-}3\text{-}9)$$

式（3-3-9）的功率平衡关系可用图 3-3-5 所示的功率流程图来表示。

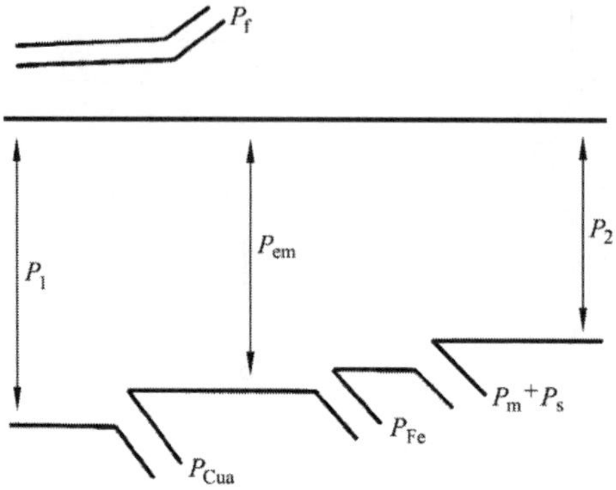

图 3-3-5 功率流程图

3. 转矩平衡方程式

由 $P_2/\Omega=P_{em}/\Omega-P_0/\Omega$ 可推导出

$$T_2=T-T_0 \text{ 或 } T=T_2+T_0 \quad (3\text{-}3\text{-}10)$$

式中 T_2——电动机轴上输出的机械转矩，它与轴上所带的负载转矩 T_L 相平衡，即 $T_2=T_L$；

T_0——电动机空载转矩，与转向相反，由空载损耗产生，数值很小。

电动机稳定运行时，拖动性质的 T 与制动性质的 T_L+T_0 相平衡。

电动机转矩的常用计算方法可表示为

负载转矩

$$T_2=P_2/\Omega=P_2/(2\pi n/60)=9.55P_2/n\ (\text{N}\cdot\text{m}) \quad (3\text{-}3\text{-}11)$$

在额定情况下

$$T_N=9.55\times P_N/n_N\ (\text{N}\cdot\text{m}) \quad (3\text{-}3\text{-}12)$$

同理可得

$$T=9.55P_{em}/n\ (\text{N}\cdot\text{m}) \quad (3\text{-}3\text{-}13)$$

练习题

一、选择题

1. 直流电动机起动时电枢回路串入电阻是为了（　　）。

A. 增加起动转矩　　B. 限制起动电流

C．增加主磁通　　　　D．减小起动时间

2．在直流电机中，电枢的作用是（　　）。

A．将交流电变为直流电

B．实现直流电能和机械能之间的转换

C．在气隙中产生主磁通

D．将直流电流变为交流电流

3．保持电枢电压不变，减小他励直流电动机的励磁电流，则该直流电动机（　　）。

A．理想空载转速升高，机械特性变软

B．理想空载转速升高，机械特性变硬

C．理想空载转速降低，机械特性变软

D．理想空载转速降低，机械特性变硬

4．直流电动机稳定运行状态时，电磁转矩的大小由（　　）决定。

A．电压的大小　　　　B．电枢电阻的大小

C．负载转矩和空载转矩的大小　　　　D．磁场的大小

5．直流电动机中，电动势的方向与电枢电流方向（　　），直流发电机中，电动势的方向与电枢电流的方向（　　）。

A．相同，相同　　　　B．相同，相

C．相反，相同　　　　D．相反，相反

6．直流电机的磁极和电枢的铁心选材应是（　　）。

A．电枢用硅钢片，磁极用整块铸钢

B．电枢用整块铸钢，磁极用钢板冲片叠成

C．电枢用硅钢片，磁极用钢板冲片叠成

D．因是直流无铁损，故两者均可用整块铸钢

7．直流电动机的人为机械特性中，硬度不变的选项是（　　）。

A．电枢串电阻的人为机械特性

B．改变电枢电压的人为机械特性

C．减弱磁通的人为机械特性

D．以上三种都不是

8．一台直流电动机起动时，励磁回路应该（　　）。

A．与电枢回路同时接入　　　　B．比电枢回路后接入

C．比电枢回路先接入　　　　D．无先后次序

9．直流电机的调速方法中，适合恒转矩负载并且低速时稳定性较好的是（　　）。

A．弱磁调速　　　　B．降压调速

C．串电阻调速　　　　D．变频调速

10．直流电动机在串电阻调速过程中，若负载转矩保持不变，则（　　）保持不变。

A. 输入功率　　B. 输出功率　　C. 电磁功率　　D. 电机的效率

二、判断题

1. 直流电动机的人为特性都比固有特性软。(　　)

2. 一台接在直流电源上的并励电动机，把励磁绕组的两个端头对调后，电动机就会反转。(　　)

3. 直流电机中，换向极的作用是改善换向，所以只要装置换向极都能起到改善换向的作用。(　　)

4. 换向器是直流电机特有的装置。(　　)

5. 直流电动机的额定功率指转轴上吸收的机械功率。(　　)

6. 直流电机的电刷因磨损而需更换时应选用与原电刷相同的电刷。(　　)

7. 直流电动机串多级电阻起动，在起动过程中，每消除一级起动电阻时，电枢电流都将突变。(　　)

8. 直流电动机的电磁转矩在电动状态时是驱动性质的转矩，当增大电磁转矩时，电动机的转速将会上升。(　　)

9. 他励直流电动机降压或串电阻调速时，最大静差率数值越大，调速范围越大。(　　)

10. 直流电动机反接制动时，当电动机转速接近于零时，就应立即切断电源，防止电动机反转。(　　)

三、综合题

1. 直流电机的基本结构由哪些部件组成？

2. 简述直流电动机的工作原理。

3. 如何确定换向极的极性？换向极绕组为什么要与电枢绕组相串联？

4. 一台直流电动机的额定功率 $P_N = 7.5$ kW，额定电压 U_N=220 V，额定转速 n_N=1 450 r/min，额定效率 $\eta = 90\%$，求电动机的额定电流 I_N 及额定负载时的输入功率 P_I。

5. 直流电动机的励磁方式有哪几种？试绘制相应电路图。

6. 直流电动机电枢电动势为何称为反电动势？

7. 他励直流电动机实现反转的方法有哪两种？实际应用中大多采用哪种方法？

8. 他励直流电动机电气制动有哪几种？

9. 何谓能耗制动？其特点是什么？

10. 试分析电枢反接制动工作原理。

11. 直流电机中为何要用电刷和换向器？它们有何作用？

12. 一台直流电动机额定参数：额定功率 P_N=17 kW，额定电压 U_N=220 V，

额定转速 n_N=1 500 r/min，额定效率 η_N=83%，求电动机在额定电流及额定负载状态时的输入功率。

13. 一台直流发电机额定参数：额定功率 P_N=10 kW，额定电压 U_N=230 V，额定转速 n_N=2 850 r/min，额定效率 η_N=85%，求电动机在额定电流及额定负载状态时的输入功率。

14. 一台并励直流发电机，铭牌数据：P_N=23 kW，U_N=230 V，n_N=1 500 r/min，励磁回路电阻 R_f=57.5 Ω，电枢电阻 R_a=0.1 Ω,不计电枢反应磁路饱和。现将这台发电机改为并励直流电动机运行，把电枢两端和励磁绕组两端都接到 220 V 的直流电源，运行时维持电枢电流为原额定值。求：（1）转速 n；（2）电磁功率；（3）电磁转矩。

项目 4

PART FOUR

特种电机的运行与应用

任务 4.1　步进电动机的应用

步进电动机是一种用电脉冲信号进行控制，并将电脉冲信号转换成相应的角位移或直线位移的执行元件。每输入一个脉冲信号，步进电动机就转动一个角度或前进一步。因此，这种电动机也称为脉冲电动机。

步进电动机具有结构简单，维护方便，工作可靠，调速范围大，起动、制动、反转灵敏等特点，其步距角和转速不受电压波动、负载变化的影响。在不丢步的情况下，精度很高，所以广泛应用于数控机床，自动记录仪，石英钟表等设备中。

步进电动机有很多种类，如图 4-1-1 所示。步进电动机按照运动方式可分为旋转式和直线式两类；按工作原理可分为反应式、感应式和永磁式三种。反应式步进电动机也称为磁阻式步进电动机，具有步距小、响应速度快、结构简单等特点，广泛应用于数控设备。

图 4-1-1　步进电动机

4.1.1　反应式步进电动机的结构

反应式步进电动机主要由定子和转子两部分组成。定子上装有 6 个均匀分布的磁极，并有许多小齿，每个磁极上都装有控制绕组，每 2 个相对的极组成一相，同一相的控制绕组可以串联或并联，组成三个独立的绕组，称为三相绕组，也有做成四相、五相或六相的。

转子上没有绕组，由软磁性材料叠成，沿圆周上均匀分布许多小齿，转子的齿距和定子的齿距相等。

4.1.2　步进电动机的工作原理

为了分析方便，假设转子只有均匀分布的 4 个齿，下面根据定子磁极上控制绕组通入电脉冲方式的不同，分析三相单三拍控制、三相单双六拍控制和三相双三拍控制的工作原理。

1. 单三拍控制步进电动机工作原理

三相反应工步进电动机单三拍控制方式的工作原理图如图 4-1-2 所示。单三拍控制中的“单”是指每次只有一相控制绕组通电，通电顺序为 U→V→W→U 或按 U→W→V→U；“拍”是指一种通电状态换到另一种通电状态；“三拍”是指经过三次切换控制绕组的电脉冲为一个循环。

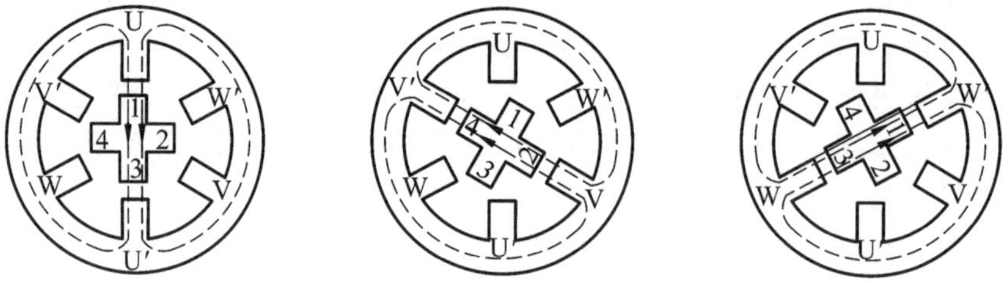

（a）U 相通电　（b）V 相通电　（c）W 相通电

图 4-1-2　单三拍控制方式下步进电动机工作原理图

当 U 相控制绕组通入电脉冲时，U、U′成为电磁铁的 N、S 极。由于磁路磁通要沿着磁阻最小的路径来闭合，将使转子齿 1、3 和定子极 U、U′对齐，即形成 U、U′轴线方向的磁通 ϕ_U，如图 4-1-2（a）所示。

U 相脉冲结束，接着 V 相通入脉冲，由于上述原因，转子齿 2、4 与定子磁极 V、V′对齐，如图 4-1-2（b）所示，转子顺时针方向转过 30°。V 相脉冲结束，随后 W 相控制绕组通入电脉冲，使转子齿 3、1 和定子磁极 W、W′对齐，转子又在空间顺时针方向转过 30°，如图 4-1-2（c）所示。

由上分析可知，如果按照 U→V→W→U 的顺序通入电脉冲，转子按顺时针方向一步一步转动，每步转过 30°，该角度称为步距角。电动机的转速取决于电脉冲的频率，频率越高，转速越高。若按 U→W→V→U 顺序通入电脉冲，则电动机反向转动。三相控制绕组的通电顺序及频率大小，通常由电子逻辑电路来实现。

上述三相单拍通电方式，是在一相绕组断电瞬间另一绕组刚开始通电，容易造成失步。而且由于单一控制绕组吸引转子，也容易使转子在平衡位置附近产生振荡，所以运行稳定性较差，故很少采用。

2. 六拍方式控制步进电动机工作原理

六拍控制方式中三相控制绕组通电顺序按 U→UV→V→VW→W→WU→U 进行，即先 U 相控制绕组通电，而后 U、V 两相控制绕组同时通电；然后断开 U 相控制绕组，由 V 相控制绕组单独通电；再使 V、W 两相控制绕组同时通电，依次进行下去，如图 4-1-3 所示。每转换一次，步进电动机顺时针方向旋转 15°，即步距角为 15°。若改变通电顺序，步进电动机将逆时针方向旋转。该控制方式下定子三相绕组经六次换接完成一个循环，故称为“六拍”控制。此控制方式因转换时始终有一相绕组通电，故工作比较稳定。

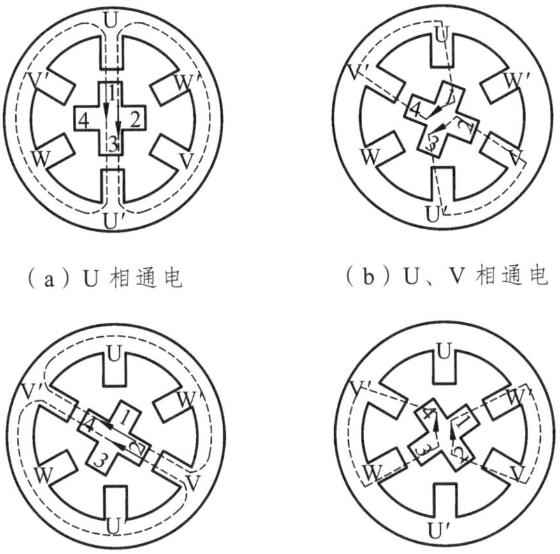

（a）U 相通电　　（b）U、V 相通电

（c）V 相通电　　（d）V、W 相通电

图 4-1-3 三相六拍控制方式下步进电动机工作原理图

3．双三拍控制步进电动机工作原理

双三拍控制时每次有两相绕组同通电，且按照 UV→VW→WU→UV 顺序进行。在双三拍通电方式下，步进电动机的转子位置与六拍通电方式时两相绕组同时通电时的情况相同，如图 4-1-3（b）和（d）所示。按双三拍通电方式运行时，它的步距角与单三拍控制方式相同，皆为 30°。

由上述分析可知，若步进电动机定子有三相 6 个磁极，极距为+，转子齿数为 $z_r=4$，齿距角为 360°/4=90°。当采用三拍控制时，每一拍转过 30°，即 1/3 齿距角；当采用六拍控制时，每一拍转过 15°，即 1/6 齿距角。因此，步进电动机的步距角 θ 与运行拍数 N、转子齿数 z_r 的关系可表示为

$$\theta=\frac{360°}{z_r N}=\frac{2\pi}{z_r N} \tag{4-1-1}$$

式中　N——步距角；

θ——运行拍数；

z_r——转子齿数。

若脉冲频率为 f，步距角的单位为弧度，则当连续通入控制脉冲时步进电动机的转速 n 可表示为

$$n=\frac{\theta f}{2\pi}\times 60=\frac{60f}{z_r N} \tag{4-1-2}$$

式中　n——步进电动机的转速；

f——控制脉冲的频率。

由式 4-1-2 可知，在运行拍数和转子齿数一定时，步进电动机转速与脉冲频率成正比，并与频率同步。

步进电动机具有结构简单、维护方便、精确度高、调速范围大以及起动、制动、反转灵敏等优点，而且无积累误差，可广泛应用于数字控制系统如数控机床、绘图仪、自动记录仪表、检测仪表和数模转换装置等。

4.1.3　步进电动机的应用

步进电动机的转速不受电压和负载变化的影响，也不受环境条件温度、压力等的限制，仅与脉冲频率成正比，可应用于高精度的控制系统中。步进电动机在数控线切割机床上的应用示意图如图 4-1-4 所示。

数控线切割机床是采用专门计算机进行控制，并利用钼丝与被加工工件之间电火花放电所产生的电蚀现象来加工复杂形状的金属冲模或零件的一种机床。在加工过程中，钼丝的位置是固定的，而工件则固定在十字拖板上，如图 4-1-4（a）所示，通过十字拖板的纵横运动完成对加工工件的切割。

图 4-1-4（b）为线切割机床工作原理示意图。数控线切割机床加工零件时，先根据图纸上零件的形状、尺寸和加工工序编制计算机程序，并将该程序记录在穿孔纸带上，而后由光电阅读机读出后进入计算机，计算机就对每一方向的步进电动机给出控制脉冲，指挥两台步进电动机运转，通过传动装置拖动十字拖板按加工要求连续移动，进行加工，从而切割出符合要求的零件。

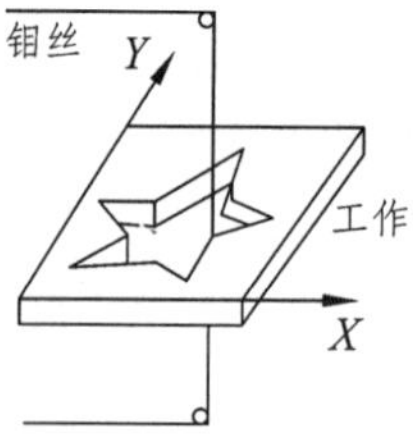

（a）十字拖板示意图

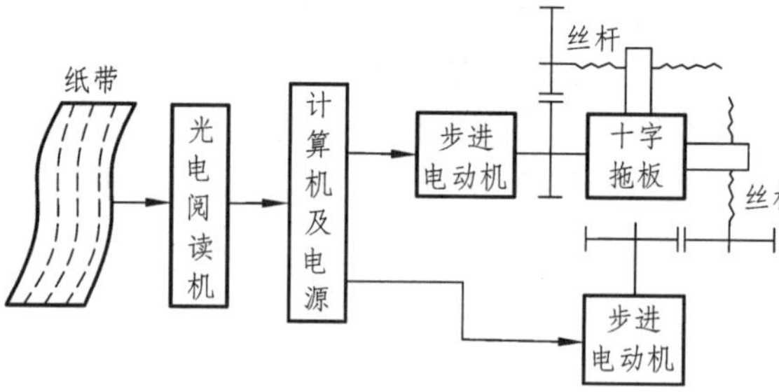

（b）工作原理示意图

图 4-1-4　线切割机床工作原理示意图

任务 4.2　测速发电机的应用

测速发电机是一种反映转速的传感元件，它的作用是将输入的机械转速变换成电压信号输出，这就要求测速发电机的输出电压与转速成正比关系，其输出电压可表示为

$$U=kn \tag{4-1-1}$$

在自动控制系统和计算装置中，测速发电机主要用作测速元件、阻尼元件、解算元件和角加速信号元件。

图 4-2-1　测速发电机

自动控制系统要求测速发电机的输出电压与转速保持严格的线性关系，并且不随外界条件的改变而发生变化；电机的转动惯量要小，以保证反应迅速；电机的灵敏度要高，即测速发电机的输出电压以转速的变化反应灵敏。

测速发电机如图 4-2-1 所示，可分为直流测速发电机和交流测速发电机两大类。

4.2.1　直流测速发电机

1. 基本结构

直流测速发电机的结构与普通小型直流发电机相同，其电枢结构包括普通有槽电枢、无槽电枢、空心杯电枢和圆盘式印刷绕组电枢等。

直流测速发电机按励磁方式可分为他励式和永磁式两种。他励式直流测速发电机结构较复杂，励磁绕组的电阻会随温度而变化，容易引起测量误差，国产他励式直流测速发电机的产品型号为 CD；永磁式测速发电机结构简单，不需励磁电源，应用较为广泛，国产永磁式直流测速发电机的产品型号为 CY。

2. 工作原理及特性

直流测速发电机的工作原理与一般直流发电机相同，他励式直流测速

发电机的原理如图 4-2-2（a）所示。

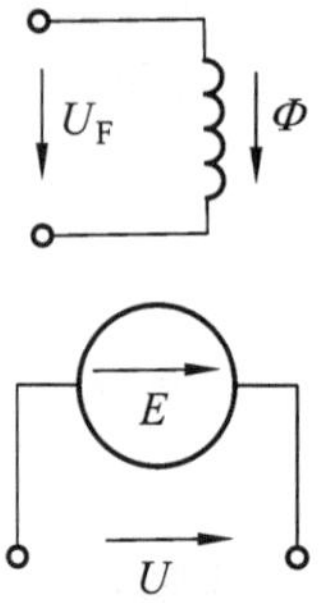

（a）工作原理

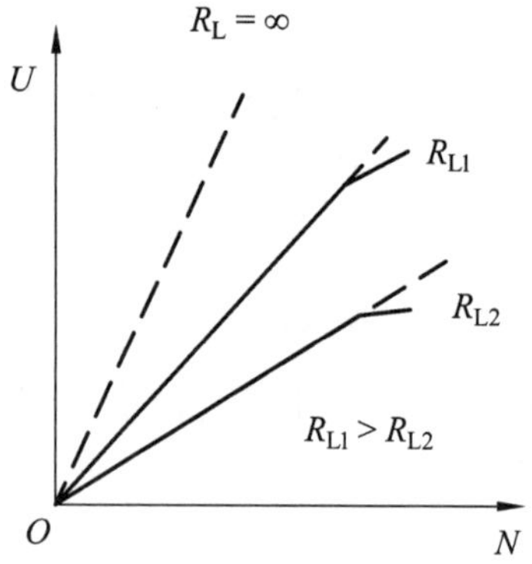

（b）输出特性

图 4-2-2　直流测速发电机

在励磁绕组上施加直流电压，产生恒定磁场，电枢在被测机械拖动下旋转，电枢绕组切割磁场产生的感应电动势可表示为

$$E = C_e \phi n \tag{4-2-2}$$

当测速发电机接上负载时输出电压可表示为

$$U = E - I_a R_a = E - \frac{U}{R_L} R_a \tag{4-2-3}$$

也可表示为

$$U = \frac{R_L}{R_a + R_L} E = \frac{R_L C_e \phi}{R_a + R_L} n \tag{4-2-4}$$

由上式可知，直流测速发电机的输出电压与转速成正比，转子转向改变将引起输出电压极性的改变。

直流测速发电机的输出特性是指电枢回路总电阻、负载电阻、磁通均不变时，直流测速发电机输出电压与转速的关系，其输出特性曲线如图 5-6（b）所示。空载时，$R_L \to \infty$，$U = E$，输出特性 $U = f(n)$ 是一条直线。带上负载后，R_L 越小，输出特性的斜率越小。在 R_L 较小或转速过高时，I_a 较大，电枢电流的去磁作用，使输出电压下降，从而破坏了输出特性 $U = f(n)$ 的线性关系。另外，由于环境温度的变化、电刷与换向器接触电阻的变化、涡流及磁滞等因素也会影响输出特性的线性关系。

4.2.2 交流测速发电机

1. 基本结构

交流测速发电机可分为同步测速发电机和异步测速发电机两类。国产同步测速发电机的产品型号为 CG，异步测速发电机的型号有 CK、CL。

在自动控制系统中，交流测速发电机主要为空心杯形转子异步测速发电机。其结构与杯形转子交流伺服电动机相似，转子是一个薄壁非磁性杯，通常用高电阻率的硅锰青铜制成。定子的两相绕组在空间位置上互差 90°，其中一相作为励磁绕组，外施稳频稳压的交流电源励磁；另一相作为输出绕组，其两端的电压即为测速发电机的输出电压，如图 4-2-3 所示。

2. 工作原理及特性

当测速发电机的励磁绕组外加电压时，便有电流流过绕组，在电机气隙中沿励磁绕组轴线产生交变频率的脉动磁通。

异步测速发电机类似一台变压器。励磁绕组相当于变压器的一次绕组，转子导体相当于变压器的二次绕组。当转子静止不动时，由于磁通的方向与输出绕组的轴线垂直，输出绕组中不会产生感应电动势，也就没有输出电压。当转子转动时，转子导体切割磁通产生感应电流，产生磁通，此磁通在空间上是固定的，与输出绕组轴线相重合。在输出绕组中感应出频率相同的输出电压。由于转子中感应电流的大小与转子的转速成正比，所以输出电压与转子的转速成正比。转子反转时，输出电压的相位也相反。利用电压表能可以测出转速的大小和方向。

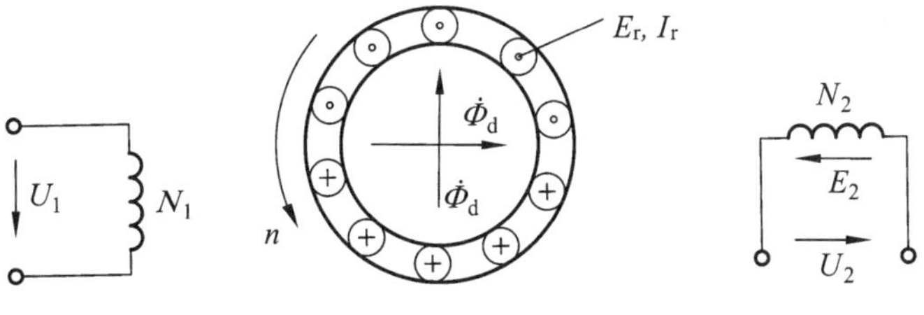

图 4-2-3　交流测速发电机工作原理

空心杯形转子交流异步测速发电机具有结构简单、工作可靠等优点，是目前较为理想的测速元件。我国生产的空心杯形转子交流测速发电机，频率包括 50 Hz 和 400 Hz 两种，电压等级包括 36 V、110 V 等。

任务 4.3　伺服电动机的应用

伺服电动机也称执行电动机，在自动控制系统中作为执行元件是把输入的电压信号变换成转轴的角位移或角速度输出。输入的电压信号称为控制电压，改变控制电压可以改变伺服电动机的转速及转向。

自动控制系统对伺服电动机的基本要求主要包括：

（1）快速响应，灵敏度高；

（2）无“自转”现象，即当控制电压为零时，电机应能迅速自动停转；

（3）要有尽可能大的调速范围；

（4）具有线性的机械特性和调节特性；

（5）过载能力强。

伺服电动机根据使用电源可分为直流伺服电动机和交流伺服电动机两大类。直流伺服电动机输出功率较大，功率范围为 1 ~ 600 W，有的甚至可达上千瓦；而交流伺服电动机输出功率较小，功率范围一般为 0.1 ~ 100 W，其中最常用的在 30 W 以下。伺服电动机外形如图 4-3-1 所示。

图 4-3-1　伺服电动机外形

4.3.1　直流伺服电动机

1. 基本结构

直流伺服电动机的基本结构与普通他励直流电动机一样，但不同之处在于直流伺服电动机的电枢电流很小，换向并不困难，因此不用装设换向磁极，并且转子做得很细长，气隙较小，磁路不饱和，电枢电阻较大。

直流伺服电动机按励磁方式可分为电磁式和永磁式两种。电磁式直流伺服电动机的磁场由励磁绕组产生，一般采用他励式；永磁式直流伺服电动机的磁场由永久磁铁产生。为了满足自动控制系统的要求，减小转子的转动惯量，其电枢结构常用型式包括无槽电枢、盘型电枢、空心杯电枢等。

2. 工作原理及特性

直流伺服电机的工作原理与普通小型他励直流电动机相同，其转速由控制信号的电压确定。控制信号电压若加在电枢绕组两端，称为电枢控制；若加在励磁绕组两端，则称为磁场控制。由于电枢控制的直流伺服电机具有机械特性线性度好、精度高、响应速度快等优点，所以在工程上多采用电枢控制方式。

直流伺服电机的机械特性方程式与他励直流电动机一样，可表示为

$$n=\frac{U}{C_e\phi}-\frac{R_a}{C_eC_T\phi^2}T=n_0-\beta T \tag{4-3-1}$$

采用电枢控制方式时，如果控制信号为电压信号，则 U 为常数。电枢控制式直流伺服电机的接线图如图 4-3-2（a）所示，当电枢电压改变时，可得一组如图 4-3-2（b）所示的平行的机械特性。从机械特性可以看出，负载转矩一定即电磁转矩一定时，转速与控制信号电压成正比。当控制信号电压消失时，电动机工作在能耗制动状态，能迅速停转。改变电枢电压的极性，伺服电动机就反转。

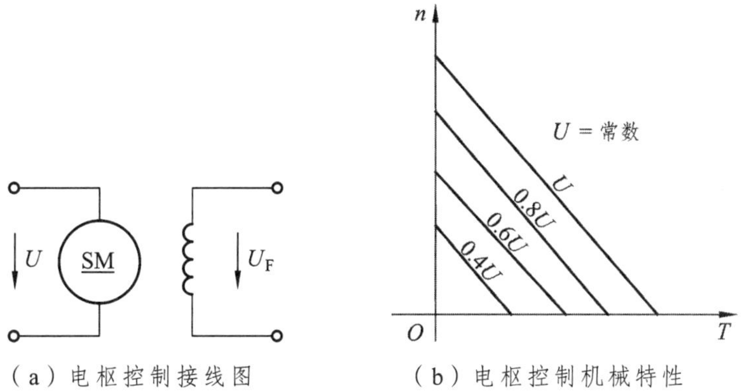

（a）电枢控制接线图　（b）电枢控制机械特性

图 4-3-2　直流伺服电动机的电枢控制接线图与机械特性

直流伺服电动机具有线性的机械特性、起动转矩大、调速范围大的优点。其缺点是电刷与换向器之间的火花会产生电磁干扰，需要定期更换电刷，维护换向器。

4.3.2　交流伺服电动机

长期以来，在要求调速性能较高的场合，一直占据主导地位的是直流调速系统。但直流电动机存在固有的缺点，如电刷和换向器易磨损，换向器换向时会产生火花，结构复杂，制造成本高等。交流电动机特别是笼型异步电动机没有直流电动机的缺点，并且转子转动惯量较直流电动机小，使得动态

响应更好。随着新型大功率电力电子器件、新型变频技术、现代控制理论以及微机数控等在实际应用中取得重要进展，到了 20 世纪 80 年代，交流伺服驱动技术已取得了突破性的进展。

1．基本结构

交流伺服电动机的基本结构与电容运转单相异步电动机相似，其定子铁心也是由冲有齿和槽的硅钢片叠压而成。定子槽中装有励磁绕组和控制绕组，两个绕组在空间互差电角度，励磁绕组与交流电源相连接，控制绕组接输入信号，如图 4-3-3 所示。

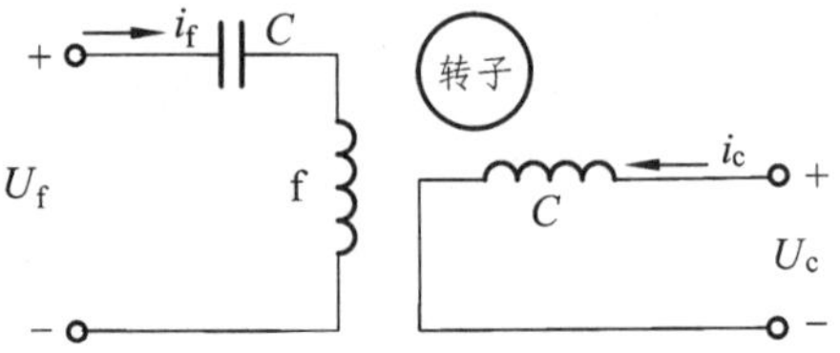

图 4-3-3　交流伺服电动机原理图

交流伺服电动机转子的结构形式包括笼型转子和空心杯形转子两种。笼型转子的结构与一般笼型异步电动机的转子类似，但转子导体的电阻比一般的异步电动机大得多，因此起动电流较小而起动转矩较大。为了使伺服电动机对输入信号有较高的灵敏度，必须尽量减小转子的转动惯量，所以转子一般做得细而长。空心杯形转子结构的交流伺服电动机，其定子分内外两个部分，均用硅钢片叠成。在外定子上装有空间上互差 90 电角度的两相绕组，而内定子铁心只用来构成闭合磁路，以减小磁阻。在内外定子之间有一个细长的杯形转子，杯子底部固定在转轴上。杯形转子由非磁性材料制成，壁厚只有 0.3 mm 左右。杯形转子的优点是转子非常轻，转动惯量很小，能非常迅速和灵敏地起动、调速和停止，缺点是气隙较大，因此空载励磁电流大，功率因数和效率较低。

2．工作原理及特性

交流伺服电动机的工作原理与单相电容运行异步电动机相似。没有控制信号时，定子内只有励磁绕组产生的脉动磁场。电动机的电磁转矩为零，转子不动。若在控制绕组中加一个控制信号后，就会在气隙上产生一个旋转磁场，并产生电磁转矩使转子沿旋转磁场的方向转动。如果转子的参数设计得与单相异步电动机一样，则当控制信号消失后，电动机继续转动，这样电动机就失去了控制，伺服电动机的这种失控而继续旋转的现象称为“自转”。“自转”现象显然不符合伺服电动机的可控性要求，必须加以克服。克服“自转”现象的方法是增大转子电阻。

从单相异步电动机的工作原理可知，当励磁绕组单独通电时，其机械特性由正向旋转磁场产生的正向机械特性和反向旋转磁场产生的反向机械特性叠加而成，当转子电阻足够大时，正反向机械特性的临界转差率均大于 1，如图 4-3-4 所示，其合成机械特性在第 Ⅱ 、Ⅳ象限，电磁转矩是制动性质的，相当于能耗制动。因此，当控制信号消失后，只有励磁绕组单独通电时，不论原来转向如何，总会受到制动转矩的作用，使电动机迅速停转。控制绕组中加不同的信号电压时，气隙中会产生椭圆形旋转磁场，从而得到不同的转速。

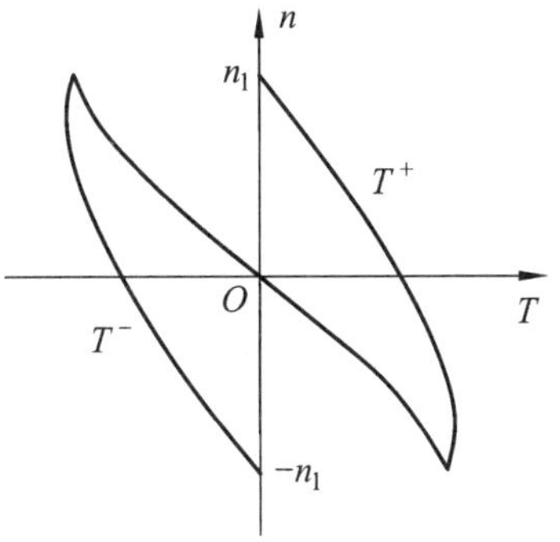

图 4-3-4　克服“自转”的机械特性

3．控制方法

交流伺服电动机的励磁绕组通常都设计成对称的，当控制信号电压与励磁电压也对称时，两相绕组产生圆形旋转磁场，电动机转速最高。如果控制信号电压与励磁电压的幅值不等或相位差不满足 90 电角度，则产生椭圆形的旋转磁场。所以改变控制电压的大小和相位就可以改变旋转磁场的椭圆度，从而控制伺服电动机的转矩和转速，具体的控制方法主要包括：

（1）幅值控制。

幅值控制是指保持控制信号电压的相位不变，始终与励磁电压相差电角度，改变的幅值来控制伺服电动机的转速。

（2）相位控制。

相位控制是指保持控制信号电压的幅值不变，通过移相器改变与的相位差来控制电动机的转速。

（3）幅相控制。

幅相控制是指同时改变控制信号电压的幅值和相位，使信号系数发生变化，从而控制电动机的转速。幅相控制的机械特性也与幅值控制时相似，但线性度要差一些。由于幅相控制不需要专门的移相设备，电路最简单，所以实际应用较多。无论哪种控制方式，只要将控制信号电压的相位改变 180 电角度，即可改变交流伺服电动机的转向。

交流伺服电动机的输出功率一般在 100 W 以下。电源频率为 50 Hz 时，电压有 36 V、110 V、220 V、380 V 几个等级；电源频率为 400 Hz 时，电压有 20 V、36 V、115 V 几个等级。交流伺服电动机具有运行平稳、噪声小的特点，但控制特性的线性度较差。由于转子电阻大，所以损耗大，效率低，因此只适合于 100 W 以下的小功率控制系统。

练习题

一、选择题

1. 测速发电机在自动控制系统中常作为（　　）元件。

A. 电源　　B. 负载　　C. 测速　　D. 放大

2. 直流测速发电机按照定子磁极的励磁方式可分为（　　）两大类。

A. 有槽电枢和无槽电枢　　B. 同步和异步

C. 永磁式和电磁式　　D. 空心型形转子和同步

3. 交流测速发电机的定子上装有（　　）。

A. 两个并联的绕组　　B. 两个串联的绕组

C. 一个绕组　　D. 两个在空间相差 90° 电角度的绕组

4. 交流测速发电机的杯型转子是用（　　）材料做成的。

A. 高电阻　　B. 低电阻　　C. 高导磁　　D. 低导磁

5. 交流测速发电机的输出电压与（　　）成正比。

A. 励磁电压频率　　B. 励磁电压幅值　　C. 输出绕组负载　　D. 转速

6. 若被测机械的转向改变，则交流测速发电机的输出电压（　　）。

A. 频率改变　　B. 大小改变

C. 相位改变 90°　　D. 相位改变 180°

二、判断题

1. 交流测速发电机的主要特点是其输出电压与转速成正比。（　　）

2. 测速发电机可分为交流和直流两大类。（　　）

3. 直流测速发电机的结构和直流伺服电动机基本相同，原理与直流发电机相同。（　　）

4. 直流伺服电动机不论是他励式还是永磁式，其转速都是由信号电压控制的。（　　）

三、综合题

1. 为什么说交流异步测速发电机是交流伺服电动机的一种逆运行？

2. 直流测速发电机的转速为什么少量超过规定的最高值？所接负载电

阻为什么不得低于规定值?

3. 什么是自转现象?如何消除?

4. 如何改变两相交流伺服电动机的转向?为什么能改变其转向?

5. 简述步进电动机的单三拍、六拍和双三拍工作方式。

6. 怎样改变步进电动机的转向?

项目 5

PART FIVE

常用低压电器的运行与应用

任务 5.1　常用低压电器基础知识

5.1.1　低压电器的分类

低压电器是指工作在交流电压 1 200 V、直流电压 1 500 V 以下的各种电器。生产机械上大多用低压电器。

低压电器种类繁多，按其结构、用途及所控制对象的不同，可以有不同的分类方式。

1. 按用途和控制对象分类

低压电器按照用途和控制对象可分为配电电器和控制电器。

用于电能的输送和分配的电器称为低压配电电器，这类电器包括刀开关、转换开关、空气断路器和熔断器等。

用于各种控制电路和控制系统的电器称为控制电器，这类电器包括接触器、起动器和各种控制继电器等。

2. 按操作方式分类

低压电器按照操作方式可分为自动电器和手动电器。

通过电器本身参数变化或外来信号（如电、磁、光、热等）自动完成接通、分断、起动、反向和停止等动作的电器称为自动电器。常用的自动电器有接触器、继电器等。

通过人力直接操作来完成接通、分断、起动、反向和停止等动作的电器称为手动电器。常用的手动电器有刀开关、转换开关和主令电器等。

3. 按工作原理分类

低压电器按照工作原理可分为电磁式电器和非电量控制电器。

电磁式电器是依据电磁感应原理来工作的电器，如接触器、各类电磁式继电器等。非电量控制电器的工作是靠外力或某种非电量的变化而动作的电器，如行程开关、速度继电器等。

5.1.2　低压电器的作用

低压电器的作用主要包括：

（1）控制作用：如电梯的上下移动、快慢速自动切换与自动停层等。

（2）保护作用：能根据设备的特点，对设备、环境，以及人身安全实行自动保护，如电机的过热保护、电网的短路保护、漏电保护等。

（3）测量作用：利用仪表及与之相适应的电器，对设备、电网或其他非电参数进行测量，如电流、电压、功率、转速、温度、湿度等。

（4）调节作用：低压电器可对一些电量和非电量进行调整，以满足用户的要求，如柴油机油门的调整、房间温湿度的调节、照度的自动调节等。

（5）指示作用：利用低压电器的控制、保护等功能，检测出设备运行状况与电气电路工作情况，如绝缘监测、保护吊牌指示等。

（6）转换作用：在用电设备之间转换或对低压电器、控制电路分时投入运行，以实现功能切换，如励磁装置手动与自动的转换，供电的市电与自备电的切换等。

当然，低压电器作用远不止这些。随着科学技术的发展，新功能、新设备会不断出现，常用低压电器的主要种类和用途如表 5-1-1 所示。

表 5-1-1　常见的低压电器的主要种类及用途

序号	类　别	主要品种	用　途
1	断路器	塑料外壳式断路器	主要用于电路的过负荷保护、短路、欠电压、漏电压保护，也可用于不频繁接通和断开的电路
		框架式断路器	
		限流式断路器	
		漏电保护式断路器	
		直流快速断路器	
2	刀开关	开关板用刀开关	主要用于电路的隔离，有时也能分断负荷
		负荷开关	
		熔断器式刀开关	
3	转换开关	组合开关	主要用于电源切换，也可用于负荷通断或电路的切换
		换向开关	
4	主令电器	按钮	主要用于发布命令或程序控制
		限位开关	
		微动开关	
		接近开关	
		万能转换开关	
5	接触器	交流接触器	主要用于远距离频繁控制负荷，切断带负荷电路
		直流接触器	
6	起动器	磁力起动器	主要用于电动机的起动
		星三起动器	
		自耦减压起动器	
7	控制器	凸轮控制器	主要用于控制回路的切换
		平面控制器	

续表

序号	类别	主要品种	用途
8	继电器	电流继电器	主要用于控制电路中，将被控量转换成控制电路所需电量或开关信号
		电压继电器	
		时间继电器	
		中间继电器	
		温度继电器	
		热继电器	
9	熔断器	有填料熔断器	主要用于电路短路保护，也用于电路的过载保护
		无填料熔断器	
		半封闭插入式熔断器	
		快速熔断器	
		自复熔断器	
10	电磁铁	制动电磁铁	主要用于起重、牵引、制动等
		起重电磁铁	
		牵引电磁铁	

5.1.3 低压电器的基本结构

电磁式低压电器一般由感测部分（如电磁机构）和执行部分（如触头系统）两个主要部分组成。

1. 电磁机构

电磁机构的主要作用是将电磁能量转换成机械能量，带动触头动作，从而完成接通或分断电路的功能。

电磁机构由吸引线圈、铁心和衔铁 3 个基本部分组成。

常用的电磁机构如图 5-1-1 所示，可分为 3 种形式。

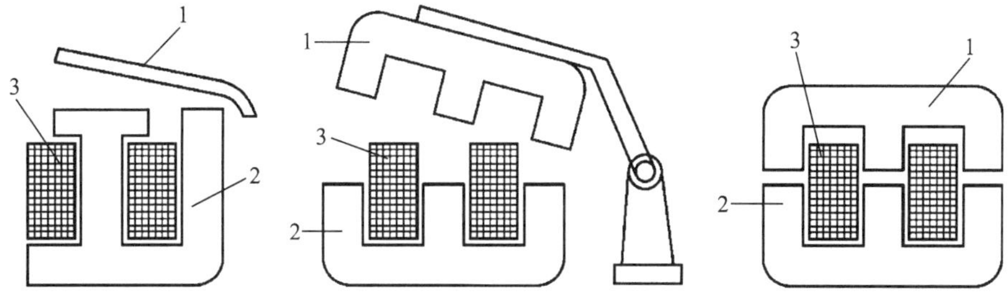

（a）U 形拍合式　（b）E 形拍合式　（c）E 形直动式

1—衔铁；2—铁心；3—吸引线圈。

图 5-1-1 常用的电磁机构

1）铁心

交流电磁机构和直流电磁机构的铁心（衔铁）有所不同，直流电磁铁由于通入的是直流电，其铁心不发热，只有线圈发热，因此线圈和铁心接触以利于散热，线圈形状做成无骨架、瘦高型，以改善自身的散热。

交流电磁铁由于通入的是交流电，铁心中存在磁滞损耗和涡流损耗，线圈和铁心都发热，所以交流电磁铁的线圈有骨架，使铁心和线圈隔离并将线圈制成短而厚的矮胖型，以利于铁心和线圈的散热。铁心用硅钢片叠加而成，以减少涡流损耗。

2）线圈

线圈是电磁机构的心脏，按接入线圈电源种类的不同，可分为直流线圈和交流线圈。根据励磁的需要，线圈可分串联和并联两种，前者称为电流线圈，后者称为电压线圈。

2. 直流电磁铁和交流电磁铁

电磁铁按照吸引线圈所通电流性质可分为直流电磁铁和交流电磁铁。

直流电磁铁由于通入的是直流电，其铁心不发热，只有线圈发热，因此线圈与铁心接触以利散热。线圈制作成无骨架、高而薄的瘦高型，以改善线圈自身散热。铁心和衔铁由软钢和工程纯铁制成。

交流电磁铁由于通入的是交流电，铁心中存在磁滞损耗和涡流损耗，线圈和铁心都发热，所以交流电磁铁的吸引线圈有骨架，使铁心与线圈隔离并将线圈制成短而厚的矮胖形，以利于铁心和线圈的散热。铁心用硅钢片叠加而成，以减小涡流。

当线圈中通以直流电时，气隙磁感应强度不变，直流电磁铁的电磁吸力为恒值；当线圈中通以交流电时，磁感应强度为交变量，交流电磁铁的电磁吸力 F 在 $0\sim F_m$（最大值）之间变化，其吸力曲线如图 5-1-2 所示，其中 F_{av} 为平均吸力，$F_{\_}$ 为电磁吸力的交变分量。在一个周期内，当电磁吸力的瞬时值大于反力时，衔铁吸合；当电磁吸力的瞬时值小于反力时，衔铁释放。所以电源电压每变化一个周期，电磁铁吸合两次、释放两次，使电磁机构产生剧烈的振动和噪声，因而不能正常工作。

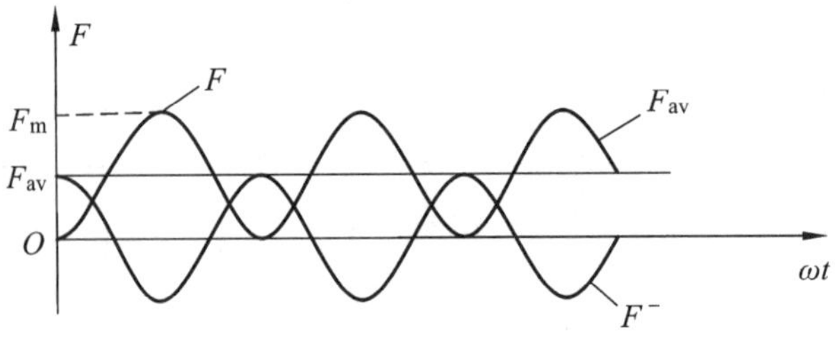

图 5-1-2　交流电磁铁吸力变化情况

为了消除交流电磁铁产生的振动和噪声，在铁心的端面开一小槽，在槽内嵌入铜制短路环，如图 5-1-3 所示。

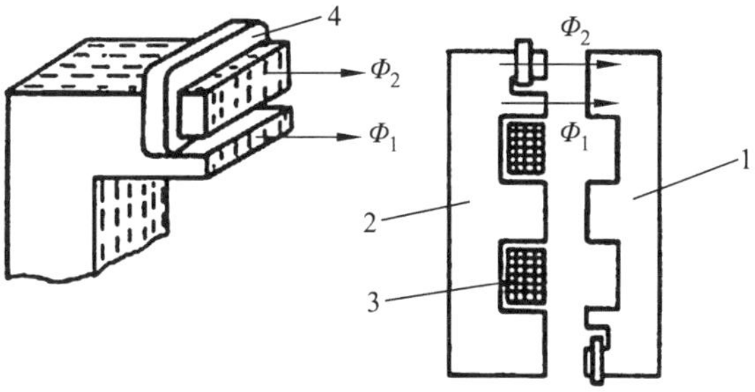

1—衔铁；2—铁心；3—线圈；4—短路环。

图 5-1-3　交流电磁铁的短路环

短路环是利用磁通分相的作用，使合成后的吸力在任一时刻都大于反力，消除振动和噪声。当线圈中通过直流电时，气隙磁场感应强度不变，直流电磁铁的电磁吸力为恒值。当线圈中通以交流电时，气隙磁场感应强度为交变量，交流电磁铁的电磁吸力在 0 和最大值之间变化，会产生剧烈的振动和噪声，因此交流电磁机构一般都有短路环，其作用是将磁通分相，使合成后的吸力在任一时刻都大于反力，消除振动和噪声。

3. 触头系统

触头是电器的执行部分，起接通和分断电路的作用。触头主要包括桥式触头和指形触头两种结构形式，具体形式如图 5-1-4 所示。

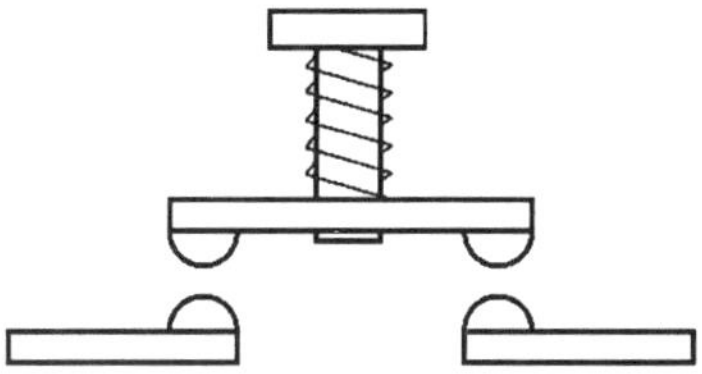

（a）点接触

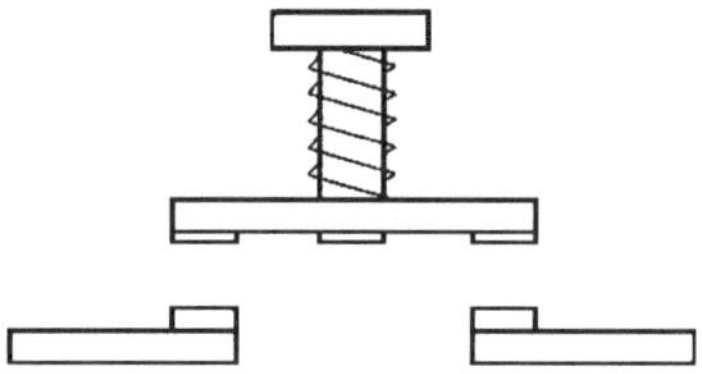

（b）面接触

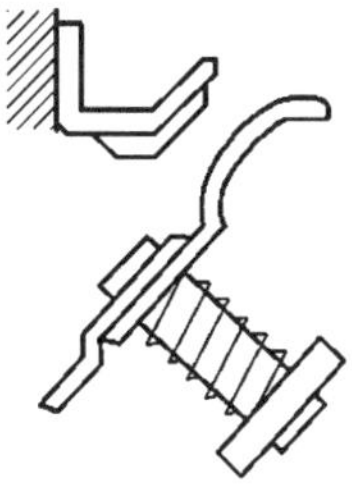

（c）线接触

图 5-1-4　触头的结构形式

4. 灭弧装置

当动、静触头分开瞬间，两触头间距极小、电场强度极大，在高热及强电场的作用下，金属内部的自由电子从阴极表面逸出，奔向阳极，产生了电弧。

自由电子在电场中运动时撞击中性气体分子，使之激励和游离，产生正离子和电子，这些电子在强电场作用下继续向阳极移动，同时撞击其他中性分子。因此，在触头间隙产生了大量的带电粒子，使气体导电形成了炽热的电子流即电弧。电弧产生高温并有强光，可将触头烧损，并使电路的切断时间延长，严重时可引起事故或火灾。电弧一经产生，就会产生大量热能。电弧的存在既烧蚀触头金属表面，降低电器的使用寿命，又延长了电路的分断时间，所以必须迅速将电弧熄灭。

常用的灭弧方法主要包括：

（1）机械灭弧。

通过机械将电弧迅速拉长，一般用于开关电路，机械灭弧如图 5-1-5 所示。

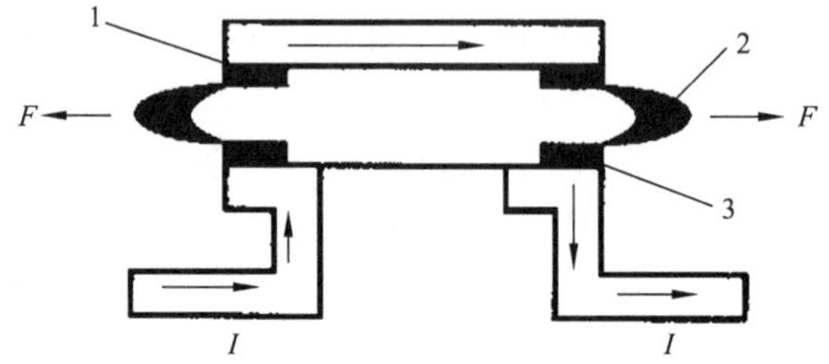

1—动触点；2—电弧；3—静触点。

图 5-1-5 机械灭弧

（2）磁吹灭弧。

在一个与触头串联的磁吹线圈产生的磁力作用下，电弧被拉长且被吹入由固体介质构成的灭弧罩内，电弧被冷却熄灭如图 5-1-6 所示。

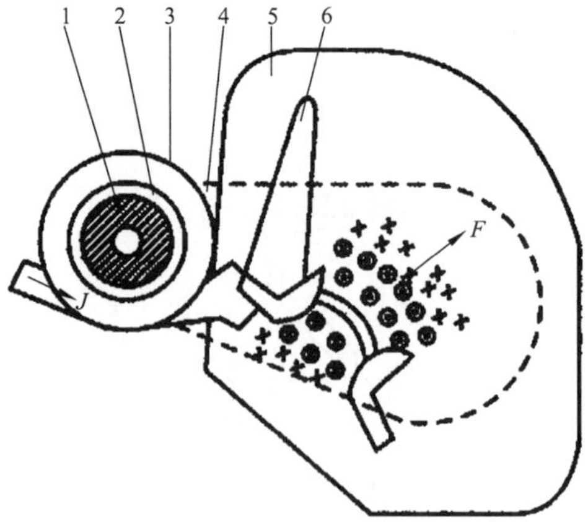

1—铁心；2—绝缘管；3—吹弧线圈；4—导磁夹片；5—灭弧罩；6—熄弧角。

图 5-1-6 磁吹灭弧

（3）金属栅片灭弧。

当触头分开时，产生的电弧在电场力的作用下被推入一组金属栅片而被分成数段，彼此绝缘的金属片相当电极，因而就有许多阴阳极压降，对交流电弧来说，在电弧过零时使电弧无法维持而熄灭，交流电器常用栅片灭弧如图 5-1-7 所示。

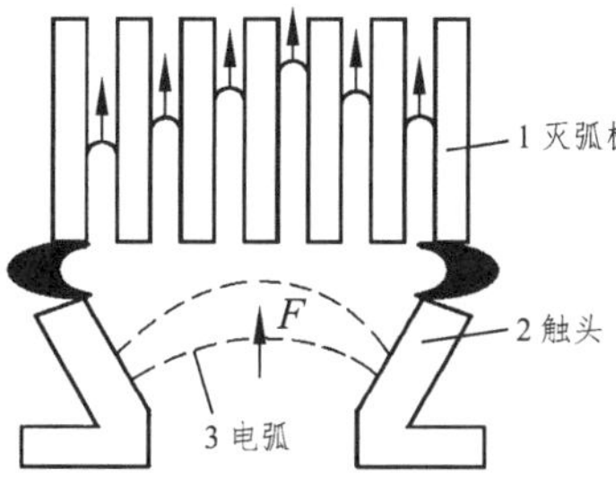

图 5-1-7　金属栅片灭弧

（4）窄缝灭弧。

在电弧形成的磁场、电场力的作用下，将电弧拉长进入灭弧罩的窄缝中，使其分成数段并迅速熄灭，该方式主要用于交流接触器中，窄缝灭弧如图 5-1-8 所示。

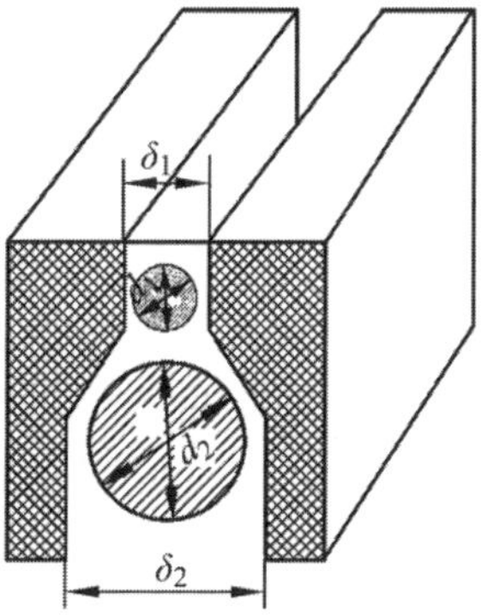

图 5-1-8　窄缝灭弧

任务 5.2　低压开关的认识与使用

5.2.1　刀开关

刀开关是一种手动电器，在低压电路中用于不频繁地接通和分断电路，或用于隔离电源，故又称“隔离开关”。

1. 刀开关的结构及安装

刀开关是一种结构较为简单的手动电器，主要由手柄、触刀、静插座和绝缘底板等组成，如图 5-2-1 所示。

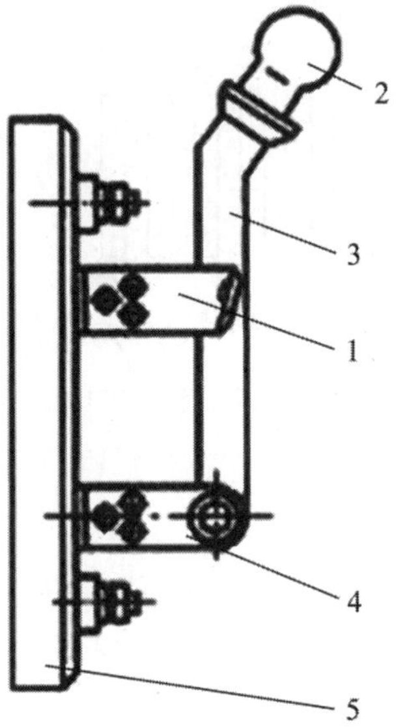

1—静触头；2—手柄；3—动触头；4—铰链支座；5—绝缘底板。

图 5-2-1　刀开关结构示意图

刀开关在切断电源时会产生电弧，因此，在安装刀开关时手柄必须朝上，不得倒装或平装。

接线时应将电源线接在上端，负载接在下端，这样拉闸后刀片与电源隔离，可防止意外发生。

2. 常用刀开关

常用刀开关有 HD 系列及 HS 系列板用刀开关、HK 系列开启式负荷开关和 HH 系列封闭式负荷开关。刀开关的外形如图 5-2-2 所示。

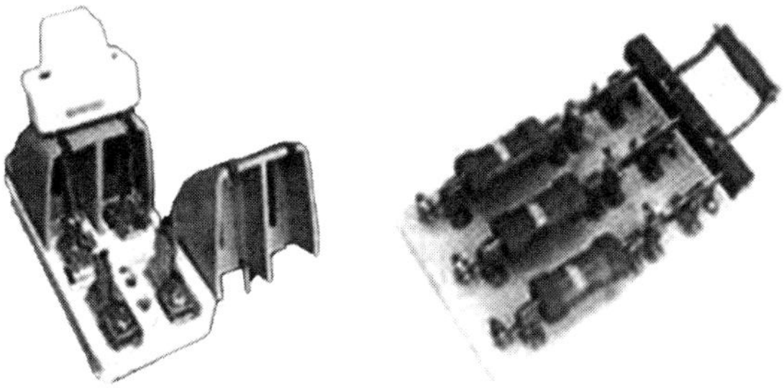

图 5-2-2　刀开关的外形图

刀开关的型号含义和电气符号如图 5-2-3 所示。

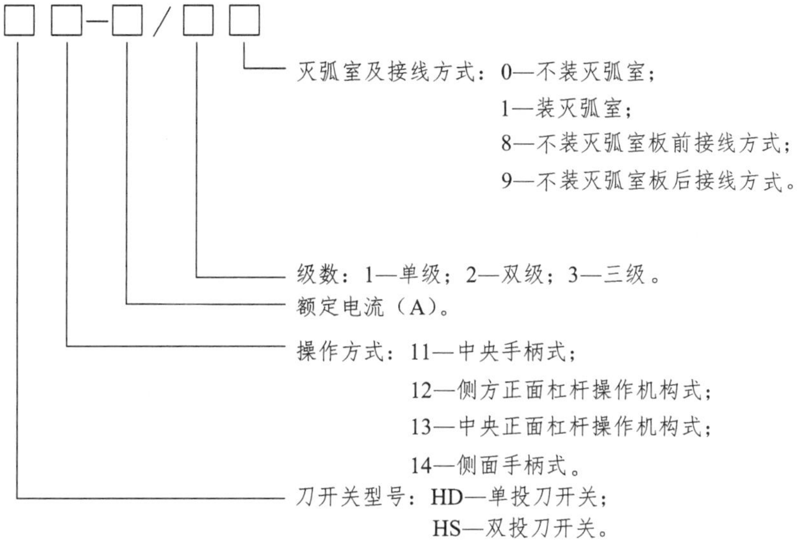

（a）型号含义

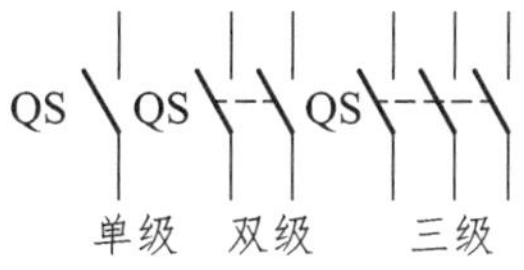

（b）电气符号

图 5-2-3　刀开关的型号含义和电气符号

5.2.2　组合开关

组合开关又称万能转换开关，一般用于电气设备中不频繁地通断电路、换接电源和负载，小容量电动机不频繁启、停控制。万能转换开关是一种多挡式、控制多回路的主令电器，一般可作为多种配电装置的远距离控制，也可作为电压表、电流表的换相开关，还可作为小容量电动机的起动、制动、调速及正反向转换的控制。其触头挡数多、换接线路多、用途广泛，故有“万能”之称。

万能转换开关主要由操作机构、面板、手柄及数个触点座等部件组成，并用螺栓组装成为一个整体。万能转换开关的外形图、结构原理图及电气符号分别如图 5-2-4、5-2-5 所示，图中水平方向的数字 1 ~ 3 表示触点编号，垂直方向的数字及文字“左”“0”“右”表示手柄的操作位置（挡位），虚线表示手柄操作的联动线。在不同的操作位置，各对触点的通、断状态的表示方法为：在触点的下方与虚线相交位置有黑色圆点表示在对应操作位置时触点接通，没涂黑色圆点表示在该操作位置不通。

图 5-2-4　转换开关外形图

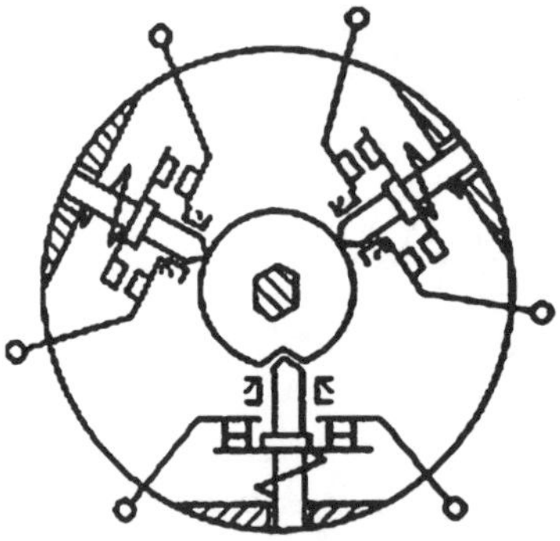

（a）结构原理图

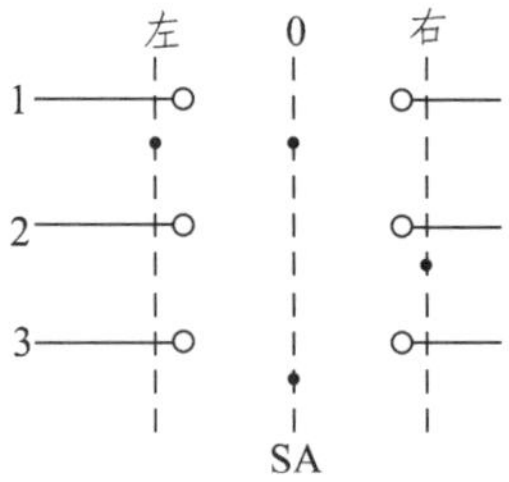

（b）电气符号

图 5-2-5　万能转换开关的结构原理图及电气符号

5.2.3　低压断路器

低压断路器也称为自动空气开关，可用来接通和分断负载电路，也可用来控制不频繁起动的电动机。低压断路器的功能相当于闸刀开关、过电流继电器、失压继电器、热继电器及漏电保护器等电器部分或全部的功能总和，是低压配电网中一种重要的保护电器。

低压断路器具有保护功能多（如过载、短路、欠电压保护等）、动作值可调、分断能力高、操作方便、安全等优点，所以目前被广泛应用。

1. 结构和工作原理

低压断路器由操作机构、触点、保护装置（各种脱扣器）、灭弧系统等组成。低压断路器工作原理如图 5-2-6 所示。

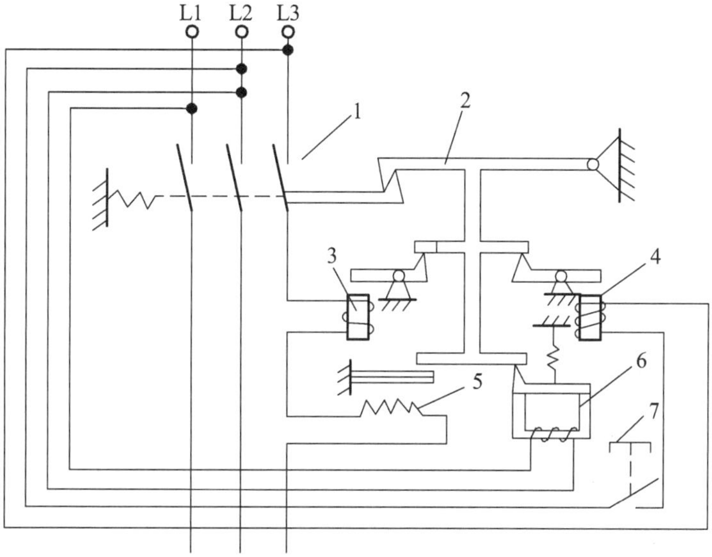

1—主触点；2—自由脱扣机构；3—过电流脱扣器；4—分励脱扣器；5—热脱扣器；6—欠电压脱扣器；7—停止按钮。

图 5-2-6　低压断路器工作原理图

低压断路器的主触点是靠手动操作或电动合闸的。主触点闭合后，自由脱扣机构将主触点锁在合闸位置上。过电流脱扣器的线圈和热脱扣器的热元件与主电路串联，欠电压脱扣器的线圈和电源并联。当电路发生短路或严重过载时，过电流脱扣器的衔铁吸合，使自由脱扣机构动作，主触点断开主电路。当电路过载时，热脱扣器的热元件发热使双金属片向上弯曲，推动自由脱扣机构动作。当电路欠电压时，欠电压脱扣器的衔铁释放。也使自由脱扣机构动作。分励脱扣器则作为远距离控制用。正常工作时，其线圈是断电的，在需要距离控制时，按下起动按钮，使线圈通电，衔铁带动自由脱扣机构动作，使主触点断开。

2. 低压断路器典型产品

低压断路器按照结构形式可分为开启式和装置式两种。开启式又称为

断路器动画

框架式或万能式，装置式又称为塑料壳式。

1）装置式断路器

装置式断路器的外形图如图 5-2-7 所示，主要包括绝缘塑料外壳、内装触点系统、灭弧室及脱扣器等，可手动或电动（对大容量断路器而言）合闸，具有较高的分断能力和动稳定性、有较完善的选择性保护功能，可广泛用于配电线路。

目前，常用的装置式断路器包括 DZ10、DZ20、DZX19 和 C45N（目前已升级为 C65N）等系列产品。其中，C45N（C65N）断路器具有体积小、分断能力高、限流性能好、操作轻便、型号规格齐全等优点，可以方便地在单极结构基础上组合成二极、三极、四极断路器，因此广泛使用在 60 A 及以下的民用照明支干线及支路中，多用于住宅用户的进线开关及商场照明支路开关。

2）框架式低压断路器

框架式断路器的外形图如图 5-2-8 所示，一般容量较大，具有较高的短路分断能力和较高的动稳定性，适用于交流 50 Hz、额定电流 380 V 的配电网络，作为配电干线的主保护。

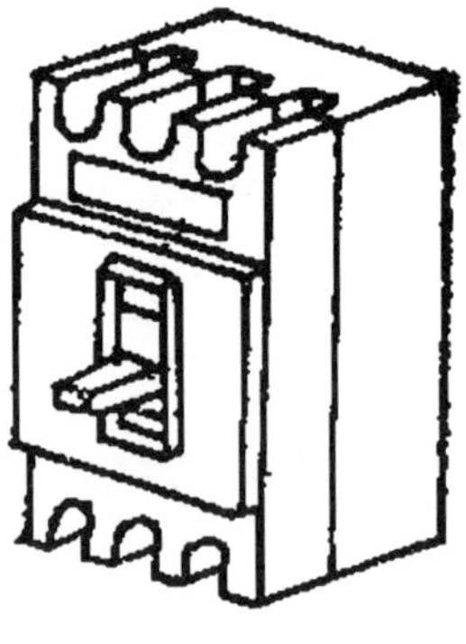

图 5-2-7　装置式断路器的外形图

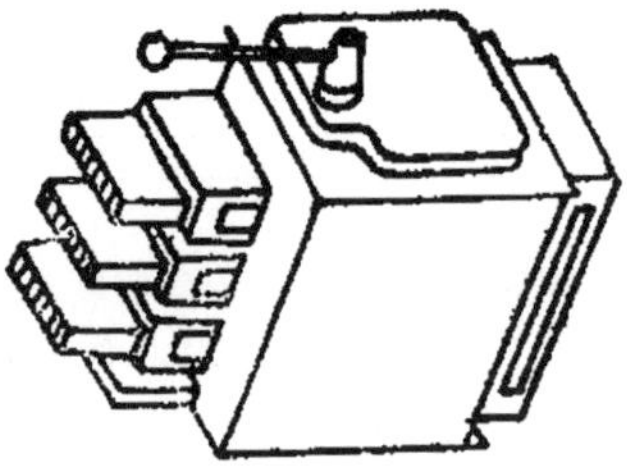

图 5-2-8　框架式断路器的外形图

框架式断路器主要由触点系统、操作机构、过电流脱扣器、分励脱扣器及欠压脱扣器、附件及框架等部分组成，全部组件进行绝缘后装于框架结构底座中。

目前常用的框架式低压断路器包括 DW15、ME、AE、AH 等系列的框架式低压断路器。DW15 系列断路器是我国自行研制生产的，全系列具有 1 000 A、1 500 A、2 500 A 和 4 000 A 等几个型号。

ME、AE、AH 等系列断路器是利用引进技术生产的。它们的规格型号较为齐全（ME 开关电流等级为 630 ~ 5 000 A 共 13 个等级），额定分断能力较 DW15 更强，常用于低压配电干线的主保护。

3）智能化断路器

目前，我国生产的智能化断路器包括框架式和塑料外壳式两种。框架式智能化断路器主要用于智能化自动配电系统中的主断路器，塑料外壳式智能化断路器主要用在配电网络中分配电能和作为线路及电源设备的控制与保护，亦可用作三相笼型异步电动机的控制。智能化断路器的特征是采用了以微处理器或单片机为核心的智能控制器（如智能脱扣器），它不仅具备普通断路器的各种保护功能，同时还具备实时显示电路中的各种电气参数（如电流、电压、功率、功率因数等），对电路进行在线监视、自行调节、测量、试验、自诊断、通信等功能，能够对各种保护功能的动作参数进行显示、设定和修改，保护电路动作时的故障参数能够存储在非易失存储器中以便查询。国内 DW45、DW40、DW914（AH）、DW18（AE-S）、DW48、DW19（3WE）、DW17（ME）等智能化框架断路器和智能化塑壳断路器，都配有 ST 系列智能控制器及配套附件。该类产品采用积木式配套方案，可直接安装于断路器本体中，无须重复二次接线，并可多种方案任意组合。

3. 主要技术参数和电气符号

1）主要技术参数

（1）额定电压：断路器长期工作的允许电压，通常等于或大于电路的额定电压。

（2）额定电流：指断路器在电路中长期工作时的允许持续电流。

（3）通断能力：断路器在规定的电压、频率以及规定的线路参数（如交流电路为功率因数，直流电路为时间常数）下，所能接通和分断的短路电流值。

（4）分断时间：指切断故障电流所需的时间，包括固有断开时间和燃弧时间。

2）电气符号

断路器电气符号如图 5-2-9 所示。

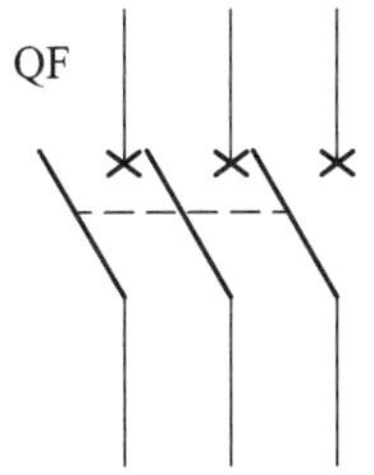

图 5-2-9 断路器电气符号

4. 低压断路器的选用原则

低压断路器的选用原则主要包括：

（1）根据线路对保护的要求确定断路器的类型和保护形式，如选用框架式、装置式或限流式等。

（2）断路器的额定电压 U_N 应等于或大于被保护线路的额定电压。

（3）断路器欠压脱扣器额定电压应等于被保护线路的额定电压。

（4）断路器的额定电流及过流脱扣器的额定电流应大于或等于被保护线路的计算电流。

（5）断路器的极限分断能力应大于线路的最大短路电流的有效值。

（6）配电线路中的上、下级断路器的保护特性应协调配合，下级的保护特性应位于上级保护特性的下方且不相交。

（7）断路器的长延时脱扣电流应小于导线允许的持续电流。

任务 5.3　熔断器的认识与使用

熔断器是一种简单而有效的保护电器，在电路中主要起短路保护作用。

5.3.1　熔断器的结构与工作原理

熔断器主要由熔体和安装熔体的绝缘管（绝缘座）组成。使用时，熔体串接于被保护的电路中，当电路发生短路故障时，熔体被瞬时熔断而分断电路，起到保护作用。

熔断器的工作原理为电流热效应，即正常时电流等于额定电流，熔体温度小于熔点温度，熔体不熔断；短路时电流大于或远大于额定电流，导致熔体温度大于熔点温度，熔体熔断，切断电路。

5.3.2　常用熔断器

1. 插入式熔断器

插入式熔断器如图 5-3-1 所示，常用于 380 V 及以下电压等级的线路末端，作为配电支线或电气设备的短路保护用。

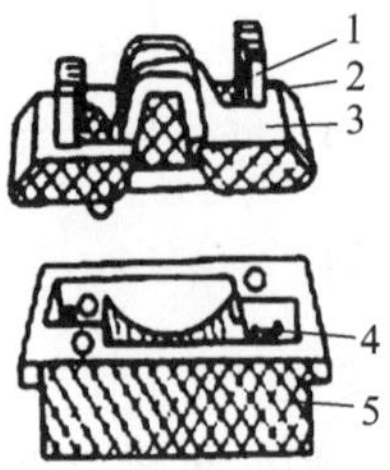

1—动触点；2—熔体；3—瓷插件；4—静触点；5—瓷座。

图 5-3-1　插入式熔断器

2. 螺旋式熔断器

螺旋式熔断器如图 5-3-2 所示。熔体上的上端盖有一熔断指示器，一旦熔体熔断，指示器马上弹出，可透过瓷帽上的玻璃孔观察到。螺旋式熔断器常用于机床电气控制设备中。螺旋式熔断器分断电流较大，可用于电压等级 500 V 及其以下、电流等级 200 A 以下的电路中，作短路保护。

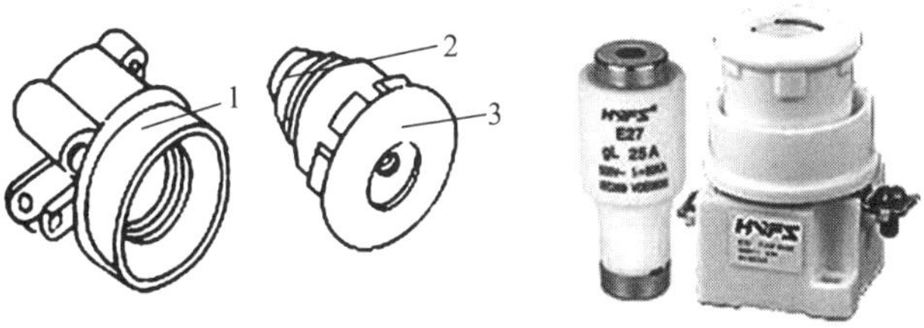

1—底座；2—熔体；3—瓷帽。

图 5-3-2　螺旋式熔断器

3. 封闭式熔断器

封闭式熔断器分有填料熔断器和无填料熔断器两种，分别如图 5-3-3 和图 5-3-4 所示。有填料熔断器一般采用方形瓷管，内装石英砂及熔体，分断能力强，用于电压等级 500 V 以下、电流等级 1 kA 以下的电路。无填料密闭式熔断器将熔体装入密闭式圆筒中，分断能力稍小，用于 500 V 以下、600 A 以下电力网或配电设备。

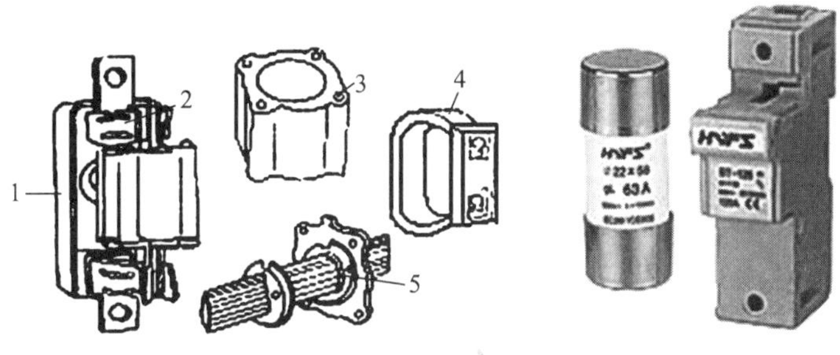

1—瓷底座；2—弹簧片；3—管体；4—绝缘手柄；5—熔体。

图 5-3-3　有填料封闭管式熔断器

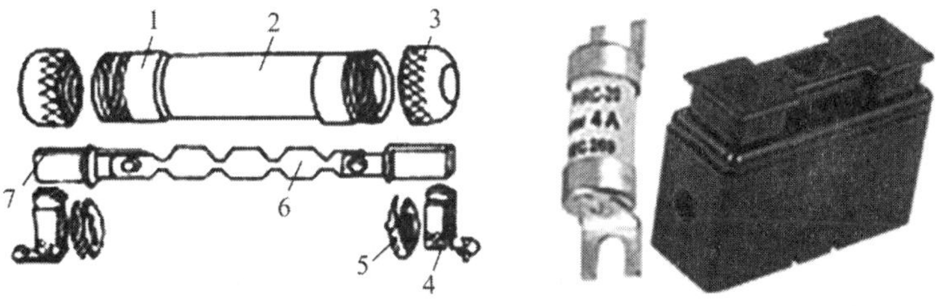

1—铜圈；2—熔断管；3—管帽；4—插座；5—特殊垫圈；6—熔体；7—熔片。

图 5-3-4　无填料密闭管式熔断器

4. 快速熔断器

快速熔断器主要用于半导体整流元件或整流装置的短路保护。由于半导体元件的过载能力很低。只能在极短时间内承受较大的过载电流，因此要求短路保护具有快速熔断的能力。快速熔断器的结构与有填料封闭式熔断器基本相同，但熔体材料和形状不同，它是以银片冲制的有 V 形深槽的变截面熔体。

5. 自复熔断器

自复熔断器采用金属钠作熔体，在常温下具有高电导率。当电路发生短路故障时，短路电流产生高温使钠迅速汽化，气态钠呈现高阻态，从而限制了短路电流。当短路电流消失后，温度下降，金属钠恢复原来的良好导电性能。自复熔断器只能限制短路电流，不能真正分断电路，其优点是不必更换熔体、能重复使用。

5.3.3 熔断器的选择

1. 熔断器的安秒特性

熔断器的动作是靠熔体的熔断来实现的。当电流较大时熔体熔断所需的时间较短，当电流较小时熔体熔断所需用的时间较长。对于熔体而言，其动作电流和动作时间特性即熔断器的安秒特性为反时限特性，如图 5-3-5 所示。

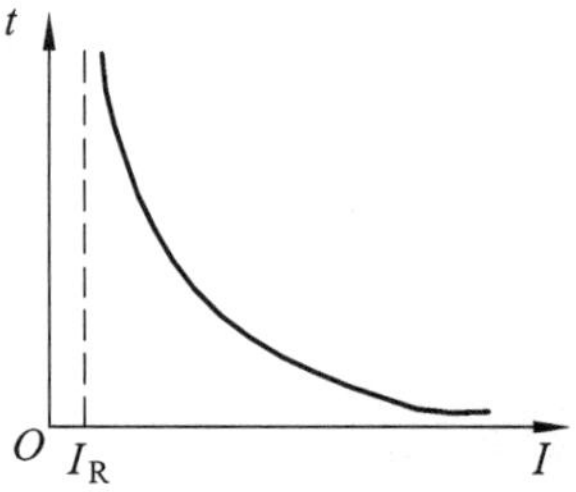

图 5-3-5　熔断器的安秒特性

每一熔体都有最小熔化电流。相应于不同的温度，最小熔化电流也不同。一般定义熔体的最小熔断电流与熔体的额定电流之比为最小熔化系数，常用熔体的熔化系数大于 1.25，也就是说额定电流为 10 A 的熔体在电流 12.5 A 以下时不会熔断。熔断电流与熔断时间之间的关系如表 5-3-1 所示。

由此可知，熔断器只能起到短路保护作用，不能起过载保护作用。如果需要起到过载保护作用，必须降低其使用的额定电流，如 8 A 的熔体用于 10 A 的电路中，可以起到短路保护和过载保护作用，但此时的过载保护特性并不理想。

表 5-3-1　熔断电流与熔断时间之间的关系

熔断电流	1.25～1.3I_N	1.6 I_N	2 I_N	2.5 I_N	3 I_N	4 I_N
熔断时间	∞	1 h	40 s	8 s	4.5 s	2.5 s

2. 熔断器的选择

熔断器的类型主要依据负载的保护特性和短路电流的大小来选择。对于容量小的电动机和照明支线，常采用熔断器作为过载及短路保护，选择熔体的熔化系数时可适当小一些，通常选用铅锡合金熔体的 RQA 系列熔断器。对于较大容量的电动机和照明干线，则应着重考虑短路保护和分断能力，通常选用具有较高分断能力的 RM10 和 RL1 系列的熔断器。当短路电流很大时，宜采用具有限流作用的 RT0 和 RT12 系列的熔断器。

熔体额定电流选择方法主要包括：

（1）保护无起动过程的平稳负载如照明线路、电阻、电炉等时，熔体额定电流略大于或等于负荷电路中的额定电流。

（2）保护单台长期工作的电机熔体电流可按最大起动电流选择，选择方法可表示为

$$I_{RN} \geqslant 2.5 I_N \qquad (5\text{-}3\text{-}1)$$

式中　I_{RN}——熔体额定电流；

I_N——电动机额定电流。

如果电动机频繁起动，式中系数 2.5 可修正为 3～3.5，系数的具体修正值应根据实际情况而定。

（3）保护多台长期工作的电机（供电干线）的选择方法可表示为

$$I_{RN} \geqslant 2.5 I_{N,max} + \sum I_N \qquad (5\text{-}3\text{-}2)$$

式中　$I_{N,max}$——容量最大单台电机的额定电流；

$\sum I_N$——其余电动机额定电流之和。

3. 熔断器的级间配合

为了防止发生越级熔断、扩大事故范围，上、下级（即供电干、支线）线路的熔断器间应有良好配合。选用熔断器时，应使上级（供电干线）熔断器的熔体额定电流比下级（供电支线）的大 1～2 个级差。

常用的熔断器包括管式熔断器 R1 系列、螺旋式熔断器 RL1 系列、填料封闭式熔断器 RT0 系列及快速熔断器 RS0、RS3 系列等。熔断器的型号含义和电气符号如图 5-3-6 所示。

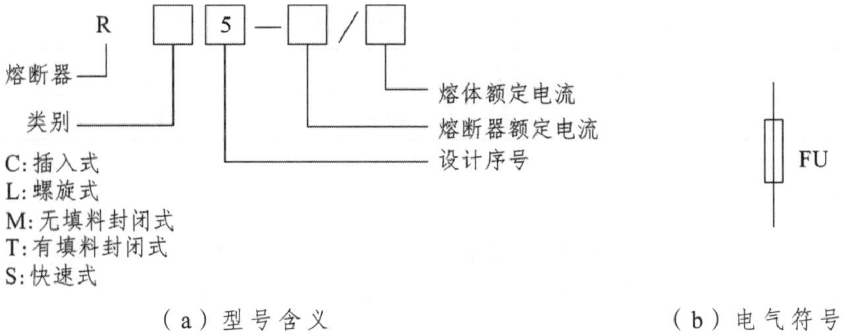

图 5-3-6　熔断器的型号含义和电气符号

任务 5.4　主令电器的认识与使用

控制系统中，主令电器是一种专门发布命令、直接或通过电磁式电器间接作用于控制电路的电器。主令电器常用来控制电力拖动系统中电动机的起动、停车、调速及制动等，主要包括：控制按钮、行程开关、接近开关，万能转换开关、主令控制器及其他主令电器如脚踏开关、倒顺开关、紧急开关、钮子开关等。本节仅介绍几种常用的主令电器。

5.4.1　控制按钮

控制按钮是一种结构简单、使用广泛的手动主令电器，可以与接触器或继电器配合，对电动机实现远距离的自动控制，用于实现控制电路的电气联锁。

控制按钮的结构示意图如图 5-4-1 所示，主要由按钮帽、复位弹簧、桥式触点和外壳等组成，通常做成复合式即具有常闭触点和常开触点。按下按钮时，先断开常闭触点，后接通常开触点；按钮释放后，在复位弹簧的作用下，按钮触点自动复位的先后顺序相反。通常，在无特殊说明的情况下，有触点电器的触点动作顺序均为“先断后合”。

在电器控制电路中，常开按钮一般用于起动电动机，也称起动按钮；常闭按钮一般用于控制电动机停车，也称停车按钮；复合按钮一般用于联锁控制电路。

控制按钮的种类很多，按照结构可分为揿钮式、紧急式、钥匙式、旋钮式、带灯式和打碎玻璃按钮，部分按钮产品如图 5-4-2 所示。

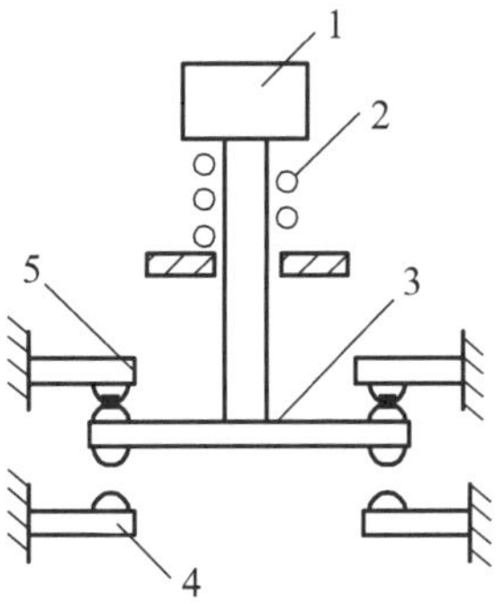

1—按钮帽；2—复位弹簧；3—动触点；4—常开静触点；5—常闭静触点。

图 5-4-1　按钮开关结构示意图

按钮动画

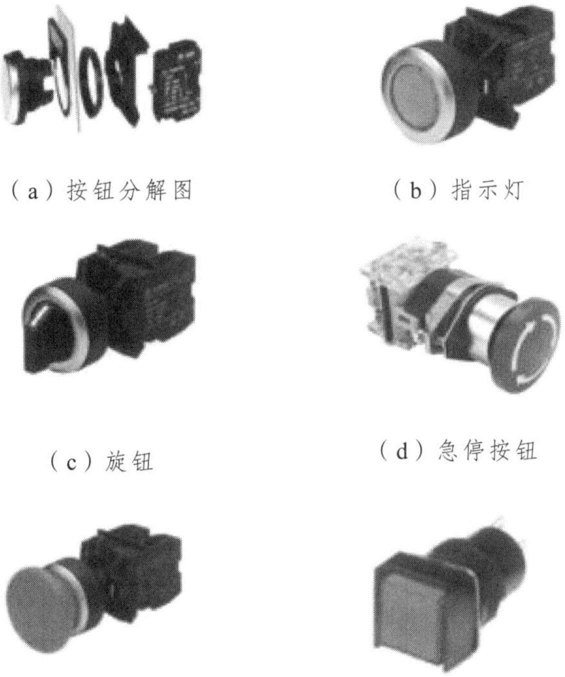

（a）按钮分解图　（b）指示灯

（c）旋钮　（d）急停按钮

（e）磨头按钮-不带灯　（f）小型按钮

图 5-4-2　部分按钮产品图

常用的控制按钮有 LA2、LA18、LA20、LAY1 和 SFAN-1 型系列。其中，SFAN-1 型为消防打碎玻璃按钮；LA2 系列为仍在使用的老产品；新产品有 LA18、LA19、LA20 等系列。LA18 系列采用积木式结构，触点数目可按需要拼装成六常开六常闭，常用的为二常开二常闭。LA19、LA20 系列有带指示灯和不带指示灯两种，前者的按钮帽用透明塑料制成，兼作指示灯罩。

按钮选择的主要依据是使用场所、所需要的触点数量、种类及颜色。按钮颜色的具体含义为：红——停止、绿——起动、黑——点动；结构具体含义为：蘑菇式——急停、指示灯式——指示、钥匙式——安全、平钮式——一般。控制按钮的型号含义和电气符号如图 5-4-3 所示。

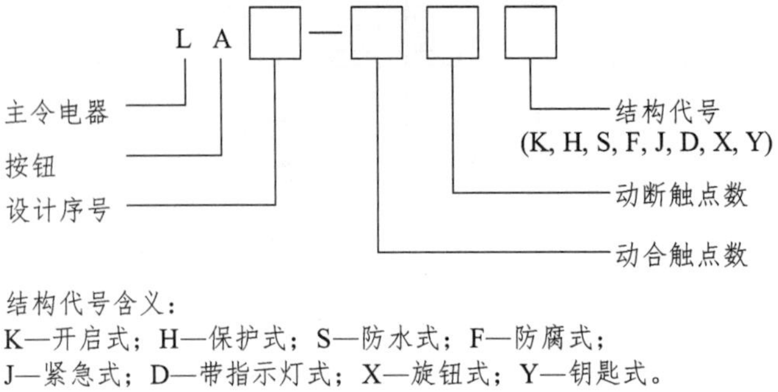

（a）型号含义

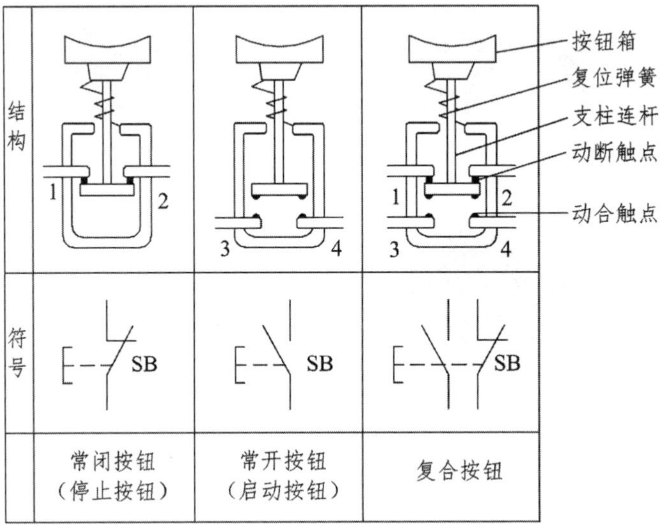

（b）电气符号

图 5-4-3　控制按钮的型号含义和电气符号

5.4.2　行程开关

行程开关又称限位开关，用于控制机械设备的行程及限位保护。在实际生产中，将行程开关安装在预先安排的位置，当装于生产机械运动部件上的模块撞击行程开关时，行程开关的触点动作，实现电路的切换。因此，行程开关是一种根据运动部件的行程位置而切换电路的电器，它的作用原理与按钮类似。行程开关广泛应用于各类机床和起重机械，用以控制其行程、进行终端限位保护。在电梯的控制电路中，还利用行程开关来控制开关轿门的速度、自动开关门的限位，轿厢的上、下限位保护。部分行程开关如图 5-4-4 所示。

图 5-4-4　部分行程开关

行程开关按照结构可分为直动式、滚轮式、微动式和组合式。

1. 直动式行程开关

直动式行程开关结构如图 5-4-5 所示，其动作原理与按钮开关相同，但其触点的分合速度取决于生产机械的运行速度，不宜用于速度低于 0.4 m/min 的场所。

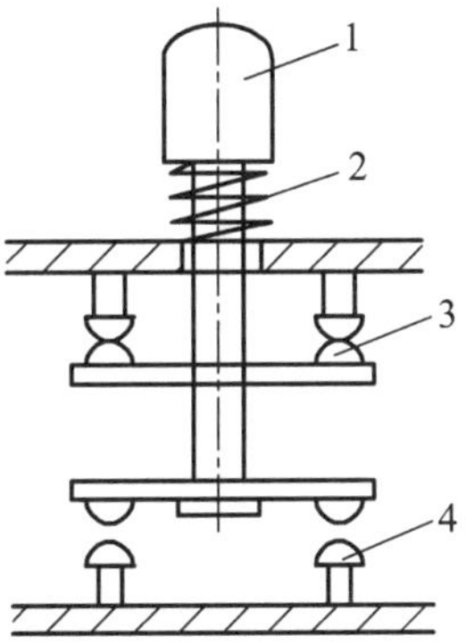

1—推杆；2—弹簧；3—动断触点；4—动合触点。

图 5-4-5　直动式行程开关

2. 滚轮式行程开关

滚轮式行程开关结构原理如图 5-4-6 所示，当被控机械上的撞块撞击带有滚轮的撞杆时，撞杆转向右边，带动凸轮转动，顶下推杆，使微动开关中的触点迅速动作。当运动机械返回时，在复位弹簧的作用下，各部分动作部件复位。

滚轮式行程开关又分为单滚轮自动复位和双滚轮（羊角式）非自动复位式，双滚轮行移开关具有两个稳态位置，有“记忆”作用，在某些情况下可以简化线路。

3. 微动式行程开关

微动式行程开关的结构如图 5-4-7 所示。常用的有 LXW-11 系列产品。

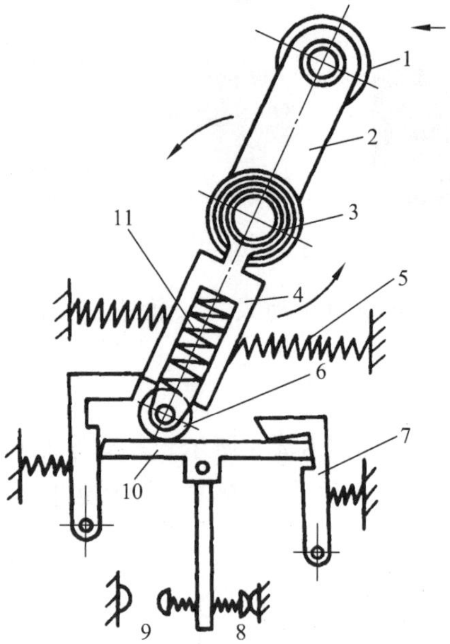

1—滚轮；2—上转臂；3，5，11—弹簧；4—套架；6—滑轮；
7—压板；8，9—触点；10—横板。

图 5-4-6　滚轮式行程开关

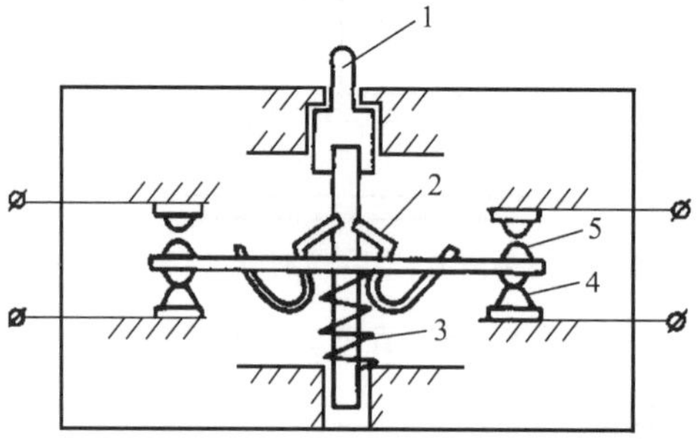

1—推杆；2—弹簧；3—压缩弹簧；4—动断触点；5—动合触点。

图 5-4-7　微动式行程开关

行程开关的型号含义和电气符号如图 5-4-8 所示。

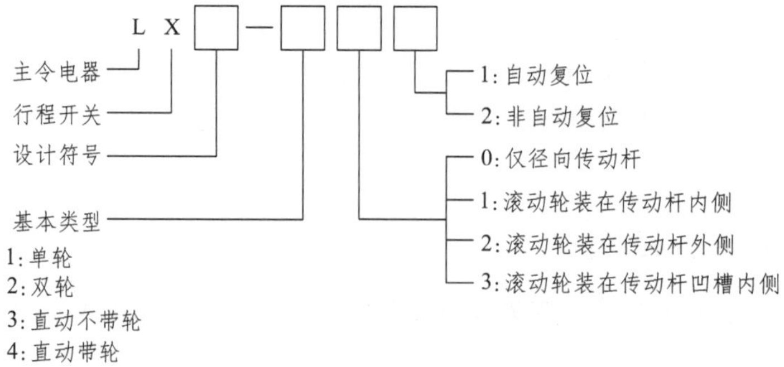

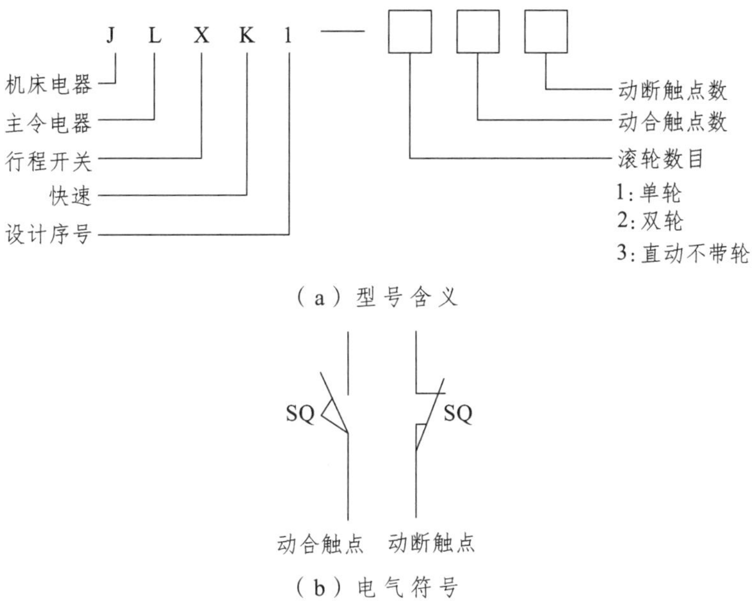

图 5-4-8　行程开关的型号含义和电气符号

5.4.3　接近开关与红外线光电开关

1. 接近开关

接近式位置开关是一种非接触式的位置开关，简称接近开关，由感应头、高频振荡器、放大器和外壳组成。当运动部件与接近开关的感应头接近时，接近开关输出一个电信号。

接近开关可分为电感式和电容式两种。

电感式接近开关的感应头是一个具有铁氧体磁芯的电感线圈，只能用于检测金属体。振荡器在感应头表面产生一个交变磁场，当金属块接近感应头时，金属中产生的涡流吸收了振荡的能量，使振荡减弱以至停振，产生振荡和停振两种信号，经整形放大电路转换成二进制的开关信号，从而起到“开”“关”的控制作用。

电容式接近开关的感应头是一个圆形平板电极，与振荡电路的地线形成一个分布电容。当有导体或其他介质接近感应头时，电容量增大而使振荡器停振，经整形放大电路输出电信号。电容式接近开关既能检测金属，又能检测非金属及液体。

常用的电感式接近开关型号有 LJ1、LJ2 等系列，电容式接近开关型号有 LXJ15、TC 等系列产品。接近开关的外形如图 5-4-9 所示。

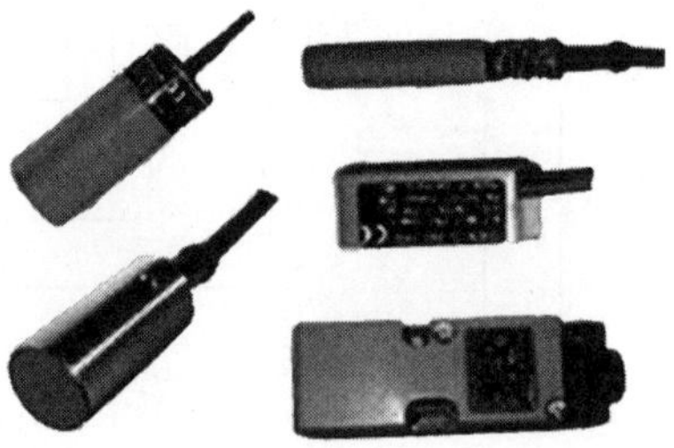

图 5-4-9　接近开关的外形图

接近开关的电气符号如图 5-4-10 所示。

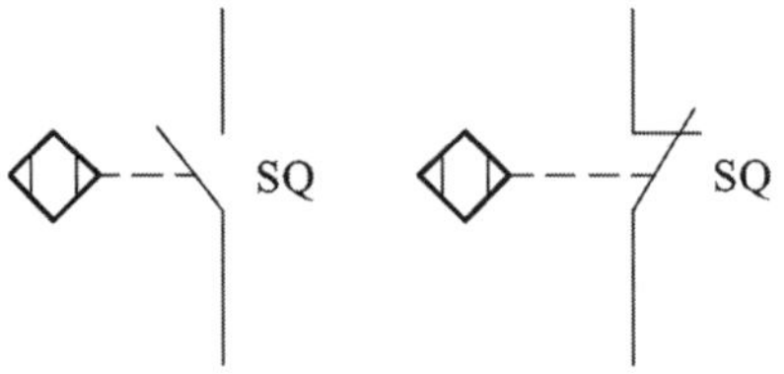

（a）动合触点　　（b）动断触点

图 5-4-10　接近开关的电气符号

2. 红外线光电开关

红外线光电开关可分为对射式和反射式两种。

对射式光电开关是由分离的发射器和接收器组成。当无遮挡物时，接收器接收到发射器发出的红外线，其触点动作；当有物体挡住时，接收器便接收不到红外线，其触点复位。

反射式光电开关是利用物体对光电开关发射出的红外线的反射，由光电开关接收，从而判断是否有物体存在。如有物体存在，光电开关接收到红外线，其触点动作，否则其触点复位。

光电开关和接近开关的用途已远远超出一般行程控制和限位保护，可用于高速计数、测速、液面控制、检测物体的存在、检测零件尺寸等多种场合。

5.4.4　主令控制器

主令控制器是一种频繁对电路进行接通和切断的电器。通过它的操作，可以对控制电路发布命令，与其他电路联锁或切换。主令控制器常配合磁力起动器对绕线式异步电动机的起动、制动、调速及换向实行远距离控制，被广泛用于各类起重机械的拖动电动机的控制系统。

主令控制器一般由外壳、触点、凸轮、转轴等组成，与万能转换开关相比，它的触点容量更大，操纵挡位也较多。主令控制器的动作过程与万能转换开关相类似，也是由一块可转动的凸轮带动触点动作。

常用的主令控制器有 LK5 和 LK6 系列，其中 LK5 系列有直接手动操作、带减速器的机械操作与电动机驱动等三种形式的产品。LK6 系列是由同步电动机和齿轮减速器组成定时元件，由此元件按规定的时间顺序，周期性地分合电路。

控制电路中，主令控制器触点的图形符号及操作手柄在不同位置时的触点分合状态表示方法与万能转换开关相似。

从结构上讲，主令控制器分为两类：一类是凸轮可调式主令控制器；一类是凸轮固定式主令控制器。图 5-4-11 所示为凸轮式主令控制器。

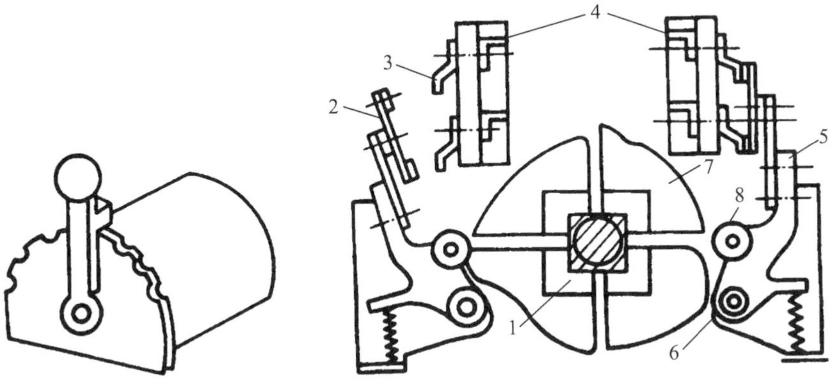

（a）外形图　　（b）结构原理图

1—凸轮块；2—动触点；3—静触点；4—接线端子；5—支杆；6—转动轴；7—凸轮块；8—小轮。

图 5-4-11　凸轮可调式主令控制器

任务 5.5　继电器的认识与使用

继电器是根据某种输入信号的变化，接通或断开控制电路，实现自动控制和保护电力装置的自动电器。

继电器的种类很多，按照输入信号的性质可分为电压继电器、电流继电器、时间继电器、温度继电器、速度继电器、压力继电器等。

继电器按照工作原理可分为电磁式继电器、感应式继电器、电动式继电器、热继电器和电子式继电器等。

继电器按照输出形式可分为有触点和无触点两类，按用途可分为控制用与保护用继电器等。

5.5.1 电磁式继电器

常用的电磁式继电器包括电压继电器、中间继电器和电流继电器。

1. 结构及工作原理

电磁式继电器一般由检测机构、中间机构和执行机构组成。

低压控制系统中的控制继电器大部分为电磁式结构。电磁式继电器的典型结构示意图如图 5-5-1 所示，由电磁机构和触头系统两个主要部分组成。电磁机构由线圈 1、铁心 2、衔铁 7 组成；触头系统由于其触点都接在控制电路中并且电流小，故不装设灭弧装置。继电器的触点一般为桥式触点，有动合和动断两种形式。另外，为了实现继电器动作参数的改变，继电器一般还具有改变弹簧松紧和改变衔铁打开后气隙大小的装置，即反作用调节螺钉 6。

当通过电流线圈 1 的电流超过某一定值，电磁吸力大于反作用弹簧力，衔铁 7 吸合并带动绝缘支架动作，使动断触点 9 断开，动合触点 10 闭合。通过调节螺钉 6 来调节反作用力的大小，即调节继电器的动作参数值。

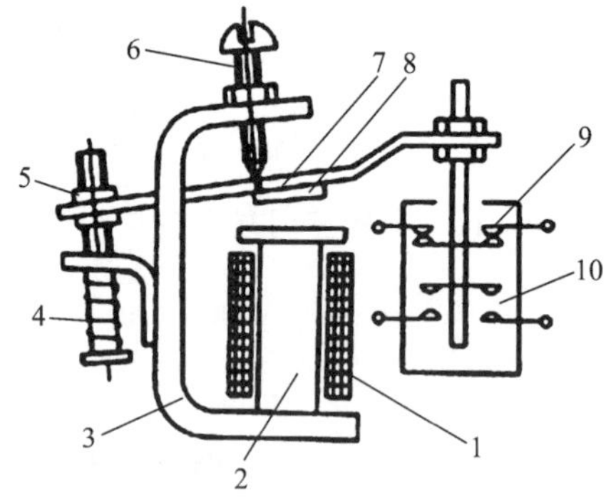

1—线圈；2—铁心；3—磁轭；4—弹簧；5—调节螺母；6—调节螺钉；
7—衔铁；8—非磁性垫片；9—动断螺母；10—动合触点。

图 5-5-1 电磁式继电器结构示意图

电磁式继电器的型号含义和电气符号如图 5-5-2 所示。

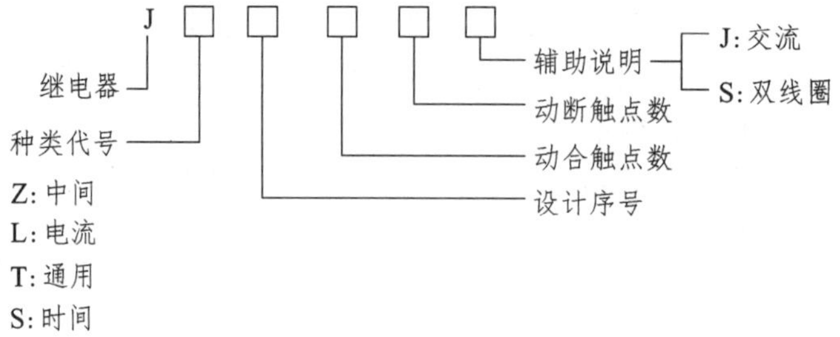

（a）型号含义

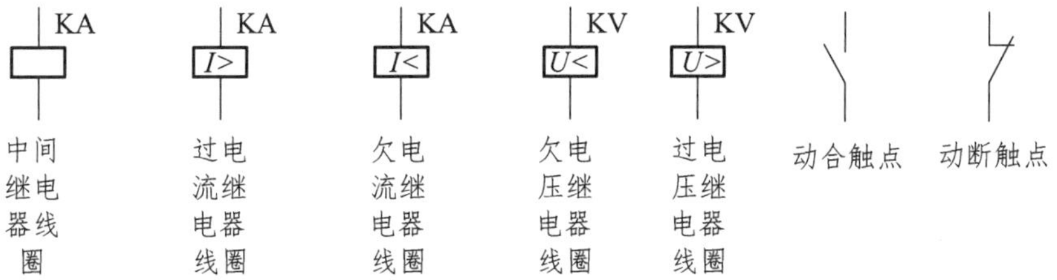

（b）电气符号

图 5-5-2　继电器的型号含义和电气符号

2. 电磁式继电器的特性

继电器的主要特性是输入—输出特性，又称继电特性，如图 5-5-3 所示。当继电器输入量 X 由零增至 X_2 以前，继电器输出量 Y 为零；当输入量 X 增加到 X_2 时，继电器吸合，输出量为 Y_1；若 X 继续增大，Y 保持不变；当 X 减小到 X_1 时，继电器释放，输出量由 Y_1 变为零，若 X 继续减小，Y 值均为零。

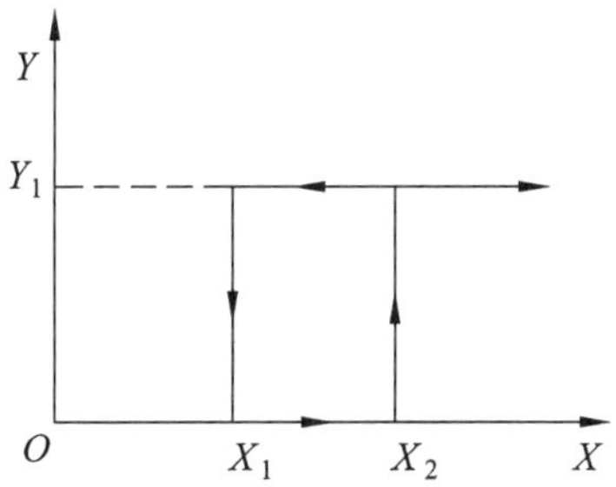

图 5-5-3　继电特性曲线

图 5-5-3 中，X_2 称为继电器吸合值，欲使继电器吸合，输入量必须不小于 X_2；X_1 称为继电器释放值，欲使继电器释放，输入量必须不大于 X_1。

继电器的返回系数 K_f 是继电器重要参数之一，是可以调节的，可表示为

$$K_f=X_1/X_2 \tag{5-5-1}$$

例如，一般继电器要求低的返回系数，K_f 值应为 0.1 ~ 0.4，这样，当继电器吸合后，输入量波动较大时不致引起误动作；欠电压继电器则要求高的返回系数，K_f 值在 0.6 以上。设某继电器 K_f=0.66，吸合电压为额定电压的 90%，则电压低于额定电压的 50% 时，继电器释放，起到欠电压保护作用。

电磁式继电器的另一个重要参数是吸合时间和释放时间。吸合时间是指从线圈接受电信号到衔铁完全吸合所需的时间；释放时间是指从线圈失电到衔铁完全释放所需的时间。一般继电器的吸合时间与释放时间为 0.05 ~ 0.15 s，快速继电器的吸合时间与释放时间为 0.005 ~ 0.05 s，其大小会影响继电器的操作频率。

3. 电压继电器

电压继电器用于电力拖动系统的电压保护和控制，其线圈并联接入主电路，感测主电路的线路电压；触点接于控制电路，为执行元件。

电压继电器按照吸合电压的大小可分为过电压继电器和欠电压继电器。

过电压继电器（FV）用于线路的过电压保护，其吸合整定值为被保护线路额定电压的 1.05 ~ 1.2 倍。当被保护的线路电压正常时，衔铁不动作；当被保护线路的电压高于额定值，达到过电压继电器的整定值时，衔铁吸合，触点机构动作，控制电路失电，控制接触器及时分断被保护电路。

欠电压继电器（KV）用于线路的欠电压保护，其释放整定值为线路额定电压的 10% ~ 60%。当被保护线路电压正常时，衔铁可靠吸合；当被保护线路电压降至欠电压继电器的释放整定值时，衔铁释放，触点机构复位，控制接触器及时分断被保护电路。

零电压继电器是当电路电压降低到 5% ~ 25%U_N 时释放，对电路实现零电压保护。用于线路的失压保护。

中间继电器实质上是一种电压继电器。它的特点是触点数目较多，电流容量可增大，起到中间放大（触点数目和电流容量）的作用。中间继电器外形如图 5-5-4 所示。

图 5-5-4　中间继电器外形图

4. 电流继电器

电流继电器用于电力拖动系统的电流保护和控制，其线圈串联接入主电路，用来感测主电路的线路电流；触点接于控制电路为执行元件。电流继电器反映的是电流信号。常用的电流继电器包括欠电流继电器和过电流继电器两种。

欠电流继电器（KA）用于电路起欠电流保护，吸引电流为线圈额定电流的 30% ~ 65%，释放电流为额定电流的 10% ~ 20%，因此，在电路正常工作时，衔铁是吸合的，只有当电流降低到某一整定值时，继电器释放，控制电路失电，从而控制接触器及时分断电路。欠电流继电器外形如图 5-5-5 所示。

图 5-5-5　欠电流继电器外形图

过电流继电器（FA）在电路正常工作时不动作，整定范围通常为额定电流的 110% ~ 400%。当被保护线路的电流高于额定值并达到过电流继电器的整定值时，衔铁吸合，触点机构动作，控制电路失电，从而控制接触器及时分断电路，对电路起过流保护作用。过电流继电器外形如图 5-5-6 所示。

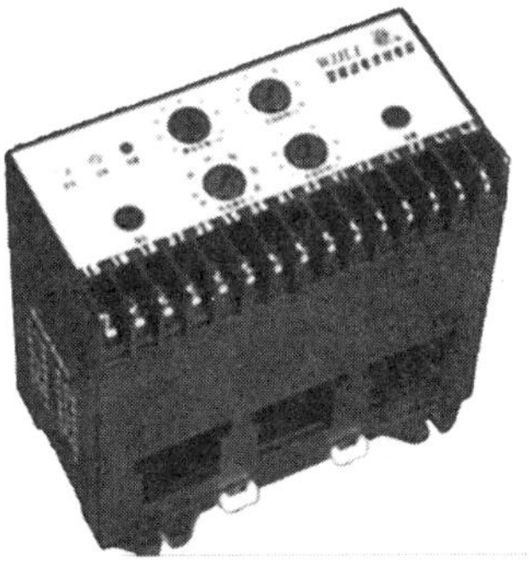

图 5-5-6　过电流继电器外形图

JT4 系列交流电磁继电器适合于交流 50 Hz、380 V 及以下的自动控制回路中作零电压、过电压、过电流和中间继电器使用，过电流继电器也适用于 60 Hz 交流电路。通用电磁式继电器的 JT3 系列直流电磁式和 JT4 系列交流电磁式继电器均为老产品，新产品包括 JT9、JT10、JL12、JL14、JZ7 等系列，其中 JL14 系列为交、直流电流继电器，JZ7 系列为交流中间继电器。

5.5.2　时间继电器

时间继电器是一种利用电磁原理或机械动作原理实现触点延时接通或断开的自动控制电器，其种类很多，常用的包括电磁式、空气阻尼式、电动式和晶体管式等。时间继电器按照延时方式可分为通电延时型时间继电器和断电延时型时间继电器。

通电延时型时间继电器的线圈得电时，其延时动合触点要延时一段时间才闭合，延时动断触点要延时一段时间才断开；当线圈失电时，其延时动合触点迅速断开，延时动断触点迅速闭合。

断电延时型时间继电器的线圈得电时，其延时动合触点迅速闭合，延时动断触点迅速断开；当线圈失电时，其延时动合触点要延时一段时间再断开，延时动断触点要延时一段时间再闭合。

时间继电器的图形符号及文字符号如图 5-5-7 所示。

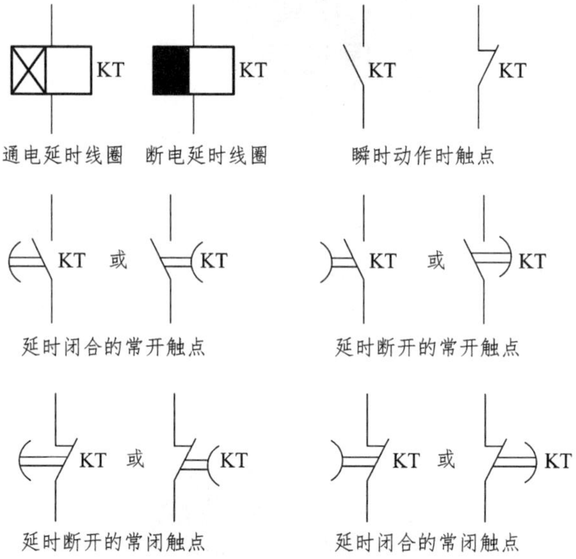

图 5-5-7　时间继电器图形符号及文字符号

1. 直流电磁式时间继电器

直流电磁式电压继电器的铁心上增加一个阻尼铜套，即可构成时间继电器，其结构示意如图 5-5-8 所示。直流电磁式电压继电器利用电磁阻尼原理产生延时的。由电磁感应定律可知，在继电器线圈通、断电过程中铜套内感应电势，并流过感应电流，此电流产生的磁通抑制原磁通变化。

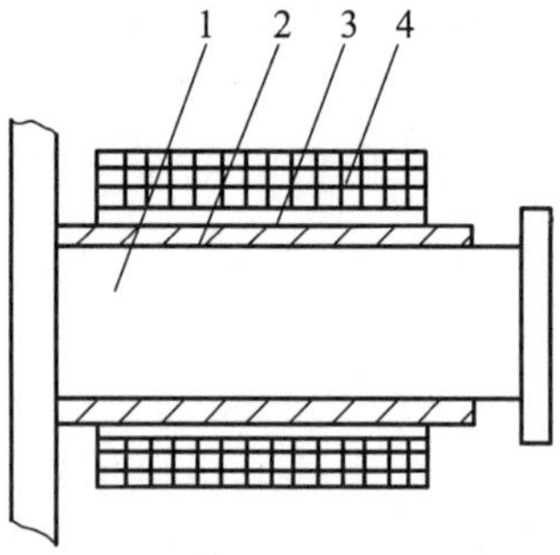

1—铁心；2—阻尼铜套；3—绝缘层；4—线圈。

图 5-5-8　带有阻尼铜套的铁心结构示意图

电器通电时，由于衔铁处于释放位置，具有气隙大、磁阻大、磁通小、铜套阻尼作用相对小的特点，因此衔铁吸合时延时不显著，一般忽略不计。

继电器断电时，具有磁通变化量大、铜套阻尼作用大的特点，导致衔铁延时释放而起到延时作用。因此，这种继电器仅用作断电延时。

时间继电器延时较短，如 JT3 系列最长延时不超过 5 s，而且准确度较低，一般只用于要求不高的场合。

2. 空气阻尼式时间继电器

空气阻尼式时间继电器是利用空气阻尼原理获得延时的，由电磁系统、延时机构和触点三部分组成，电磁机构为直动式双 E 型，触点系统是借用 LX5 型微动开关，延时机构采用气囊式阻尼器。空气阻尼式时间继电器外形如图 5-5-9 所示。

空气阻尼式时间继电器具有由空气室中气动机构带动的延时触点，也具有由电磁机构直接带动的瞬动触点，可以做成通电延时型或断电延时型。电磁机构可以是直流的，也可以是交流的。

3. 电子式时间继电器

电子式时间继电器采用晶体管或集成电路和电子元件等构成，目前已有采用单片机控制的时间继电器。电子式时间继电器具有延时范围广、精度高、体积小、耐冲击和耐振动、调节方便及寿命长等优点，发展很快，应用广泛，已成为时间继电器的主流产品。

电子式时间继电器的输出形式包括有触点式和无触点式，前者是用晶体管驱动小型磁式继电器，后者是采用晶体管或晶闸管输出。

图 5-5-9　空气阻尼式时间继电器外形图

时间继电器动画

4. 单片机控制时间继电器

随着微电子技术的发展，采用集成电路、功率电路和单片机等电子元件构成的新型时间继电器大量面市。如 DHC6 多制式单片机控制时间继电器以及 J5S17、J3320、JSZ13 等系列大规模集成电路控制的数字时间继电器，J5145 等系列电子式数显时间继电器，J5G1 等系列固态时间继电器。

DHC6 多制式单片机控制时间继电器是为了适应工业自动化控制水平越来越高的要求而面世的。多制式时间继电器可根据用户的需求，采用简便方法就可以实现过去需要复杂接线才能达到的控制功能，这样既节省了中间控制环节，又大大提高了电气控制的可靠性。

DHC6 多制式时间继电器采用单片机控制、LCD 显示，具有 9 种工作制式，正计时、倒计时任意设定；8 种延时时段、延时范围 0.01 s ~ 999.9 h 任意设定，键盘设定，设定完成之后可以锁定按键，防止误操作。可按照要求任意选择控制模式，使控制电路最简单可靠。DHC6 多制式时间继电器外观如图 5-5-10 所示。

图 5-5-10　DHC6 多种制式时间继电器

J5S17 系列时间继电器由大规模集成电路、稳压电源、拨动开关、四位 LED 数码显示器、执行继电器和塑料外壳等组成。该继电器采用 32 kHz 石英晶体振荡器，安装方式有面板式和装置式两种。装置式插座可用 M4 螺钉固定在安装板上，也可以安装在标准 35 mm 安装卡轨上。

J5S20 系列时间继电器是四位数字显示小型时间继电器，采用大规模集成电路技术以及晶体振荡器作为时基基准，不但可以实现长达 9 999 h 的延时，还可保证其延时精度。配用不同的安装插座及附件可应用在面板安装、35 mm 标准安装导轨及螺钉安装的场合。

5. 时间继电器的选用

时间继电器在选用过程中的注意事项主要包括：线圈（或电源）的电流种类和电压等级应与控制电路相同；按照控制要求选择延时方式和触点形式；校核触点数量和容量，若不够时，可用中间继电器进行扩展。

时间继电器新系列产品 JS14A 系列、JS20 系列半导体时间继电器、JS14P 系列数字式半导体继电器等具有体积小、延时精度高、寿命长、工作稳定可靠、安装方便、触点输出容量大和产品规格齐全等优点，可广泛应用于电力拖动、顺序控制及各种生产过程的自动控制。

5.5.3 热继电器

非电磁类继电器的感测元件可以感知非电量信号如温度、转速、位移及机械力等。常用的非电磁类继电器主要包括热继电器、速度继电器、干簧继电器、永磁感应继电器等。

热继电器（FR）主要用于电力拖动系统中电动机负载的过载保护。

电动机在实际运行中，常会遇到过载情况，但允许存在过载不严重、时间短、绕组不超过允许温升的情况。如果过载情况严重、时间长，则会加速电动机绝缘的老化，缩短电动机的使用年限，甚至烧毁电动机。因此，必须对电动机进行过载保护。

1. 热继电器结构与工作原理

热继电器主要由热元件、双金属片和触点组成，如图 5-5-11 所示，其中主双金属片 2 是热继电器的感测元件，由两种膨胀系数不同的金属片碾压而成。当串联在电动机定子绕组中的热元件有电流流过时，热元件产生的热量使双金属片伸长，由于双金属片的膨胀系数不同，双金属片发生弯曲。电动机正常运行时，双金属片的弯曲程度不足以使热继电器动作。当电动机过载时，流过热元件的电流增大，加上时间效应，会加大双金属片的弯曲程度，最终导致双金属片推动导板 3 使热继电器的触点 4 动作，切断电动机的控制电路。热继电器动作后一般不能自动复位，需要双金属片冷却后按下复位按钮才能正常复位。热继电器动作电流的调节可以借助旋转凸轮调节到不同位置来实现。在实际应用过程中，热元件串接于电动机的主电路，常闭触点串接于电动机的控制电路。

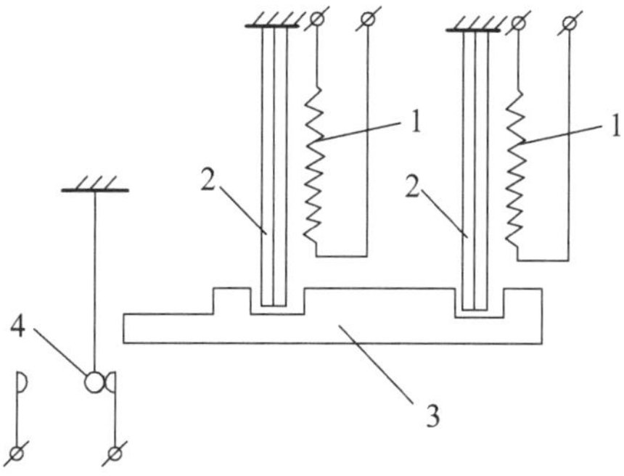

1—热元件；2—双金属片；3—导板；4—触点复位。

图 5-5-11 热继电器结构示意图

热继电器动画

2. 热继电器的型号及选用

我国目前生产的热继电器主要有 JR0、JR1、JR2、JR9、R10、JRl5、JRl6 等系列，其外形和结构如图 5-5-12 所示。JRl、JR2 系列热继电器采用间接受热方式，其主要缺点是双金属片靠发热元件间接加热，热耦合较差；双金属片的弯曲程度受环境温度影响较大，不能正确反映负载的过流情况。

（a）外形　　　　（b）结构

图 5-5-12　热继电器的外形及结构

JRl5、JRl6 等系列热继电器采用复合加热方式并采用温度补偿元件，一般情况能正确反映负载的工作情况。

JRl、JR2、JR0 和 JRl5 系列的热继电器均为两相结构，是双热元件的热继电器，可以用作三相异步电动机的均衡过载保护和 Y 联结定子绕组的三相异步电动机的断相保护，但不能用作定子绕组为△联结的三相异步电动机的断相保护。

JRl6 和 JR20 系列热继电器均配置断相保护的热继电器，具有差动式断相保护机构。热继电器的选择主要根据电动机定子绕组的联结方式来确定热继电器的型号，在三相异步电动机电路中，对 Y 联结的电动机可选两相或三相结构的热继电器，一般采用两相结构的热继电器，即在两相主电路中串接热元件。对于三相感应电动机，定子绕组为△联结的电动机必须采用带断相保护的热继电器。热继电器的型号含义及图形符号如图 5-5-13 所示。

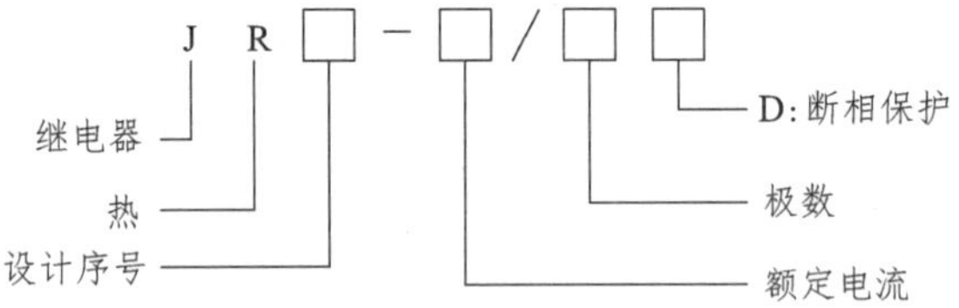

（a）型号含义

（b）热元件　　　　（c）动断触点

图 5-5-13　热继电器的型号含义及图形符号

5.5.4 速度继电器

速度继电器又称为反接制动继电器，主要用于笼型异步电动机的反接制动控制。感应式速度继电器的结构如图 5-5-14 所示，靠电磁感应原理实现触点动作。

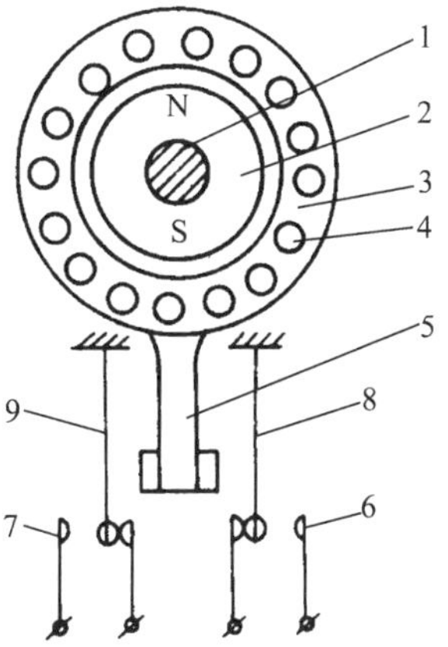

1—转子；2—电动机轴；3—定子；4—绕组；5—定子柄；
6—静触点；7—动触点；8，9—簧片。

图 5-5-14 速度继电器结构示意图

由图 5-5-14 可知，速度继电器与交流电机相类似，主要由定子、转子和触点三部分组成。定子的结构与笼型异步电动机相似，是一个笼型空心圆环，由硅钢片冲压而成，并装有笼型绕组。转子是一个圆柱形永久磁铁。

速度继电器的轴与电动机的轴相连接。转子固定在轴上，定子与轴同心。当电动机转动时，速度继电器的转子随之转动，绕组切割磁场产生感应电动势和电流，此电流和永久磁铁的磁场作用产生转矩，使定子向轴的转动方向偏摆，通过定子柄拨动触点，使常闭触点断开、常开触点闭合。当电动机转速下降到接近零时，转矩减小，定子柄在弹簧力的作用下恢复原位，触点也复原。速度继电器根据电动机的额定转速进行选择，其图形及文字符号如图 5-5-15 所示。

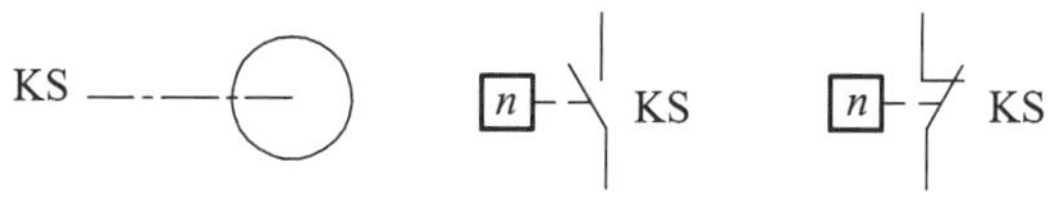

（a）继电器转子　（b）动合触点　（c）动断触点

图 5-5-15 速度继电器的图形、文字符号

常用的感应式速度继电器有 JY1 和 JFZ0 系列。JY1 系列在 3 000 r/min 的转速下可靠工作。JFZ0 型触点动作速度不受定子柄偏转快慢的影响，触

速度继电器动画

点改用微动开关。JFZ0 系列 JFZ0-1 型适用于转速为 300 ~ 1 000 r/min 的情况。JFZ0-2 型适用于转速为 1 000 ~ 3 000 r/min 的情况。速度继电器的两对常开、常闭触点，分别对应于被控电动机的正、反转运行。一般情况下，速度继电器的触点在转速达 120 r/min 时能动作，100 r/min 左右时能恢复正常位置。

5.5.5 干簧继电器

干簧继电器是一种具有密封触点的电磁式断电器。干簧继电器可以反映电压、电流、功率以及电流极性等信号，在检测、自动控制、计算机控制技术等领域中应用广泛。干簧继电器主要由干式舌簧片与励磁线圈组成。干式舌簧片（触点）是密封的，由铁镍合金做成，舌片的接触部分通常镀有贵重金属如金、铑、钯等，接触良好，具有优良的导电性能。触点密封在充有氮气等惰性气体的玻璃管中，因而有效地防止了尘埃的污染，减少了触点的腐蚀，提高了工作可靠性。干簧继电器的结构如图 5-5-16 所示。

当线圈通电后，管中两舌簧片的自由端分别被磁化成 N 极和 S 极而相互吸引，因而接通被控电路。线圈断电后，干簧片在本身的弹力作用下分开，将线路切断。

干簧继电器具有结构简单、体积小、吸合功率小、灵敏度高的特点，一般吸合与释放时间均为 0.5 ~ 2 ms，触点密封，不受尘埃、潮气及有害气体污染，动片质量小，动程小，触点电寿命长，一般可达 10^7 次左右。

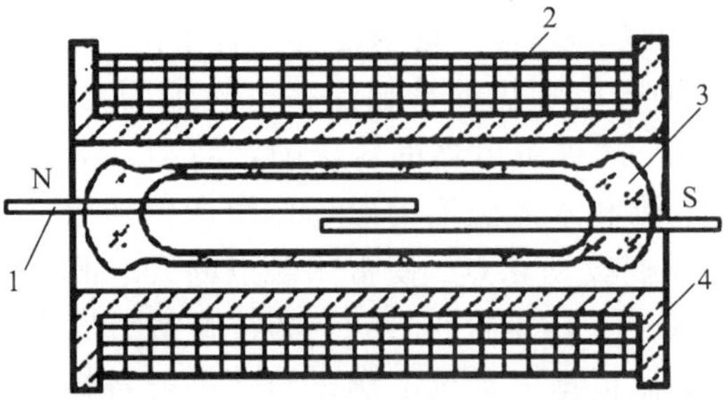

1—舌簧片；2—线圈；3—玻璃管；4—骨架。

图 5-5-16 干簧继电器结构示意图

干簧继电器还可以用永磁体来驱动，反映非电信号，用作限位及行程控制以及非电量检测等。干簧继电器的主要部件为干簧水位信号器，适用于工业与民用建筑中的水箱、水塔及水池等开口容器的水位控制和水位报警。

任务 5.6 接触器的认识与使用

接触器是一种用来自动接通或断开大电流电路的电器，可以频繁地接通或分断交、直流电路并实现远距离控制。接触器的主要控制对象是电动机，也可以是电热设备、电焊机、电容器组等负载，它还具有低电压释放保护功能。接触器具有控制容量大、过载能力强、寿命长、设备简单经济等特点，是电力拖动自动控制电路中使用最广泛的电器元件。按照所控制电路的种类，接触器可分为交流接触器和直流接触器两大类。

5.6.1 交流接触器

1. 交流接触器结构与工作原理

1）交流接触器结构

交流接触器的外形与结构示意图如图 5-6-1 所示，其组成部分主要包括：

接触器动画

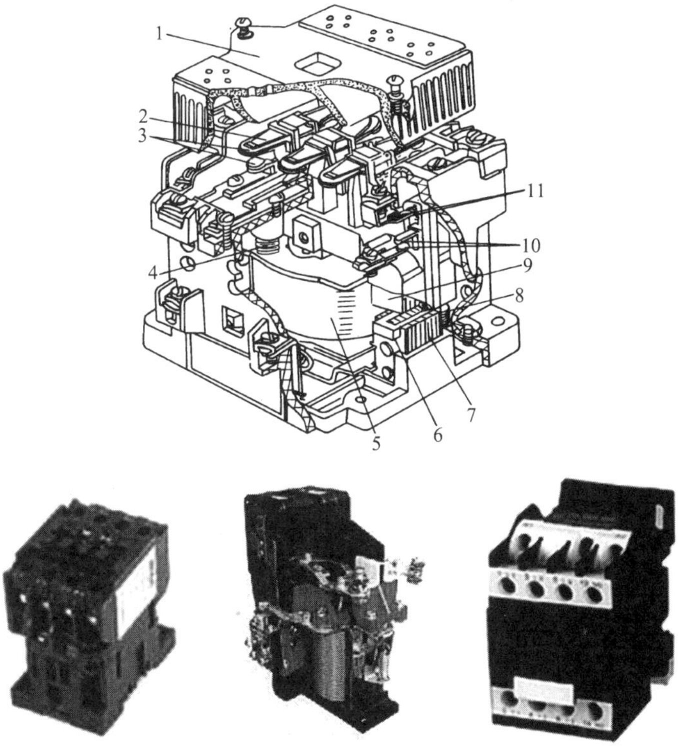

1—灭弧罩；2—触点压力弹簧片；3—主触点；4—反作用弹簧；
5—线圈；6—短路环；7—静铁心；8—弹簧；9—动铁心；
10—辅助常开触点；11—辅助常闭触点。

图 5-6-1 CJ10-20 型交流接触器

（1）电磁机构。

交流接触器的电磁机构由线圈、动铁心（衔铁）和静铁心组成，其作用是将电磁能转换成机械能，产生电磁吸力带动触点动作。

（2）触点系统。

交流接触器的触点系统包括主触点和辅助触点。主触点用于通断主电路，通常为三对常开触点。辅助触点用于控制电路，起电气联锁作用，故又称联锁触点，一般为常开、常闭各两对。

（3）灭弧装置。

交流接触器灭弧装置的容量在 10 A 以上时都配置了灭弧装置。对于小容量的接触器，常采用双断口触点灭弧、电动力灭弧、相间弧板隔弧及陶土灭弧罩灭弧；对于大容量的接触器，采用纵缝灭弧罩及栅片灭弧。

（4）其他部件。

交流接触器的其他部件包括反作用弹簧、缓冲弹簧、触点压力弹簧、传动机构及外壳等。

2）交流接触器的工作原理

交流接触器的线圈通电后，在铁心中产生磁通及电磁吸力。电磁吸力克服弹簧反作用力使得衔铁吸合，带动触点机构动作，常闭触点打开，常开触点闭合，互锁或接通线路。线圈失电或线圈两端电压显著降低时，电磁吸力小于弹簧反作用力，使得衔铁释放，触点机构复位，断开线路或解除互锁。

2. 交流接触器的分类

交流接触器的种类很多，其分类方法也不尽相同。交流接触器的一般分类方法主要包括

（1）按主触点极数分类。

交流接触器按照主触点极数可分为单极、双极、三极、四极和五极接触器。单极接触器主要用于单相负荷，如照明负荷、焊机等，在电动机能耗制动中也可采用；双极接触器用于绕线式异步电机的转子回路，起动时用于短接起动绕组；三极接触器用于三相负荷，如在电动机的控制及其他场合，使用最为广泛；四极接触器主要用于三相四线制的照明线路，也可用来控制双回路电动机负载；五极交流接触器用来组成自耦补偿起动器或控制双笼型电动机，以变换绕组接法。

（2）按灭弧介质分类。

交流接触器按照灭弧介质可分为空气式接触器、真空式接触器等。依靠空气绝缘的接触器用于一般负载，而采用真空绝缘的接触器常用在煤矿、石油、化工企业及电压在 660 V 和 1 140 V 等一些特殊的场合。

（3）按有无触点分类。

交流接触器按照有无触点可分为有触点接触器和无触点接触器。常见的接触器多为有触点接触器，而无触点接触器属于电子技术应用的产物，一

般采用晶闸管作为回路的通断元件。由于可控硅导通时所需的触发电压很小，而且回路通断时无火花产生，因而可用于高操作频率的设备和易燃、易爆、无噪声的场合。

3. 交流接触器的基本参数

交流接触器的基本参数主要包括：

（1）额定电压。

交流接触器的额定电压是指主触点额定工作电压应等于负载的额定电压。一只接触器常规定几个额定电压，同时列出相应的额定电流或控制功率。一般最大工作电压即为额定电压。常用的额定电压值为 220 V、380 V、660 V 等。

（2）额定电流。

交流接触器的额定电流是指接触器触点在额定工作条件下的电流值。380 V 三相电动机控制电路中，额定工作电流可近似等于控制功率的两倍。常用额定电流等级为 5 A、10 A、20 A、40 A、63 A、100 A、160 A、250 A、400 A、630 A 等。

（3）通断能力。

交流接触器的通断能力可分为最大接通电流和最大分断电流。最大接通电流是指触点闭合时不会造成触点熔焊时的最大电流值；最大分断电流是指触点断开时能可靠灭弧的最大电流。一般通断能力是额定电流的 5 ~ 10 倍，这一数值与开断电路的电压等级有关，电压越高，通断能力越小。

（4）动作值。

交流接触器的动作值可分为吸合电压和释放电压。吸合电压是指接触器吸合前，缓慢增加吸合线圈两端的电压，接触器可以吸合时的最小电压。释放电压是指接触器吸合后，缓慢降低吸合线圈的电压，接触器释放时的最大电压。一般规定，吸合电压不低于线圈额定电压的 85%，释放电压不高于线圈额定电压的 70%。

（5）吸引线圈额定电压。

交流接触器的吸引线圈额定电压是指接触器正常工作时，吸引线圈上所加的电压值。一般该电压数值以及线圈的匝数、线径等数据均标于线包上，而不是标于接触器外壳铭牌上，使用时应加以注意。

（6）操作频率。

接触器在吸合瞬间，吸引线圈需消耗比额定电流大 5 ~ 7 倍的电流，如果操作频率过高，则会使线圈严重发热，直接影响接触器的正常使用。为此，规定了接触器的允许操作频率，一般为每小时允许操作次数的最大值。

（7）寿命。

交流接触器的寿命包括电寿命和机械寿命。目前接触器的机械寿命已达一千万次以上，电气寿命约是机械寿命的 5% ~ 20%。

4. 接触器的型号

常见接触器的型号有 CJ20 系列、3TH 和 CJX1（3TB）系列，其中 CJ20 系列是较新的系列，而 3TH 和 CJX1（3TB）系列是从德国西门子公司引进制造的新型接触器。接触器的型号含义及电气符号如图 5-6-2 所示。接触器部分型号的外观如图 5-6-3 所示。

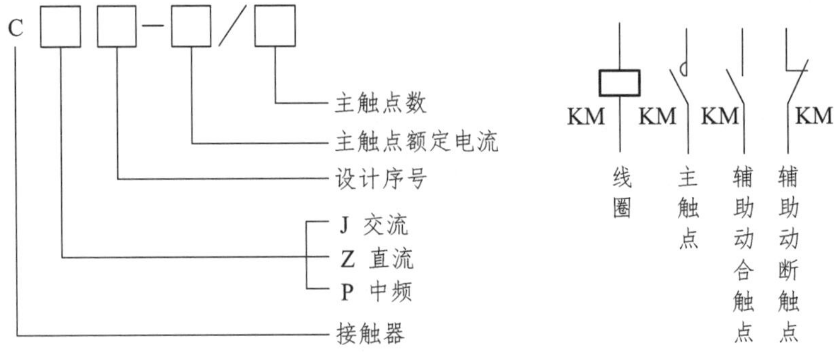

（a）型号含义　　（b）电气符号

图 5-6-2　接触器的型号含义及电气符号

图 5-6-3　接触器的部分型号的外观

CJ20 系列交流接触器主要用于交流 50 Hz、额定电压 660 V（个别等级 1 140 V）、额定电流至 630 A 的电力线路，以及远距离频繁接通与分断电路以及控制交流电动机，并适宜于与热继电器或电子保护装置组成的电磁起动器，以保护电路或交流电动机避免发生过负荷或断相。

5. 新型接触器

B 系列交流接触器是一种新型的接触器，是引进德国 BBC 公司生产线和生产技术而生产的交流接触器。该系列接触器的工作原理与我国现有的交流接触器相同，但因采用了合理的结构设计、合理的尺寸参数，各零件按其功能选用最合适的材料和采用先进的加工工艺，故产品具有较高的技术经济指标。B 系列接触器具有正装式结构与倒装式结构两种布置形式。

正装式结构的触头系统在前面，磁系统在后面靠近安装面，属于这种结构形式的有 B9、B12、B16、B25、B30、B460 及 K 型七种。

倒装式结构的触头系统在后面，磁系统在前面。这种布置由于磁系统在前面，便于更换线圈；主接线端靠近安装面，使接线距离短，能方便接线，以及安装多种附件如辅助触头、TP 型气囊式延时继电器、VB 型机械联锁装置、WB 型自锁继电器及连接件。本系列中型号 B37 ~ B370 的 8 种产品均属此种结构。

接触器各零部件和组件的连接多采用卡装或用螺钉组件。B 系列接触器通用件多，零部件基本通用，如供用户选用的电压线圈较多。B 系列交流接触器适用于交流 50 Hz 或 60 Hz、额定电压至 660 V、额定电流至 475 A 的电力线路，供远距离接通与分断电路或频繁地控制交流电动机起动、停止之用。接触器具有失压保护作用，常与 T 系列热继电器组成电磁起动器，具有过载及断相保护作用。

新型接触器的型号含义如图 5-6-4 所示。

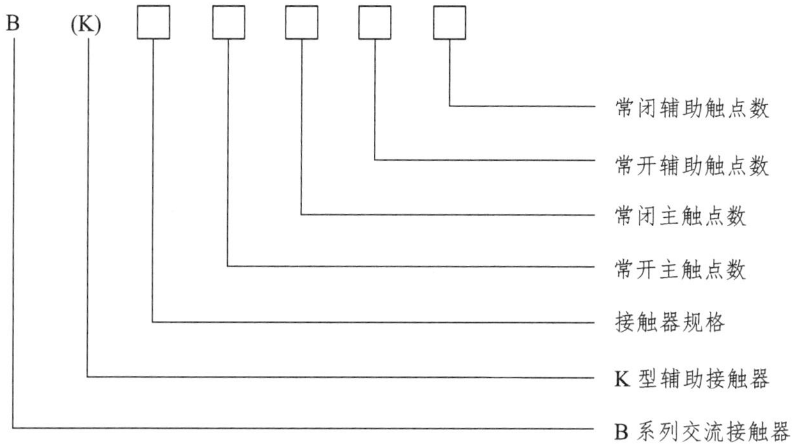

图 5-6-4　接触器的型号含义

5.6.2　直流接触器

直流接触器的结构和工作原理与交流接触器基本相同，其结构由电磁机构、触点系统和灭弧装置等部分组成。由于直流电弧比交流电弧难以熄灭，直流接触器常采用磁吹式灭弧装置灭弧。

5.6.3　接触器的选择

接触器的选择主要集中在交流接触器的选用。交流接触器应根据负荷的类型和工作参数合理选用，选择步骤主要包括：

（1）选择接触器的类型。

交流接触器按负荷类型一般分为一类、二类、三类和四类，分别记为 AC_1、AC_2、AC_3 和 AC_4。一类交流接触器的控制对象是无感或微感负荷，如白炽灯、电阻炉等；二类交流接触器用于绕线式异步电动机的起动和停止；三类交流接触器的典型用途是控制鼠笼型异步电动机的运转和运行中分断；四类交流接触器用于笼型异步电动机的起动、反接制动、反转和点动。

（2）选择接触器的额定参数。

根据被控对象和工作参数如电压、电流、功率、频率及工作制等确定接触器的额定参数。

① 接触器的线圈电压一般选择低一些，可以降低接触器的绝缘要求，提高使用时的安全性。因此，线圈电压一般按实际电网电压选取。

② 对于操作频率不高的设备如压缩机、水泵、风机、空调、冲床等，接触器额定电流大于负荷额定电流即可，一般选用 CJ10、CJ20 等接触器。

③ 对于如机床主电机、升降设备、绞盘、破碎机等重任务型电机，其平均操作频率超过 100 次/min，运行于起动、点动、正反向制动、反接制动等状态，可选用 CJ10Z、CJ12 型的接触器。为了保证电寿命，接触器降容使用。选用时，接触器额定电流大于电机额定电流。

④ 对于如印刷机、镗床等特重任务电机，操作频率很高，可达 600～12 000 次/h，经常运行于起动、反接制动、反向等状态，接触器一般可按电寿命及起动电流选用，一般选用 CJ10Z、CJ12 等型号的接触器。

⑤ 交流回路中的电容器投入电网或从电网中切除时，在选择接触器时应考虑电容器的合闸冲击电流。一般接触器的额定电流可按电容器的额定电流的 1.5 倍选取，选用 CJ10、CJ20 等型号的接触器。

⑥ 接触器控制变压器时，应考虑浪涌电流的大小。如交流电弧焊机、电阻焊机等，一般可按变压器额定电流的 2 倍选取接触器，选用 CJ10、CJ20 等型号的接触器。

⑦ 对于电热设备如电阻炉、电热器等，负荷的冷态电阻较小，因此起动电流相应要大一些。选用接触器时可不用考虑起动电流，直接按负荷额定电流选取，可选用 CJ10、CJ20 等型号的接触器。

⑧ 由于气体放电灯起动电流大、起动时间长，对于照明设备的控制，可按额定电流的 1.1～1.4 倍选取交流接触器，可选用 CJ10、CJ20 等型号的接触器。

⑨ 接触器额定电流是指接触器在长期工作时的最大允许电流，持续时间≤8 h，且安装于敞开的控制板上。如果冷却条件较差，选用接触器时接触器的额定电流按负荷额定电流的 110%～120% 选取。对于长时间工作的电机，由于其氧化膜没有机会得到清除，使接触电阻增大，导致触点发热超过允许温升。实际选用时，可将接触器的额定电流减小 30% 使用。

练习题

一、选择题

1. 低压断路器的型号为 DZ10-100，其额定电流是（　　）。

A. 10 A　　B. 100 A　　C. 10 ~ 100 A　　D. 大于 100 A

2. 交流接触器的作用是（　　）。

A. 频繁通断主回路　　B. 频繁通断控制回路

C. 保护主回路　　D. 保护控制回路

3. 时间继电器的作用是（　　）。

A. 短路保护　　B. 过电流保护

C. 延时通断主回路　　D. 延时通断控制回路

4. 若将空气阻尼式时间继电器由通电延时型改为断电延时型需要将（　　）。

A. 延时触头反转 180°　　B. 电磁系统反转 180°

C. 电磁线圈两端反接　　D. 活塞反转 180°

5. 通电延时时间继电器，它的延时触点动作情况是（　　）。

A. 线圈通电时触点延时动作，断电时触点瞬时动作

B. 线圈通电时触点瞬时动作，断电时触点延时动作

C. 线圈通电时触点不动作，断电时触点瞬时动作

D. 线圈通电时触点不动作，断电时触点延时动作

6. 热继电器的整定值为 6.8 A，则动作范围应选用（　　）。

A. 0.4166

166 ~ 0.64 A　　B. 0.64 ~ 1 A　　C. 4 ~ 6.4 A　　D. 6.4 ~ 10 A

7. 热继电器中双金属片的弯曲作用是由于双金属片（　　）。

A. 温度效应不同　　B. 强度不同

C. 膨胀系数不同　　D. 所受压力不同

8. 有型号相同、线圈额定电压均为 380 V 的两只接触器，若串联后接入 380 V 回路，则（　　）。

A. 都不吸合　　B. 有一只吸合　　C. 都吸合　　D. 不能确定

9. 交流接触器的衔铁被卡住不能吸合会造成（　　）。

A. 线圈端电压增大　　B. 线圈阻抗增大

C. 线圈电流增大　　D. 线圈电流减小

10. 欠电流继电器可用于（　　）保护。

A. 短路　　B. 过载　　C. 失压　　D. 失磁

11. 下列电器中不能实现短路保护的是（　　）。

A. 熔断器　　B. 热继电器

C．过电流继电器　　　　　　　　D．空气开关

12．在延时精度要求不高，电源电压波动较大的场合，应选用（　　）。

A．空气阻尼式时间继电器　　　　B．晶体管式时间继电器

C．电动式时间继电器　　　　　　D．电磁式时间继电器

13．熔断器的额定电流应（　　）所装熔体的额定电流。

A．大于　　B．大于或等于　　C．小于　　D．小于或等于

14．熔管是熔体的保护外壳，用耐热绝缘材料制成，在熔体熔断时兼有（　　）作用。

A．绝缘　　B．隔热　　C．灭弧　　D．防潮

15．（　　）是交流接触器发热的主要部件。

A．触点　　B．线圈　　C．铁心　　D．衔铁

16．按复合按钮时，（　　）。

A．动合触点先闭合　　　　　　B．动断触点先断开

C．动合、动断触点同时动作　　D．动断触点动作，动合触点不动作

17．低压断路器具有（　　）保护。

A．短路、过载、欠压　　B．短路、过流、欠压

C．短路、过流、失压　　D．短路、过载、失压

18．过电流继电器的整定值一般为电动机额定电流的（　　）倍。

A．1.2～1.3　　B．1.3～1.4　　C．1.5～1.6　　D．1.7～2

19．接近开关属于（　　）。

A．有触点开关　　B．无触点开关

C．机械开关　　　D．继电器的一种

20．万能转换开关是（　　）。

A．主令电器　　B．开关电器　　C．继电器　　D．保护电器

二、判断题

1．刀开关安装时手柄要向上装；接线时电源线接在上端，下端接用电器。（　　）

2．熔断器在电路中既可作短路保护，又可作过载保护。（　　）

3．热继电器在电路中既可作短路保护，又可作过载保护。（　　）

4．接触器按主触点通过电流的种类分为直流和交流两种。（　　）

5．继电器在任何电路中均可代替接触器使用。（　　）

6．一台线圈额定电压为 220 V 的交流接触器，在交流 220 V 和直流 220 V 的电源上均可使用。（　　）

7．时间继电器之所以能够延时，是因为线圈可以通电晚一些。（　　）

8．中间继电器实质上是电压继电器的一种，只是触点多少不同。（　　）

9．交流接触器通电后，如果铁心吸合受阻，会导致线圈烧毁。（　　）

10. 低压断路器是开关电器，不具备过载、短路、失压保护。(　　)

11. 电压线圈并联在电源两端，匝数多，阻抗小，电流线圈串联在电路中，导线细，电流大。(　　)

12. 固态继电器是一种无触点继电器。(　　)

13. 速度继电器速度很高时触点才动作。(　　)

14. 灭弧罩灭弧可应用于交直流灭弧装置中。(　　)

15. 双轮旋转式行程开关在挡铁离开滚轮后能自动复位。(　　)

16. 低压断路器中电磁脱扣器的作用是实现失压保护。(　　)

17. 为了消除衔铁振动，交流接触器和直流接触器都装有短路环。(　　)

18. 交流接触器多采用纵缝灭弧装置灭弧。(　　)

19. 继电器的触头一般都为桥型触头，有常开和常闭形式、没有灭弧装置。(　　)

20. 接近开关是一种非接触式检测装置。(　　)

三、综合题

1. 在电动机的电路中，熔断器和热继电器的作用是什么？能否相互替代？

2. 交流电磁线圈误接入对应大小的直流电源，直流电磁线圈误接入对应数值的交流电源，将发生什么情况？为什么？

3. 常用灭弧装置有哪些？各应用于何种情况？

4. 交流接触器与直流接触器有何不同？

5. 如何选用接触器？

6. 过电压、过电流继电器的作用是什么？

7. 欠电压、欠电流继电器的作用是什么？

8. 熔断器的额定电流、熔体的额定电流、熔体的极限分断电流三者有何区别？

9. 热继电器、熔断器的保护功能有何不同？

10. 如何选用电动机过载保护用的热继电器？

11. 行程开关与接近开关工作原理有何不同？

12. 简述按钮的常见故障及检修方法。

13. 行程开关控制失灵的原因是什么？

项目 6

PART SIX

电气控制基本环节认知

任务 6.1　电气控制电路基本控制规律

由继电器、接触器所组成的电气控制电路，其基本控制规律由点动与连续运行控制、多地联锁控制、顺序控制、往复循环控制与正反转运行控制等构成。

6.1.1　电动机点动控制电路的分析

电动机点动控制电路如图 6-1-1 所示，主电路由刀开关 QS、熔断器 FU1、交流接触器 KM 的主触点和笼型电动机 M 组成；控制电路由起动按钮 SB 和交流接触器线圈 KM 组成。

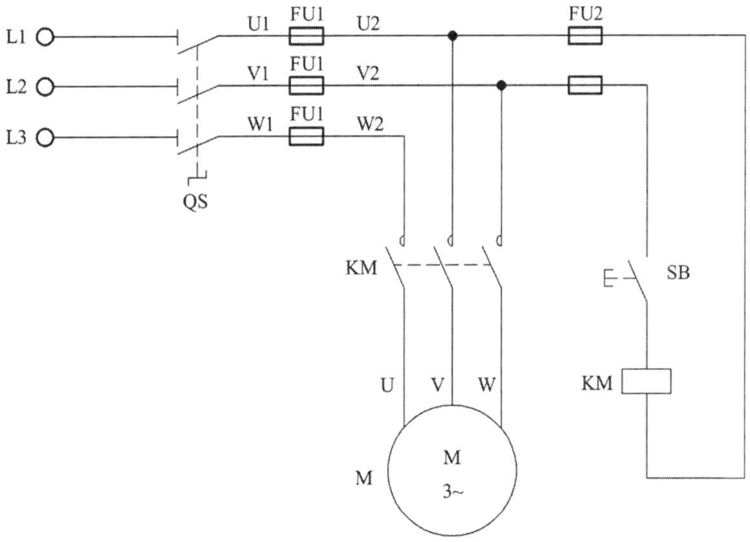

图 6-1-1　电动机点动控制电路图

线路的工作过程主要包括：

（1）起动过程。

合上刀开关 QS→按下起动按钮 SB→接触器 KM 线圈通电→KM 主触点闭合→电动机 M 通电直接起动。

（2）停机过程。

松开起动按钮 SB→接触器 KM 线圈断电→KM 主触点断开→电动机 M 停电停转。

按下按钮电动机转动，松开按钮电动机停转，这种控制就叫点动控制。点动控制能实现电动机短时转动，常用于机床的对刀调整和电动葫芦等。

6.1.2 电动机连续运行控制电路的分析

在实际生产中往往要求电动机实现长时间连续转动，即所谓长动控制。电动机连续运行控制电路如图 6-1-2 所示，主电路由刀开关 QS、熔断器 FU1、接触器 KM 的主触点、热继电器 FR 的发热元件和电动机 M 组成，控制电路由停止按钮 SB1、起动按钮 SB2、接触器 KM 的常开辅助触点和线圈、热继电器 FR 的常闭触点组成。

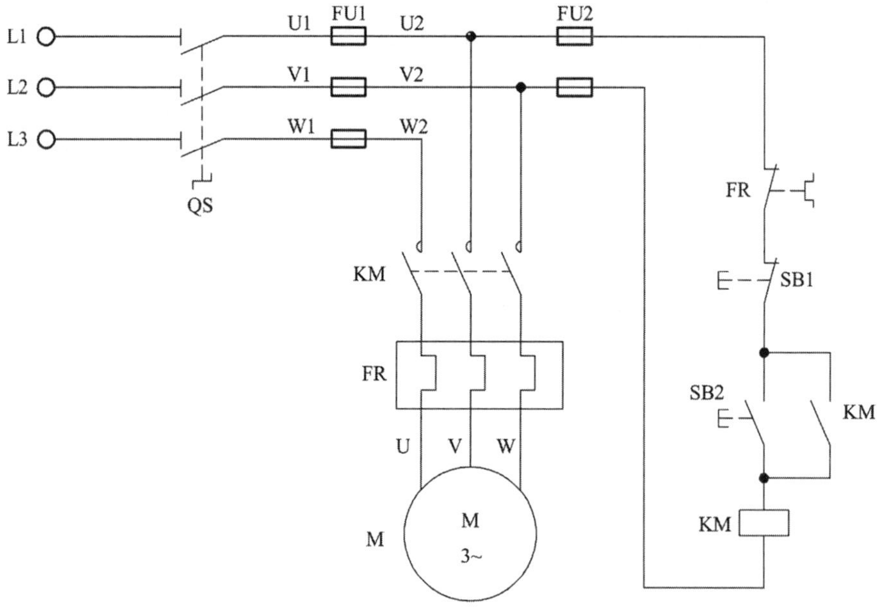

图 6-1-2 电动机连续运行控制电路图

1. 工作过程

点动自锁控制动画

线路的工作过程主要包括：

（1）起动过程。

合上刀开关 QS→按下起动按钮 SB2→接触器 KM 线圈通电→KM 主触点闭合和常开辅助触点闭合→电动机 M 接通电源运转；

松开起动按钮 SB2 后，KM 常开辅助触点闭合实现自锁，KM 保持持续通电状态，电动机 M 连续运转。

（2）停机过程。

按下停止按钮 SB1→KM 线圈断电→KM 主触点和辅助常开触点断开→电动机 M 断电停转。

在连续控制过程中，当起动按钮 SB2 松开后，接触器 KM 的线圈通过其并联的辅助常开触点的闭合仍继续保持通电，从而保证电动机的连续运行。这种依靠接触器自身辅助常开触点的闭合而使线圈保持通电的控制方式称为自锁或自保，起到自锁作用的辅助常开触点称为自锁触点。

2. 线路保护

线路保护主要包括：

（1）短路保护。

短路时熔断器 FU1 的熔体熔断而切断电路起保护作用。

（2）电动机长期过载保护。

通过热继电器 FR1 对电动机进行长期过载保护。由于热继电器 FR 的热惯性较大，即使发热元件流过几倍于额定值的电流，热继电器也不会立即动作。因此在电动机起动时间不太长的情况下，热继电器不会动作，只有在电动机长期过载时，热继电器才会动作，用它的常闭触点断开使控制电路断电。

（3）欠电压、失电压保护。

通过接触器 KM 的自锁环节来实现电路的欠电压、失电压保护。当电源电压由于某种原因而严重欠电压或失电压（如停电）时，接触器 KM 断电释放，电动机停止转动。当电源电压恢复正常时，接触器线圈不会自行通电，电动机也不会自行起动，只有在操作人员重新按下起动按钮 SB2 后，电动机才能起动。

本控制电路具有的优点主要包括：

（1）防止电源电压严重下降时电动机欠电压运行。

（2）防止电源电压恢复时，电动机自行起动而造成设备和人身事故。

6.1.3 电动机多地联锁控制电路的分析

在一些大型生产机械和设备上，要求操作人员在不同方位能进行操作与控制，即实现多地控制。多地控制是用多组起动按钮、停止按钮来实现的。电动机两地起动、两地停止控制电路如图 6-1-3 所示。

工作过程主要包括：

（1）起动过程。

合上刀开关 QS→按下起动按钮 SB3 或 SB4→接触器 KM 线圈通电→KM 主触点闭合和常开辅助触点闭合→电动机 M 接通电源运转。

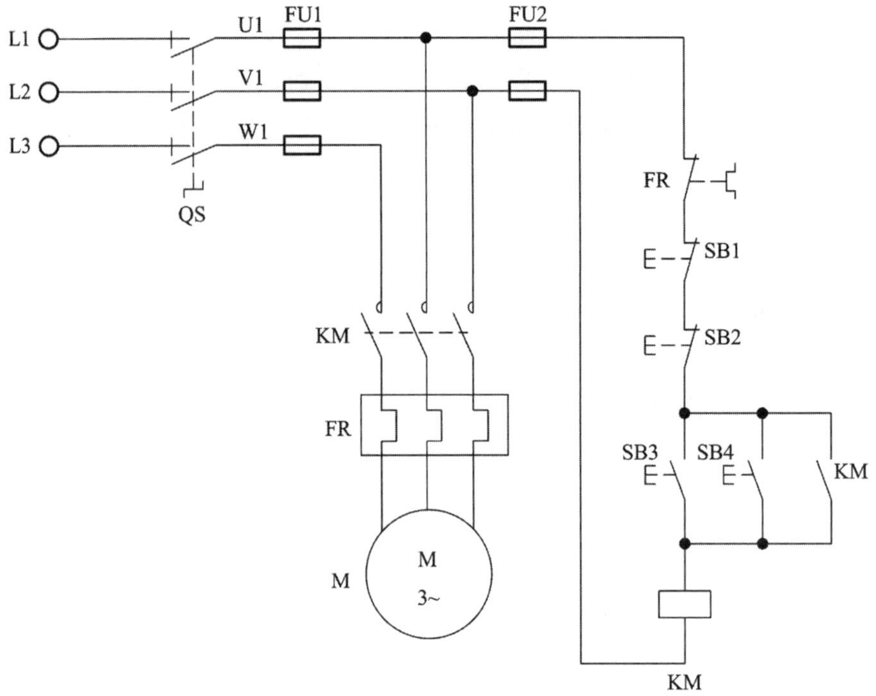

图 6-1-3 电动机的两地联锁控制电路图

松开 SB3 或 SB4，KM 常开辅助触点闭合实现自锁，KM 保持持续通电状态，电动机 M 连续运转。

（2）停机过程。

按下停止按钮 SB1 或 SB2→接触器 KM 线圈断电→KM 主触点和辅助常开触点断开→电动机 M 断电停转。

顺序控制动画

6.1.4 电动机顺序控制电路的分析

在生产实践中，有时要求一个拖动系统中多台电动机实现先后顺序工作，如机床要求润滑电动机起动后主轴电动机才能起动。针对这种情况，常用的顺序控制电路有两种：一种是主电路的顺序控制；另一种是控制电路的顺序控制。手动顺序控制电路如图 6-1-4 所示。

电动机手动顺序控制电路如图 6-1-4 所示，当 KM1 闭合后电动机 M1 起动运转。电动机 M1 起动运转后按下起动开关 SB3 后 KM2 闭合，电动机 M2 得电才开始起动运转。此控制电路满足电动机 M1、M2 顺序起动的要求。

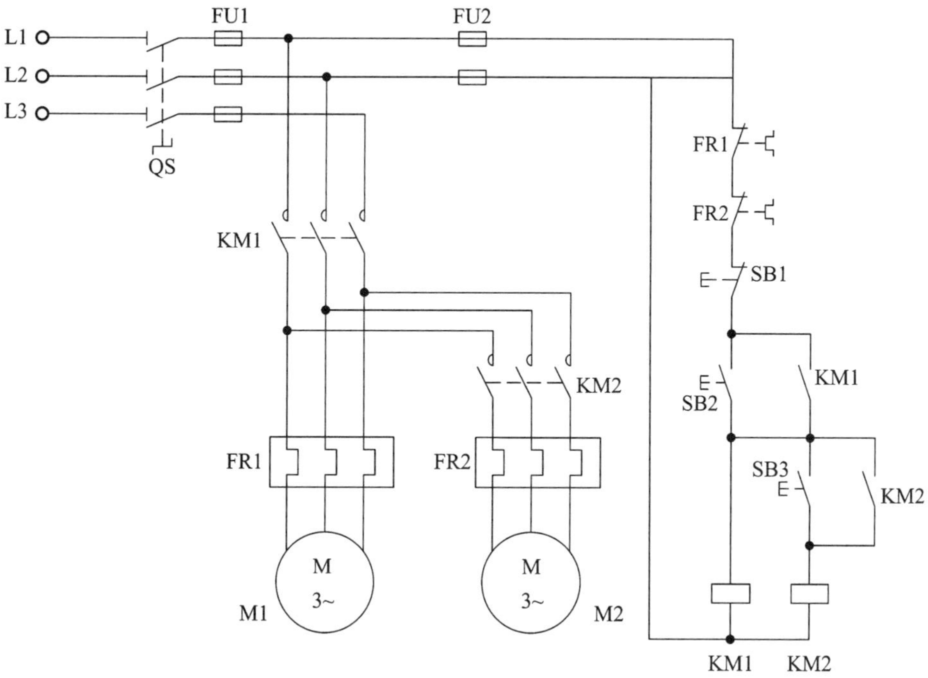

图 6-1-4　手动顺序控制电路图

将图 6-1-4 所示的手动顺序控制电路改进为如图 6-1-5 所示的控制电路，可以实现顺序控制的工作过程，主要包括：

（1）在图 6-1-4 中，接触器 KM1 控制电动机 M1 的起动、停止；接触器 KM2 控制电动机 M2 的起动、停止。现要求电动机 M1 起动后电动机 M2 才能起动。

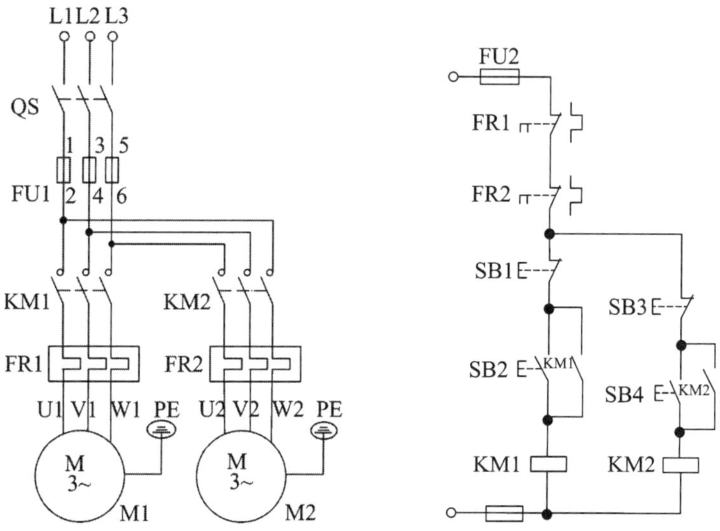

（a）主电路　　　　（b）控制电路 1

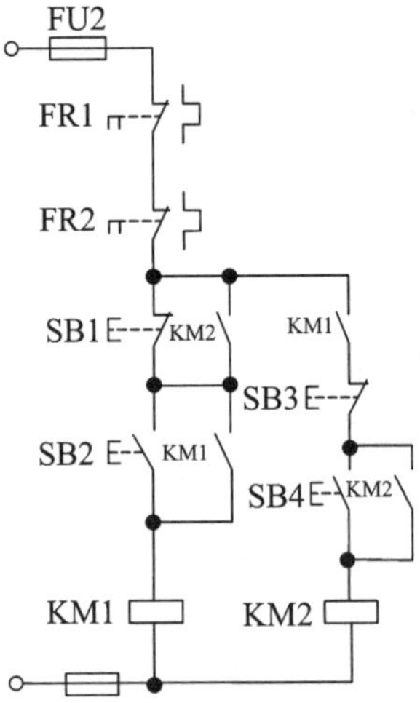

（c）控制电路 2

图 6-1-5　自动顺序控制电路图

工作过程：先合上电源开关 QS→按下起动按钮 SB2→接触器 KM1 通电→电动机 M1 起动→KM1 辅助常开触点闭合→按下起动按钮 SB3→接触器 KM2 通电→电动机 M2 起动。

如果在按下 SB2 之前就先按下 SB3 按钮，因 KM1 常开辅助触头断开，接触器 KM2 得不到电源无法闭合，无法起动电动机 M2。只有先按下 SB2 后再按下 SB3，才能顺序起动 M1、M2，达到本控制电路顺序控制的目的。

生产机械除按要求按顺序起动外，有时还要按一定顺序停止，如带式输送机，前面工序的运输机先起动，再起动后面工序的输送机；停车时应先停止后面工序的输送机，再停止前面工序的输送机，这样才不会造成物料在传送带上的堆积和滞留。图 6-1-5（c）为顺序起动、逆序停止的电路图，为了达成带式输送机的目标，在图 6-1-4 基础上将接触器 KM2 的常开辅助触头并接在停止按钮 SB1 的两端，这样，即使先按下 SB1，由于 KM2 线圈仍通电，电动机 M1 不会停转，只有按下 SB3，电动机 M2 先停止，再按下 SB1 才能使 M1 停转，达到先停 M2、后停 M1 的要求。

电动机顺序控制的接线规律主要包括：

（1）要求接触器 KM1 动作后接触器 KM2 才能动作，故将接触器 KM1 的常开触点串接于接触器 KM2 的控制电路。

（2）要求接触器 KM1 动作后接触器 KM2 不能动作，故将接触器 KM1 的常闭辅助触点串接于接触器 KM2 的控制电路。

图 6-1-6 所示为电动机顺序起动、顺序停止的控制电路。只有在 M1 起动后 M2 才能起动；只有在 M2 停机后 M1 才能停止。过载保护在各自的控制电路中。

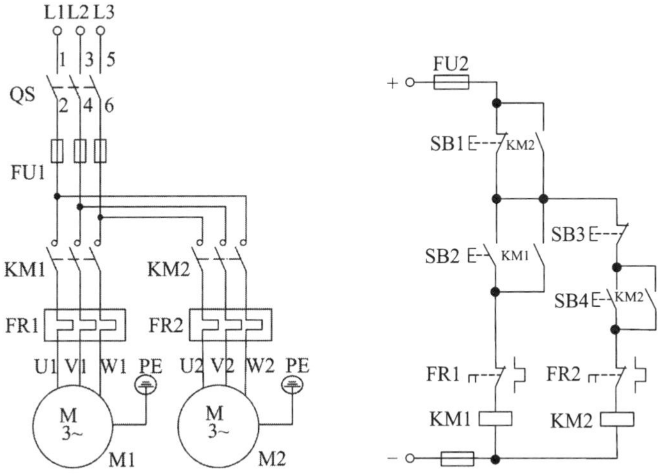

图 6-1-6　顺序起动和顺序停止控制电路图

电动机顺序起动、顺序停止控制的接线规律主要包括：

（1）要求 KM1 接触器动作后 KM2 接触器才能动作，将 KM1 接触器的常开触点串在 KM2 接触器的控制电路。

（2）要求 KM1 接触器停止后 KM2 接触器才能停止，将 KM1 接触器的常开触点与 KM2 接触器的停止按钮并接。

6.1.5　电动机正反转控制电路的分析

图 6-1-7 为两个接触器的电动机正反转控制电路。若同时按下 SB2 和 SB3，则接触器 KM1 和 KM2 线圈同时得电并自锁，它们的主触点都闭合，这时会造成电动机三相电源的相间短路事故，在实际应用过程中禁止使用该电路。

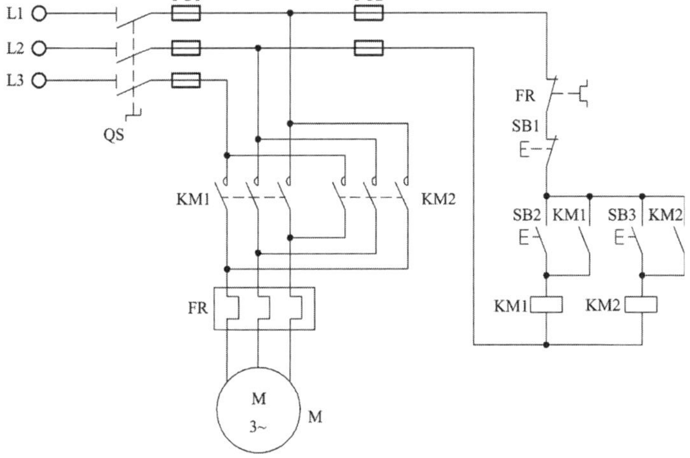

图 6-1-7　电动机正反转控制电路图

为了避免两接触器同时得电而造成电源相间短路，在控制电路中分别将两个接触器 KM1、KM2 的辅助动断触点串接在对方的线圈回路里。图 6-1-8 为两个接触器互锁的电动机正反转控制电路。

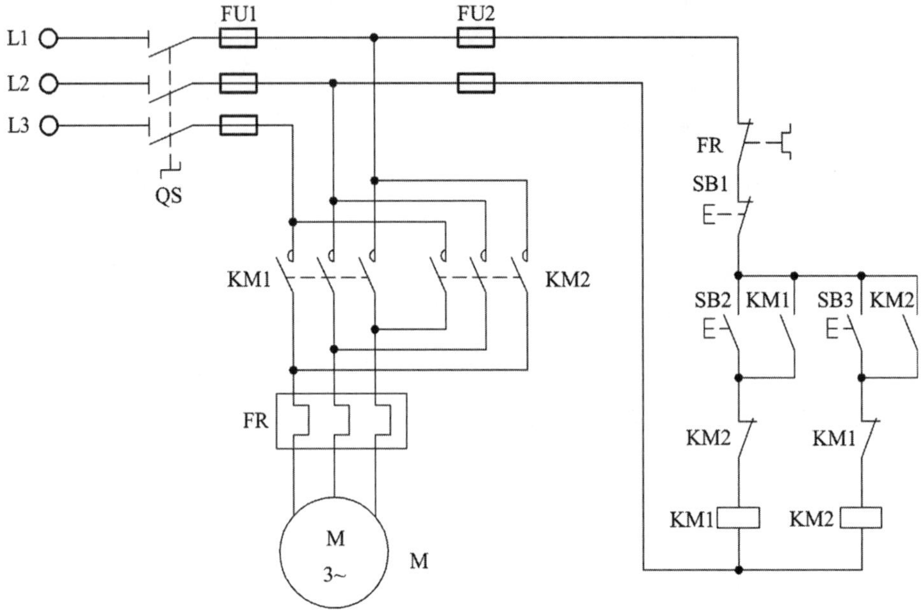

图 6-1-8　接触器互锁的电动机正反转控制电路图

这种利用两个接触器（或继电器）的动断触点互相制约的控制方法称为互锁（也称为联锁），这两对起互锁作用的触点称为互锁触点。

接触器互锁的电动机正反转控制的工作原理主要包括：

（1）首先合上电源开关 QS。

（2）正转起动过程。

按下SB2 → KM1线圈得电 → KM1主触点闭合 → 电动机M正转
→ KM1辅助动断触点分断，对KM2互锁
→ KM1辅助动合触点闭合，自锁

（3）停止过程。

按下SB1 → KM1线圈失电 → KM1主触点分断 → 电动机M停转
→ KM1辅助动断触点闭合，互锁解锁
→ KM1辅助动合触点分断，自锁解锁

（3）反转起动过程。

按下SB3 → KM2线圈得电 → KM2主触点闭合 → 电动机M正转
→ KM2辅助动断触点分断，对KM1互锁
→ KM2辅助动合触点闭合，自锁

图 6-1-8 所示控制电路标明，正、反转的切换过程必须经过停止这一操作，能否不经过停止这一操作步骤而直接实现正电动机的正、反转切换呢？图 6-1-9 所示的按钮、接触器双重互锁的控制电路就可以实现电动机的正、

反转直接切换过程。所谓按钮互锁，就是将复合按钮动合触点作为起动按钮，而将其动断触点作为互锁触点串接在另一个接触器线圈支路。为了实现电动机改变转向，只要直接按反转按钮就可实现，而不必先按停止按钮。图 6-1-9 所示控制电路图的工作原理，请参照图 6-1-8 所示的正反转控制电路自行分析。

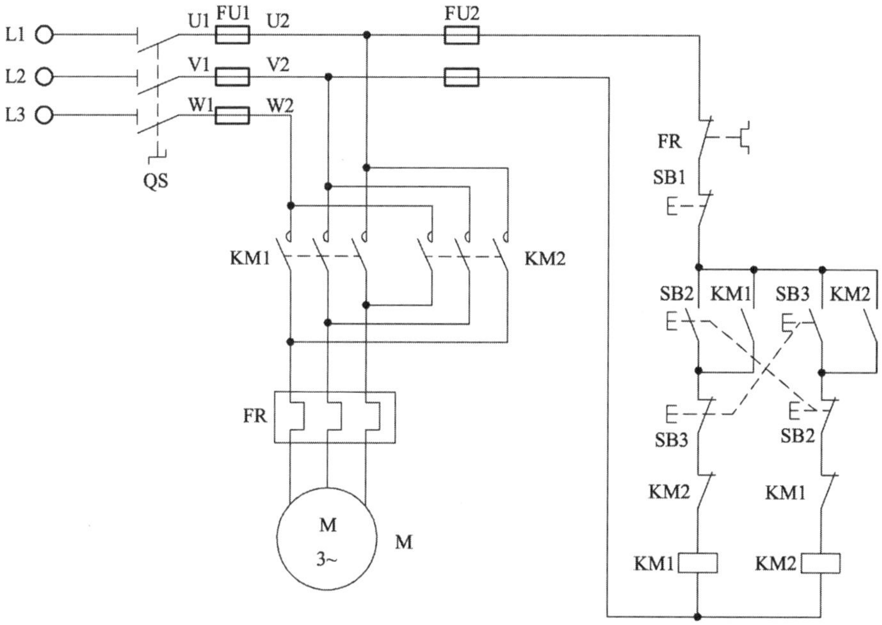

图 6-1-9　按钮、接触器互锁的电动机正反转控制电路图

互锁控制电路动画

6.1.6　电动机自动往返控制电路的分析

有些生产机械如万能铣床，要求工作台在一定范围内能自动往返运动，以便实现对工件的连续加工，提高生产效率。由行程开关控制的工作台自动往返控制电路称为正反转行程控制。图 6-1-10 为工作台自动循环的原理图，行程开关 SQ1 和 SQ2 安装在指定位置，工作台下面的挡铁压到行程开关 SQ1 就向左移动，压到行程开关 SQ2 就向右移动。图 6-1-11 为图 6-1-10 所示工作台自动往返运动的控制电路图。

自动往返电路动画

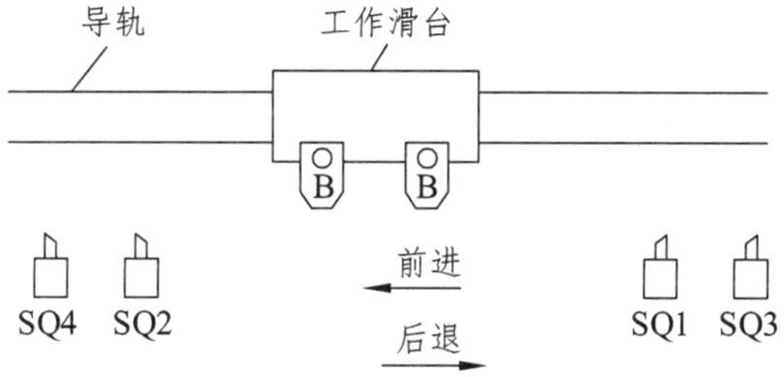

图 6-1-10　工作台自动循环的原理图

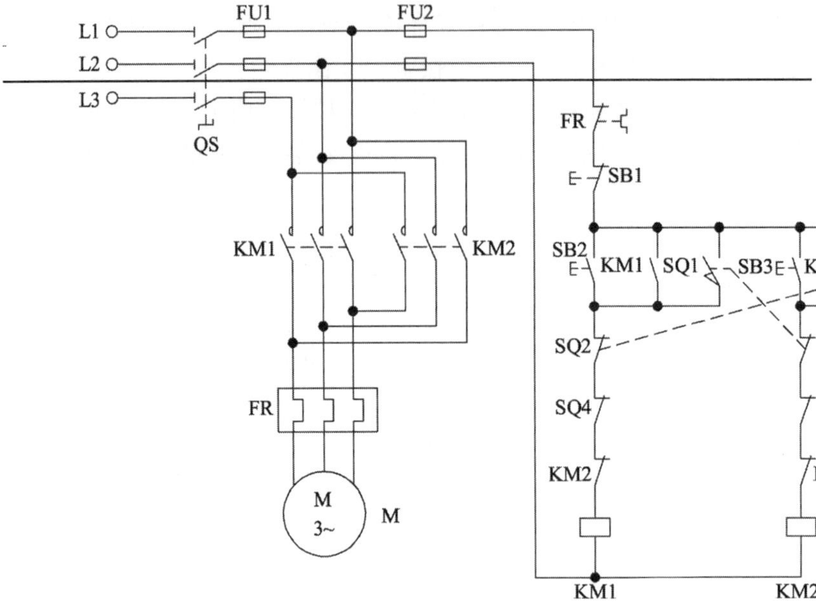

图 6-1-11　工作台自动往返运动的控制电路图

图 6-1-11 所示控制电路的工作过程主要包括：

起动时，按下正转起动按钮 SB2，KM1 线圈得电并自锁，电动机正转运行并带动机床运动部件左移，当运动部件上的撞块 1 碰撞到行程开关 SQ1 时，将 SQ1 压下，使其动断触点断开，切断了正转接触器 KM1 线圈回路；同时 SQ1 的动合触点闭合，接通了反转接触器 KM2 线圈回路，使 KM2 线圈得电自锁，电动机由正向旋转变为反转，带动运动部件向右运动。当运动部件上的撞块 2 碰撞到行程开关 SQ2 时，将 SQ2 压下，使其动断触点断开，切断了反转接触器 KM2 线圈回路；同时 SQ2 的动合触点闭合，接通了正转接触器 KM1 线圈回路，使 KM1 线圈得电自锁，电动机由反向旋转变为正转，使电动机由反转又转入正转运行，带动运动部件向左运动。如此往返运动，从而实现运动部件的自动循环控制。

任务 6.2　鼠笼式异步电动机降压起动控制

电动机直接起动时，定子起动电流约为额定电流的 4～7 倍。过大的起动电流将影响接在同一电网上的其他用电设备的正常工作，甚至使它们停转或无法起动，因此采用降压起动。降压起动是指利用起动设备将电压适当降低后加到电动机的定子绕组上进行起动，待电动机起动运转后，再使其电压恢复到额定值正常运转。由于电流随电压的降低而减少，所以降压起动达到了减少起动电流的目的，但同时由于电动机转矩与电压的平方成正比，所以降压起动也将导致电动机的起动转矩大为降低，因此降压起动需要在空载或轻载下进行。

常用的降压起动方法包括定子绕组串电阻（或电抗）起动、Y-△降压起动、定子串接自耦变压器降压起动等。

6.2.1　定子串电阻降压起动控制电路

定子串电阻降压起动是指起动时在电动机的定子绕组中串接电阻，通过电阻的分压作用使电动机定子绕组上的电压减小；起动完毕后切除电阻，使电动机在额定电压（全压）下正常运转。这种起动方法适合电动机容量不大、起动不频繁且平稳的场合，其特点是起动转矩小、加速平滑但电阻损耗大。用电抗器代替电阻，价格较贵、成本较高。定子串电阻降压起动控制电路如图 6-2-1 所示。

定子串电阻降压启动控制电路动画

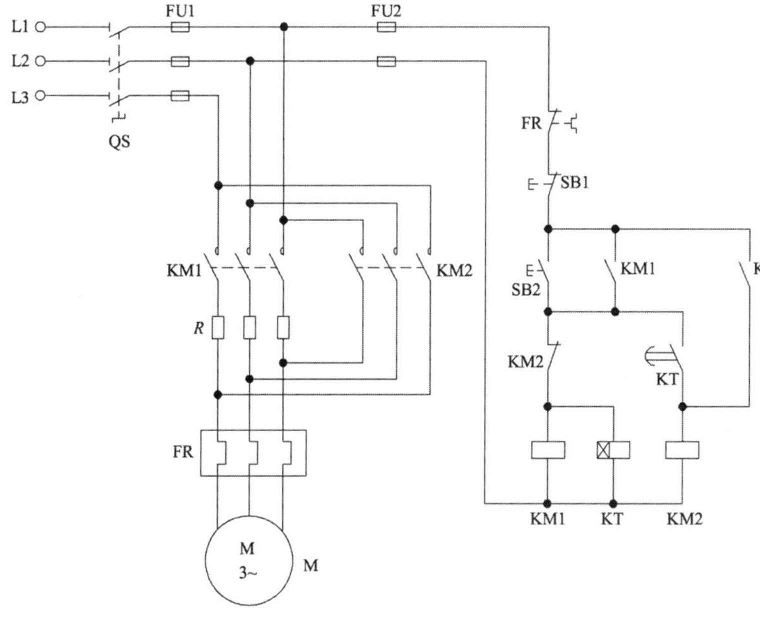

图 6-2-1　定子串电阻降压起动控制电路图

图 6-2-1 所示线路工作原理主要包括：

（1）合上电源开关 QS。

（2）控制过程。

按下SB2 → KM1线圈得电 → KM1主触点闭合 → 电动机M串电阻*R*降压启动
　　　　　　　　　　　　　└→ KM1辅助动合触点闭合，自锁
　　　　　└→ KT线圈得电 —经过一段时间→ KT延时动合触点闭合 →

→ KM2线圈得电 → KM2主触点闭合 → 切除启动电阻R，电动机M在全压下稳定运行
　　　　　　　→ KM2辅助动合触点闭合，自锁
　　　　　　　→ KM2辅助动断触点分断 → KM1和KT线圈失电，对应触头复位

6.2.2　自耦变压器降压起动控制电路

自耦变压器降压起动是指电动机起动时利用自耦变压器来降低加在电动机定子绕组上的起动电压，待起动一定时间后将转速升高到预定值，再将自耦变压器切除，电动机定子绕组直接接上电源电压，进入全压运行。这种起动方法适合重载起动场合，其特点是起动转矩大（60%、80%抽头）、损耗低但设备庞大成本高，起动过程中会出现二次涌流冲击，适用于不频繁起动、容量在30 kW以下的设备。自耦变压器降压起动的控制电路如图6-2-2所示。

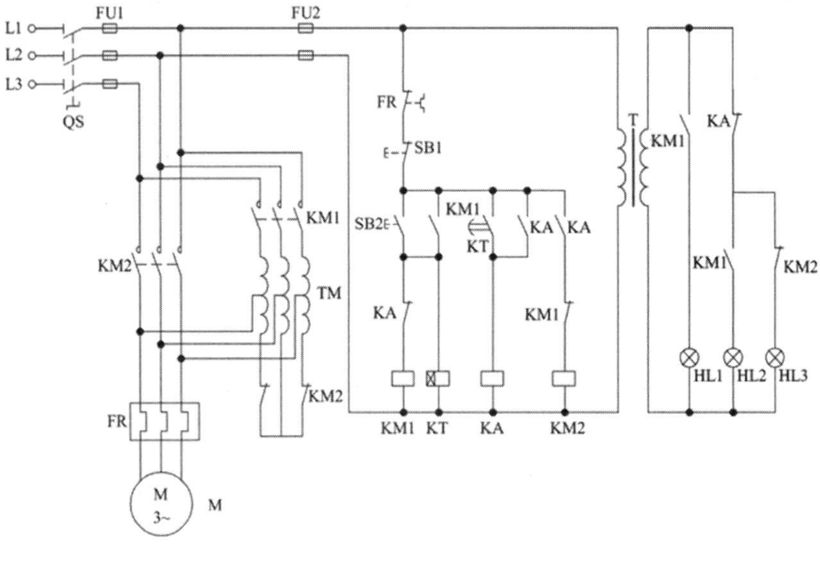

图6-2-2　自耦补偿起动器控制电路图

图6-2-2所示线路工作原理主要包括：

（1）合上电源开关QS。

（2）控制过程。

按下SB2 → KM1线圈得电 → KM1主触点闭合 → 电动机M经自耦变压器T降压启动
　　　　　　　　　　　→ KM1辅助动合触点闭合，自锁
　　　　　　　　　　　→ KM1辅助动断触点分断，对KM2互锁
　　　　　　　　　　　→ KM1辅助动断触点分断 → 电源指示灯HL3熄灭
　　　　　　　　　　　→ KM1辅助动合触点闭合 → 启动指示灯HL2亮
　　　　→ KT线圈得电 —经过一段时间→ KT延时动合触点闭合 → KA线圈得电 →

→ KA动断触点分断 → KM1和KT线圈失电 → KM1、KT的所有触点复位，主电路切除自耦变压器T
→ KA动合触点闭合，自锁
→ KA动合触点闭合 → KM2线圈得电 → KM2两对辅助动断触点分断，解除T的Y型连接
　　　　　　　　　　　　　　　　→ KM2的主触点闭合 → 电动机M全压运行
　　　　　　　　　　　　　　　　→ KM2辅助动合触点闭合 → 运行指示灯HL1亮
→ KA动断触点分断 → 启动指示灯HL2熄灭

6.2.3 Y-△降压起动控制电路

Y-△降压起动是指电动机起动时，把定子绕组接成星形，以降低起动电压，限制起动电流。电动机起动后，再把定子绕组改接为三角形，使其全压运行。Y-△降压起动方法适合电动机正常工作时定子绕组必须为△接法、轻载起动的场合，其特点是起动转矩为额定值的 1/3、转矩特性差（起动转矩下降为原来的 1/3），起动的时间取决于负载的大小。图 6-2-3 为 Y-△降压起动器的控制电路。控制电路按照时间控制原则实现自动切换。

图 6-2-3 所示的 Y-△降压起动的工作过程主要包括：

（1）合上电源开关 QS。

（2）控制过程。

按下SB2 → KM 线圈得电 → KM1辅助动合触点闭合，自锁
　　　　　　　　　　　　→ KM1主触点闭合
　　　　→ KMY线圈得电 → KM3主触点闭合　（KM1主触点闭合、KM3主触点闭合）→ 电动机M定子绕组接成Y形降压启动
　　　　→ KM3辅助动断触点分断，对KM2互锁
　　　　→ KT线圈得电 —经过一段时间→ KT延时动合触点闭合 → ①
　　　　　　　　　　　　　　　　　　　KT延时动合触点断开 → ②

①KM3线圈失电 → KM3主触点断开

②KM2线圈得电 → KM2主触点闭合 → 电动机M定子绕组△接法全压运行
　　　　　　　→ KM2辅助动合触点闭合，自锁
　　　　　　　→ KM2辅助动断触点分断 → KT线圈失电，所有触点瞬时复位，且对KM3互锁

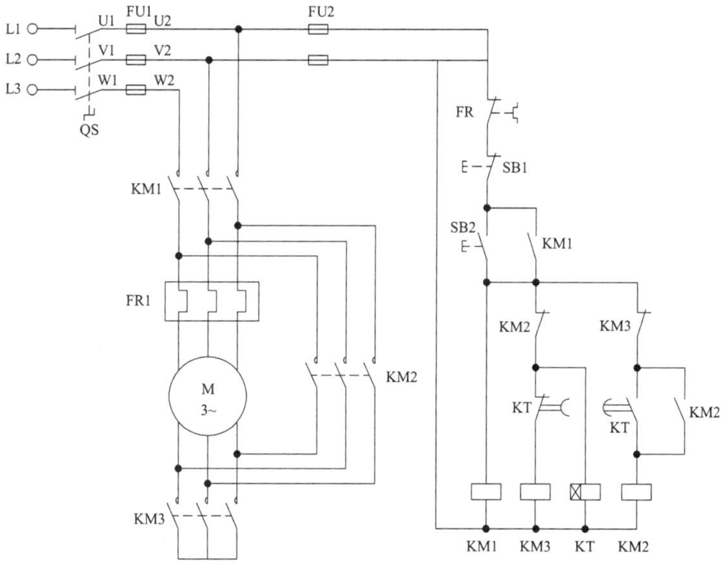

图 6-2-3　Y-△降压起动控制电路图

Y-△降压启动控制电路动画

6.2.4 鼠笼式异步电动机起动方法比较

鼠笼式异步电动机起动方法的比较如表 6-2-1 所示。

表 6-2-1　鼠笼式异步电动机起动方法比较

起动方法	适用范围	特点
直接	电动机容量小于 10 kW	不需要起动设备，但起动电流大
定子串电阻	电动机容量大于 10 kW，起动次数不太多的场合	线路简单、价格低、电阻消耗功率大，起动转矩小
Y-△起动	额定电压为 380 V，正常工作时为△接法的电动机，轻载或空载起动	起动电流和起动转矩为正常工作时的 1/3
串自耦变压器	电动机容量较大，要求限制对电网的冲击电流	起动转矩大，设备投入较高

任务 6.3　绕线式异步电动机起动控制

绕线式三相异步电动机降压起动方法为转子电路串入起动电阻或频敏变阻器。起动过程的控制原则主要包括电流控制原则和时间控制原则。

6.3.1　电流控制原则

图 6-3-1 为采用电流控制原则的转子串三级电阻起动控制电路，转子电阻采用平衡短接法。三个过电流继电器 KI1、KI2、KI3 根据电动机转子电流的变化，控制接触器 KM1、KM2、KM3 依次得电动作，逐级切除外加电阻 R_1、R_2、R_3。

电路的起动过程主要包括：

（1）合上电源开关 QS。

（2）控制过程。

按下SB2 ——→ KM线圈得电 ——→ KM主触点闭合 ——→ 电动机M串全电阻启动
　　　　　　　　　　　　　　——→ KM辅助动合触点闭合，自锁
　　　　　　　　　　　　　　——→ KM辅助动合触点闭合 ——→ KA线圈得电 ——→

——→ KA动合触点闭合，为KM1、KM2、KM3得电做准备

由于电动机起动时转子电流很大，三个电流继电器 KI1、KI2、KI3 处于吸合状态，动断触点全部断开，转子绕组串联全电阻起动。随着电动机转速的升高，转子电流逐渐减小。当转子电流减小至 KI1 的释放电流时，KI1 首先释放，KI1 的动断触点恢复闭合，接触器 KM1 线圈得电，主触点闭合，切除第一级电阻 R_1。R_1 被切除后，转子电流重新增大，但随着电动机转速的继续升高，转子电流又会减小，当减小至 KI2 的释放电流时，KI2 释放，KI2 的动断触点恢复闭合，接触器 KM2 线圈得电，主触点闭合，切除第二级电阻

R_2。如此继续下去，直到全部电阻被切除，电动机起动完毕，进入正常运行状态。

图 6-3-1 中，KM 线圈支路中串联 KM1、KM2、KM3 的动断触点，主要是为了保证电动机在起动瞬间串接所有电阻。

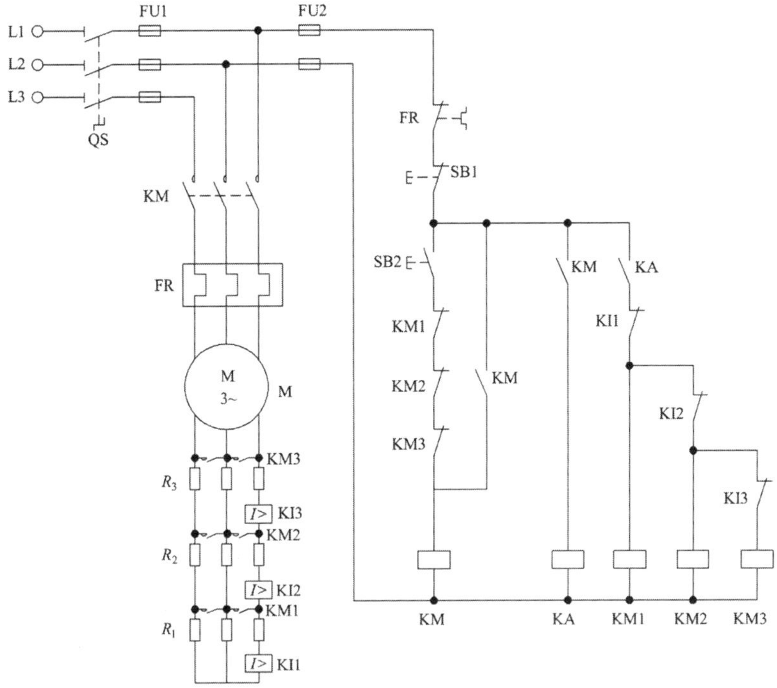

图 6-3-1　采用电流原则控制的转子串电阻起动控制电路图

6.3.2　时间控制原则

图 6-3-2 为采用时间原则控制的转子串电阻起动电路。图中 KM 为电源接触器，KM1 ~ KM3 用来短接转子电阻，时间继电器 KT1 ~ KT3 控制起动过程。

按下起动按钮 SB2，接触器 KM 线圈得电并自锁，主触点闭合，电动机串全电阻起动。与此同时，时间继电器 KT1 线圈得电，经一段时间延时后，时间继电器 KT1 的延时动合触点闭合，接触器 KM1 线圈得电，其主触点闭合，切除转子电阻 R_1，同时其辅助动合触点闭合，时间继电器 KT2 线圈得电。通过时间继电器线圈依次通电，接触器 KM1 ~ KM3 线圈依次得电，主触点依次闭合，转子电阻将被逐级短接，直到转子电阻全部切除，电动机起动完毕，进入全压运行工作状态。此时 KM3 的动断触点断开，KT1 线圈失电，其延时动合触点马上断开，KM1 线圈失电，此后，KT2、KM2、KT3 依次失电。

在 KM 线圈支路中串联 KM1、KM2、KM3 的动断触点，主要是为了保证电动机在起动瞬间串接所有电阻。

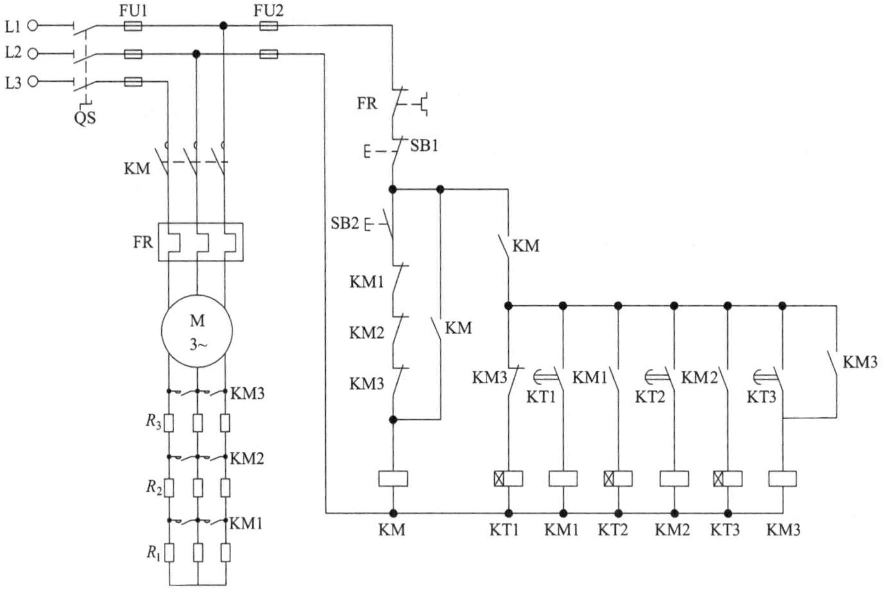

图 6-3-2　按时间原则控制的转子串电阻起动控制电路图

任务 6.4　三相鼠笼式异步电动机制动控制电路设计

三相异步电动机切除电源后依靠惯性还要转动一段时间（或距离）才能停止。在实际生产过程中，起重机的吊钩或卷扬机的吊篮要求准确定位，万能铣床的主轴要求能迅速停下来，升降机在突然停电后需要安全保护和准确定位控制，这些都需要对拖动的电动机进行制动。所谓制动，就是给正在运行的电动机加上一个与原转动方向相反的制动转矩，迫使电动机迅速停转。电动机常用的制动方法包括机械制动和电气制动两大类。

6.4.1　电磁机械制动控制电路

利用带电磁操作机构的机械装置使电动机断开电源后迅速停转的方法称为电磁机械制动。电磁机械制动分为通电制动型和断电制动型。

电磁机械制动装置主要由制动电磁铁和闸瓦制动器组成。制动电磁铁由铁心、衔铁和线圈三部分组成；闸瓦制动器包括闸轮、闸瓦和弹簧等，其中闸轮与电动机装在同一根转轴上。

电磁机械制动装置的工作原理：电动机接通电源，同时电磁抱闸线圈得电，衔铁吸合，克服弹簧的拉力使制动器的闸瓦与闸轮分开，电动机正常运转。断开开关或接触器，电动机失电，同时电磁抱闸线圈失电，衔铁在弹簧拉力作用下与铁心分开，并使制动器的闸瓦紧紧抱住闸轮，电动机被制动而停转。

图 6-4-1 所示为断电制动型电磁抱闸的结构及其控制电路，其特点是断电时制动闸处于“抱住”状态，适用于升降机械等场合。图 6-4-1 所示控制电路的工作原理：合上电源开关 QS，按下起动按钮 SB2 后，接触器 KM 线圈得电自锁，主触点闭合，电磁铁线圈 YB 通电，衔铁吸合，使制动器的闸瓦和闸轮分开，电动机 M 起动运转。停车时，按下停止按钮 SB1 后，接触器 KM 线圈断电，自锁触点和主触点分断，使电动机和电磁铁线圈 YB 同时断电，衔铁与铁心分开，在弹簧拉力的作用下闸瓦紧紧抱住闸轮，电动机迅速停转。

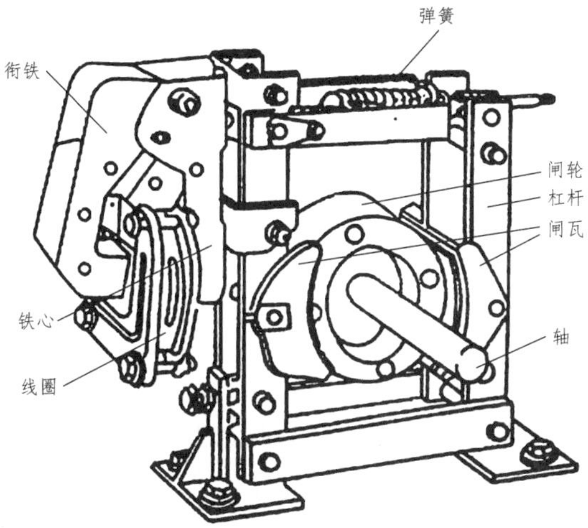

（a）断电制动型电磁抱闸的结构示意图

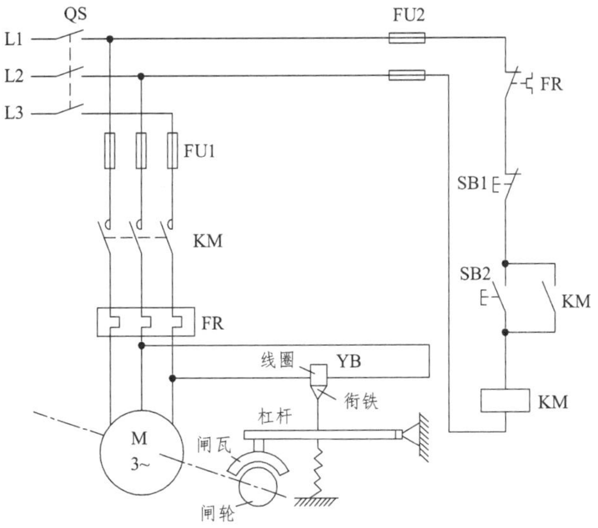

（b）电磁抱闸断电制动控制电路图

图 6-4-1　断电制动型电磁抱闸的结构及其控制电路

图 6-4-2 所示为通电制动型电磁抱闸的控制电路，其特点是断电时制动闸处于“松开”状态，适于加工机械等场合。

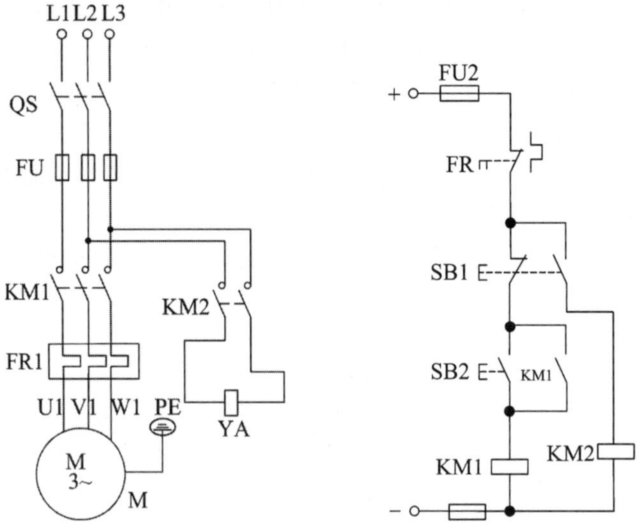

图 6-4-2　电磁抱闸断电制动控制电路图

6.4.2　能耗制动控制电路

快速停车的电气制动方法包括能耗制动和反接制动等。能耗制动是在切除三相交流电源之后，定子绕组通入直流电流，在定子、转子之间的气隙中产生静止磁场，惯性转动的转子导体切割该磁场，形成感应电流，产生与惯性转动方向相反的电磁力矩而使电动机迅速停转，并在制动结束后将直流电源切除。快速停车的电气制动方法具有能耗小、需直流电源、设备费用高、制动准确度较高、制动转矩平滑但制动力较弱、制动转矩与转速成比例减小的特点，适用于要求平稳制动、停位准确的场合如铣床、龙门刨床及组合机床的主轴定位等。

图 6-4-3 所示为手动控制的能耗制动控制电路，按下 SB2，KM1 线圈得电并自锁，电动机起动。当需要能耗制动时，按住 SB1 不松开，KM1 失电其主触头断开，电动机 M 失去电源开始停转；此时 KM2 线圈得电，KM2 主触头闭合，通过整流电源模块为电动机提供直流电源，直流电源接入电动机后进行能耗制动，延时 2 s 左右，松开 SB1，能耗制动结束。

图 6-4-4 所示为采用时间原则控制的能耗制动电路图，其工作原理主要包括：

（1）合上电源开关 QS。

（2）控制过程。

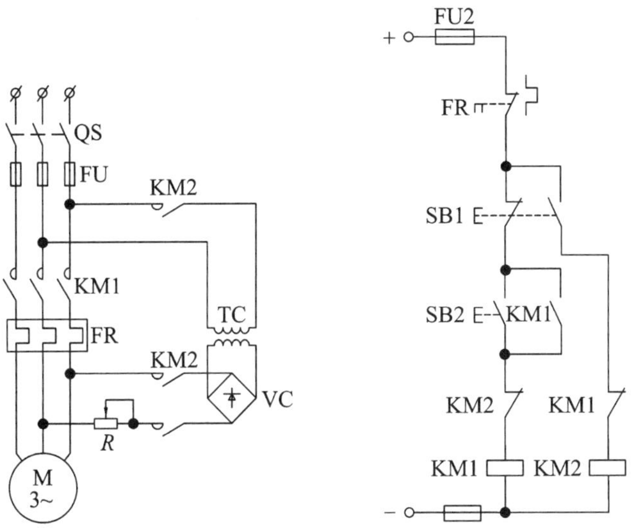

（a）主回路　　　（b）控制回路

图 6-4-3　手动控制的能耗制动控制电路图

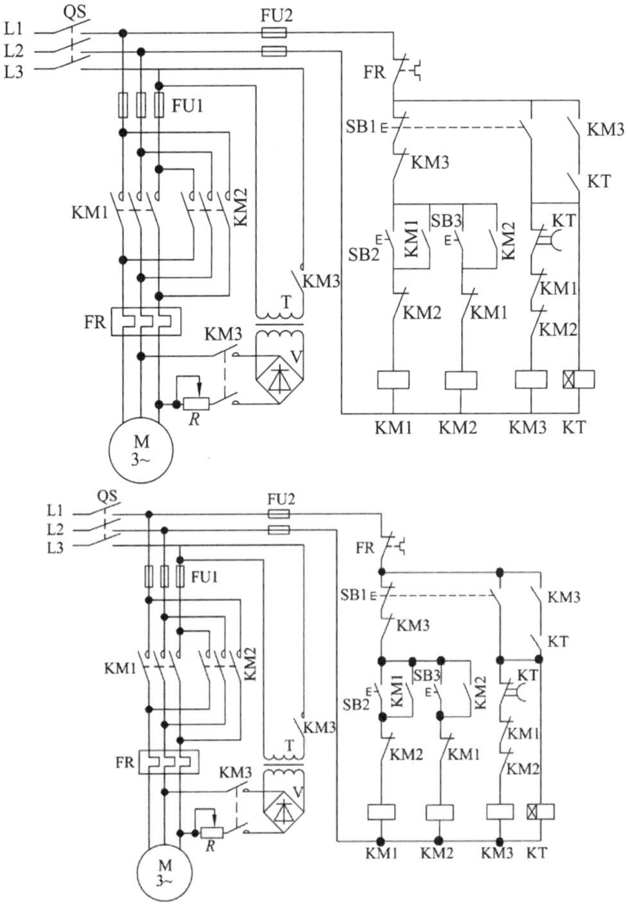

图 6-4-4　按时间原则控制的能耗制动电路图

能耗制动
控制动画

- 按下SB2 → KM1线圈得电
  - → KM1主触点闭合 → 电动机M运行
  - → KM1辅助动合触点闭合，自锁
  - → KM1辅助动断触点分断，对KM2互锁
- 按下SB1
  - → KM1线圈失电
    - → KM1主触点分断 → 电动机定子绕组切除交流电源
    - → KM1辅助动断触点复位
  - → KM3线圈得电
    - → KM3主触点分断 → 电动机M通入直流电流进行能耗制动
    - → KM3辅助动断触点分断，对KM1互锁
    - → KM3辅助动合触点闭合 ┐→ 自锁
  - → KT线圈得电
    - → KT瞬时动合触点闭合 ┘
    - 经过一段时间 → KT延时动断触点断开 →

→ KM3线圈失电 → KM3的所有触点复位
- → 主电路直流电源切除，制动过程结束
- → KT线圈断电

主电路中的 *R* 用于调节制动电流的大小。按下 SB3 电机运行后按下 SB1 电机制动工作原理请自行分析。

1. 半波整流单向能耗制动控制电路

图 6-4-5 所示为半波整流能耗制动控制电路。

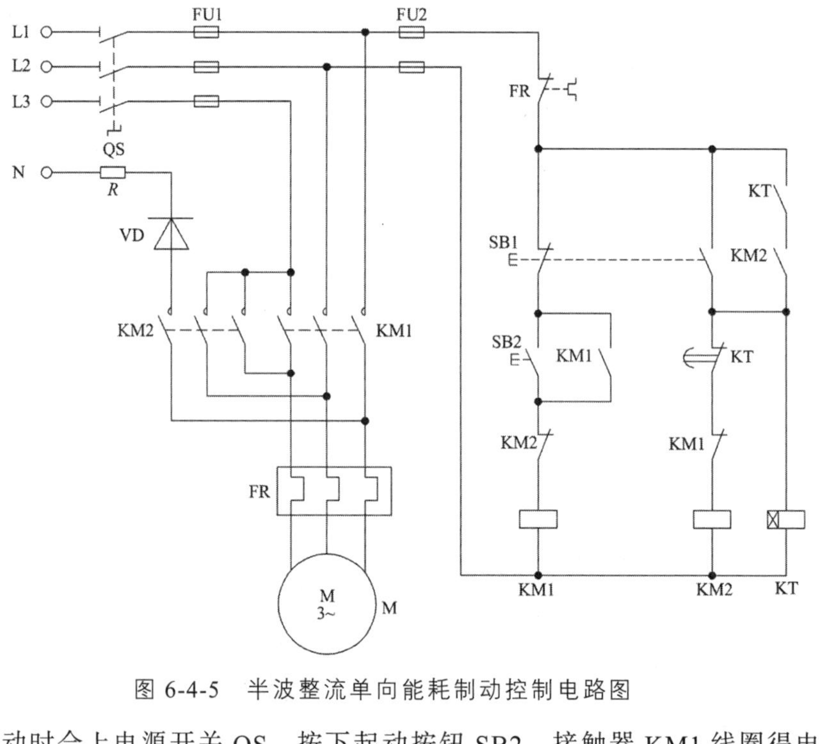

图 6-4-5　半波整流单向能耗制动控制电路图

起动时合上电源开关 QS，按下起动按钮 SB2，接触器 KM1 线圈得电吸合，KM1 主触头闭合，电动机 M 起动运转。

若要使电动机停转，只要按下停止按钮 SB1，接触器 KM1 线圈断电释放，KM1 主触头断开，电动机 M 断电惯性运转，同时接触器 KM2 和时间继电器 KT 线圈得电吸合，KM2 主触头闭合，电动机 M 进行半波能耗制动；能

耗制动结束后，KT 常闭触头延时断开，KM2 线圈断电释放，KM2 主触头断开半波整流脉动直流电源。

图 6-4-5 中时间继电器 KT 瞬时闭合常开触头的作用是保证在制动过程结束时及时切除直流电源。若不串联 KT 的瞬时闭合常开触头，则制动时按下停止按钮 SB1，KM2 线圈得电并自锁，电动机进行能耗制动。若此时时间继电器 K 线圈断线或出现机械卡阻故障，则其延时断开的常闭触头不会断开，导致 KM2 一直得电，则电动机的定子绕组一直通入直流电从而烧坏电动机。

半波整流可逆能耗制动控制电路如图 6-4-6 所示。半波整流可逆能耗制动控制电路的工作原理与半波整流单向能耗制动电路相似，这里不再具体介绍。

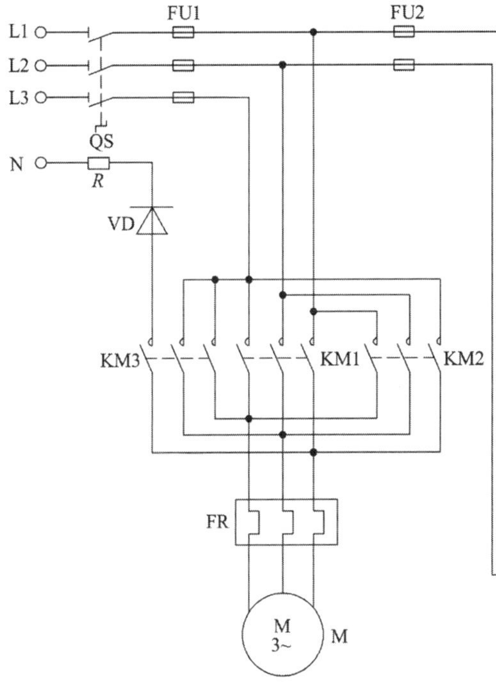

图 6-4-6　半波整流可逆能耗制动控制电路图

2. 全波整流能耗制动控制电路

图 6-4-7 所示为用时间继电器控制的全波整流可逆能耗制动控制电路。

接触器 KM1、KM2 的主触头用于电动机工作时接通三相电源，并可实现正、反转控制。接触器 KM3 的主触头用于制动时接通全波整流电路并且为电动机提供直流电源，电路中的电阻 R 起限制和调节直流制动电流以及调节制动强度的作用。若要使电动机停转，只要按下停止按钮 SB1，接触器 KM1 和 KM2 线圈断电释放，KM1 和或 KM2 主触头断开，电动机 M 断电惯性运转；同时接触器 KM3 和时间继电器 KT 的线圈获电吸合，KM3 主触头闭合，电源经过全波整流后得到的脉动直流电源输送给电动机 M 定子绕组进行能耗制动。能耗制动结束后，KT 常闭触头延时断开，接触器 KM3 线圈断电释放，KM3 主触头断开全波整流脉动直流电源。

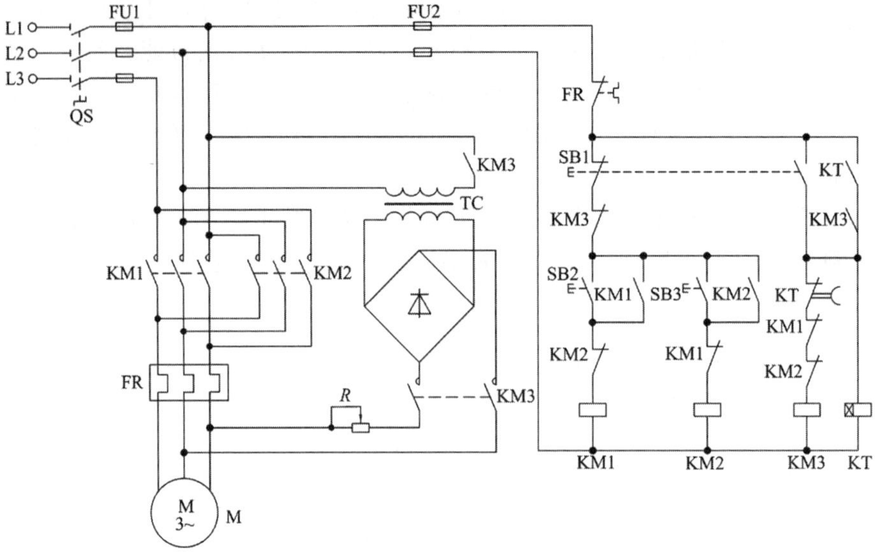

图 6-4-7　全波整流单向能耗制动控制电路图

能耗制动的制动力矩随惯性转速的下降而下降，因而制动平稳，并且可以准确停车，因此这种制动方法广泛应用于一些金属切削机床。

从能量角度看，能耗制动是把电动机转子运转所储存的动能转变为电能，且又消耗在电动机转子的制动上，与反接制动相比具有能量损耗少、制动停车准确，适用于电动机容量大、要求制动平稳和起动频繁的场合。但能耗制动的制动速度比反接制动慢一些，需要整流电路。

6.4.3　反接制动控制电路

反接制动依靠改变电动机定子绕组中三相电源的相序，使电动机旋转磁场反转，从而产生一个与转子惯性转动方向相反的电磁转矩，使电动机转速迅速下降，电动机制动到接近零转速时，再将反接电源切除。反接制动一般采用速度继电器检测速度的过零点，具有设备简单、制动力矩较大、冲击强烈、准确度不高的特点，适用于要求制动迅速、制动不频繁的场合，如各种机床的主轴制动。

图 6-4-8 所示为单向运行的反接制动控制电路，其工作原理：按下起动按钮 SB2，KM1 线圈得电并自锁，电动机开始运行，当电动机的速度达到速度继电器的动作速度时，速度继电器 KS 的动合触点闭合，为电动机反接制动做准备。制动时，按下停止按钮 SB1，KM1 线圈失电，由于速度继电器 KS

的动合触点在惯性转速作用下仍然闭合，使 KM2 线圈得电自锁，电动机实现反接制动。当其转子的转速小于 100 r/min 时，KS 的动合触点复位断开，KM2 线圈失电，制动过程结束。

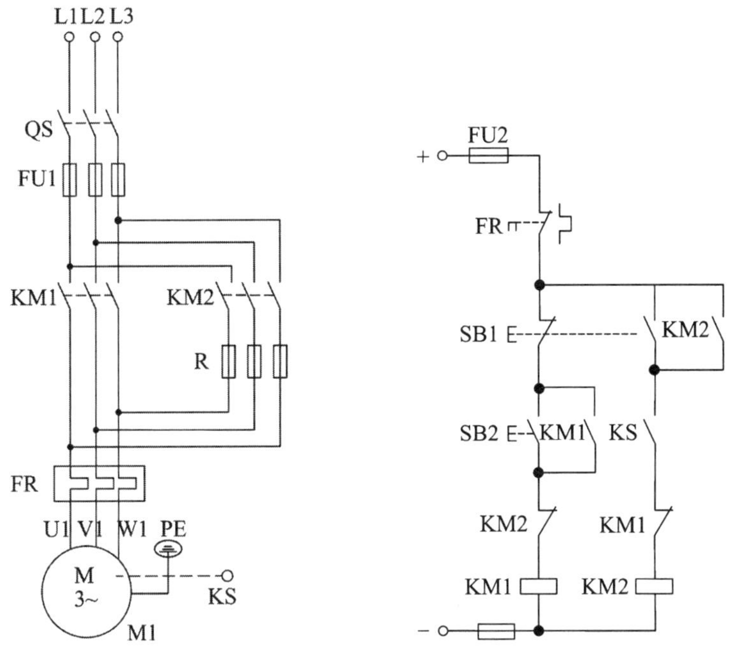

（a）主电路　　（b）控制电路

图 6-4-8　单向运行的反接制动控制电路图

在反接制动过程中，需注意事项主要包括：

（1）反接制动时，当电动机的转速接近于零时，应及时切断电源，否则电机将反转。此控制要求可由速度继电器实现。

（2）反接制动的电流（制动冲击力）较大，在主电路中串入限流电阻 R。10 kW 以上电动机的定子线路中串入对称电阻或不对称电阻，称为制动电阻，以限制制动电流和减少制动冲击力。

（3）注意速度继电器触点的方向。

异步电动机能耗制动与反接制动比较如表 6-4-1 所示。

表 6-4-1　异步电动机能耗制动与反接制动比较

制动方法	适用范围	特　点
能耗制动	要求平稳准确制动的场合	制动准确度高，需直流电源，设备投入费用高
反接制动	制动要求迅速、系统惯性大、制动不频繁的场合	设备简单，制动迅速，准确性差，制动冲击力强

任务 6.5　调速控制电路的认识与使用

由三相交流异步电动机的转速公式 $n=(1-s)\dfrac{60f_1}{p}$ 可知，要改变异步电动机的转速，可采用改变电源频率 f_1、改变磁极对数 p 以及改变转差率 s 等 3 种基本方法。

6.5.1　变极调速原理

改变异步电动机定子绕组的连接方式可以改变磁极对数，从而得到不同的转速。常见的交流变极调速电动机包括双速电动机和多速电动机。双速电动机定子绕组常见的接法有 Y/YY 和△/YY 两种。图 6-5-1 所示为 4/2 极△/YY 的双速电动机定子绕组接线图。在制造时每相绕组分为两个相同的绕组，中间抽头依次为 U2、V2、W2，这两个绕组可以串联或并联。

根据“定子一半绕组中电流方向变化，磁极对数成倍变化”的变极调速原理，图 6-5-1（a）将绕组的 U1、V1、W1 三个端子接三相电源，将 U2、V2、W2 三个端子悬空，三相定子绕组接成三角形（△）。这时每相的两个绕组串联，电动机以 4 极运行，为低速。图 6-5-1（b）将 U2、V2、W2 三个端子接三相电源，U1、V1、W1 连成星点，三相定子绕组连接成双星（YY）形，这时每相两个绕组并联，电动机以 2 极运行，为高速。根据变极调速理论，为保证变极前后电动机转动方向不变，要求变极的同时改变电源相序。

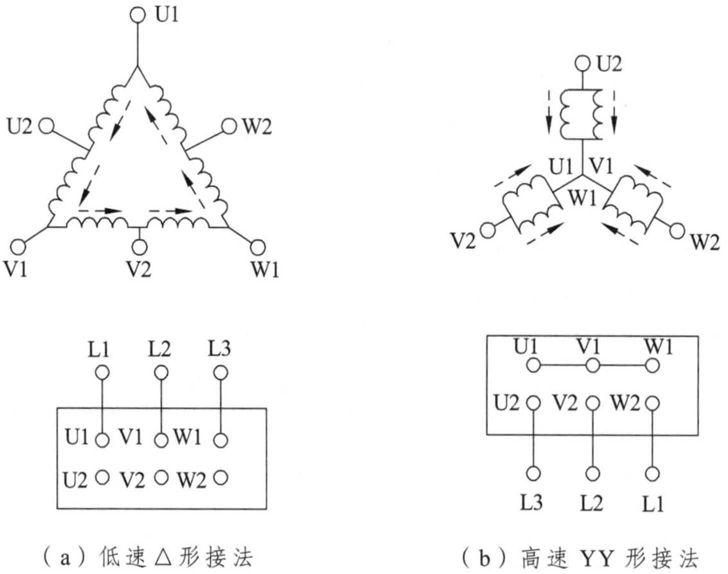

图 6-5-1　极△/YY 形的双速电动机定子绕组接线图

6.5.2 变极调速控制电路

4/2 极的双速交流异步电动机控制电路如图 6-5-2 所示。

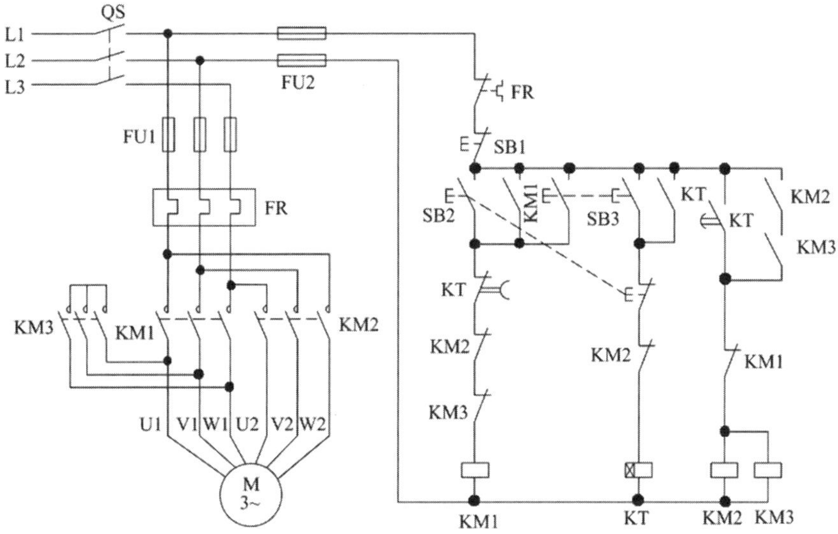

图 6-5-2 4/2 极的双速交流异步电动机控制电路图

合上电源开关 QS，按下 SB2 低速起动按钮，接触器 KM1 线圈得电并自锁，KM1 的主触点闭合，电动机 M 的绕组连接成△形并以低速运转。由于 SB2 的动断触点断开，时间继电器线圈 KT 不得电。

按下高速起动按钮 SB3，接触器 KM1 线圈得电并自锁，电动机 M 连接成△形低速起动；由于 SB3 是复合按钮，时间继电器 KT 线圈同时得电吸合，KT 瞬时动合触点闭合自锁，经过一定时间后，KT 延时动断触点分断，接触器 KM1 线圈失电释放，KM1 主触点断开，KT 延时动合触点闭合，接触器 KM2、KM3 线圈得电并自锁，KM2、KM3 主触点同时闭合，电动机 M 的绕组连接成 YY 形并以高速运行。

任务 6.6 电气控制保护环节设计

1. 过载保护：FR

原因：电机电流超过额定值一段时间后，绕组发热，会使绝缘材料变脆，电机寿命降低，甚至损坏。

措施：串接在主电路中的热继电器的热元件在电动机过载时，受热弯曲，端部产生的位移使常闭触点断开，切断电动机的控制电路。

注意事项：热继电器动作后不能自动复位，等双金属片冷却后，才能复位。

2. 短路保护：FU

原因：热元件存在热惯性，电路发生短路时无法瞬时动作。

措施：熔体在短路电流作用下迅速熔断。

注意事项：为了扩大保护范围，熔断器一般直接装在刀开关下边（尽量靠近电源）。

3. 失压、欠压保护：自锁触点（接触器）

1）欠压保护

原因：当电源电压下降时，电机绕组电流上升。

措施：当电源电压下降到 85%U_N 以下时，接触器的 $F_{吸} < F_{反}$，衔铁释放，触点断开，电机停止。

2）失压保护

原因：开关控制电路，若停电后再恢复供电，电机将会自行起动。

措施：停电时，接触器触点断开，电机停止。恢复供电后，若起动按钮不被按下，则接触器线圈不会得电，触点不会闭合，电机无法自行起动。

欠压和失（零）压保护的优点主要包括：

（1）防止电动机低压运行。

（2）避免多台电动机同时起动造成的电网电压波动。

（3）防止在电源恢复时，电动机突然起动运行而造成设备和人身事故。

任务 6.7　电气控制电路的绘制

电气控制电路是由许多电器元件按照一定的要求和规律连接而成的。将电气控制系统中各电器元件及它们之间的连接线路用一定的图形表达出来，这种图形就是电气控制系统图，一般包括电气原理图、电器布置图和电气安装接线图 3 种。

6.7.1　常用电气图形符号和文字符号

电气技术中的文字符号分为基本文字符号（单字母或双字母）和辅助文

字符号。基本文字符号中的单字母符号按英文字母将各种电气设备、装置和元器件划分为 23 个大类，每个大类用一个专用单字母符号表示。如“K”表示继电器、接触器类“F”表示保护器件类等，单字母符号应优先采用。双字母符号是由一个表示种类的单字母符号与另一字母组成，其组合应以单字母符号在前，另一字母在后的次序列出。

6.7.2 电气原理图

电气原理图用图形和文字符号表示电路中各个电器元件的连接关系和电气工作原理，它并不反映电器元件的实际大小和安装位置。CW6132 型普通车床的电气原理图如图 6-7-1 所示。

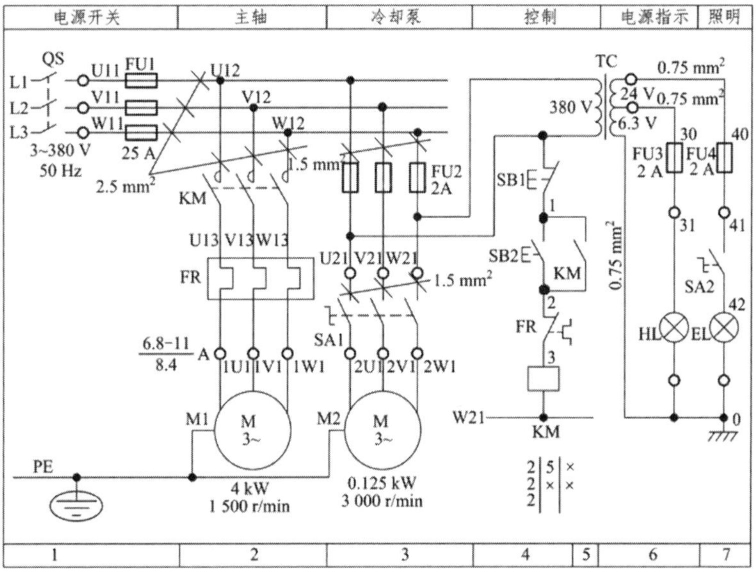

图 6-7-1　CW6132 型普通车床的电气原理图

在绘制电气原理图时的注意事项主要包括：

（1）电气原理图一般分为主电路、控制电路和辅助电路 3 个部分。

（2）电气原理图中所有电器元件的图形和文字符号必须符合国家规定的统一标准。

（3）在电气原理图中，所有电器元件的可动部分均按原始状态画出。

（4）动力电路的电源线应水平画出；主电路应垂直于电源线画出；控制电路和辅助电路应垂直于两条或几条水平电源线之间；耗能元件（如线圈、电磁阀、照明灯和信号灯等）应接在下面一条电源线一侧，而各种控制触点应接在另一条电源线上。

（5）应尽量减少线条数量，避免线条交叉。

（6）在电气原理图上应标出各个电源电路的电压值、极性或频率及相数；对某些元器件还应标注其特性如电阻、电容的数值等；不常用的电器如位置传感器、手动开关等还要标注其操作方式和功能等。

（7）为方便阅图，在电气原理图中可将图幅分成若干个图区，图区行的代号用英文字母表示，一般可省略；列的代号用阿拉伯数字表示，其图区编号写在图的下面，并在图的顶部标明各图区电路的作用。

（8）在继电器、接触器线圈下方均列有触点表以说明线圈和触点的从属关系，即“符号位置索引”。也就是在相应线圈的下方，给出触点的图形符号（有时也可省去），对未使用的触点用“×”表明（或不作表示）。

接触器各栏表示的含义如表 6-7-1 所示。

表 6-7-1　接触器各栏的含义

左栏	中栏	右栏
主触点所在图区号	辅助动合触点所在图区号	辅助动断触点所在图区号

继电器各栏表示的含义如表 6-7-2 所示。

表 6-7-2　继电器各栏的含义

左栏	右栏
动合触点所在图区号	动断触点所在图区号

6.7.3　电器元件布置图

电器元件布置图反映各电器元件的实际安装位置，为电气控制设备的制造、安装提供必要的资料。图 6-7-2 为 CW6132 型普通车床的电器布置图。在进行电器元件布置时的注意事项主要包括：

（1）电器元件用实线框表示，而不必按其外形形状画出。

（2）在图中一般还留有 10%以上的备用面积及导线管（槽）的位置，以供走线和改进设计时用。

（3）图中体积大的和较重的电器元件应该安装在电气安装板下面，发热元件应安装在电气安装板的上面。

（4）图中各电器代号应与有关电路图和电器元件清单上所列的元器件代号相同。

（5）图中需要经常维护、检修、调整的电器元件安装位置不宜过高或过低，还需要标注出必要的尺寸。

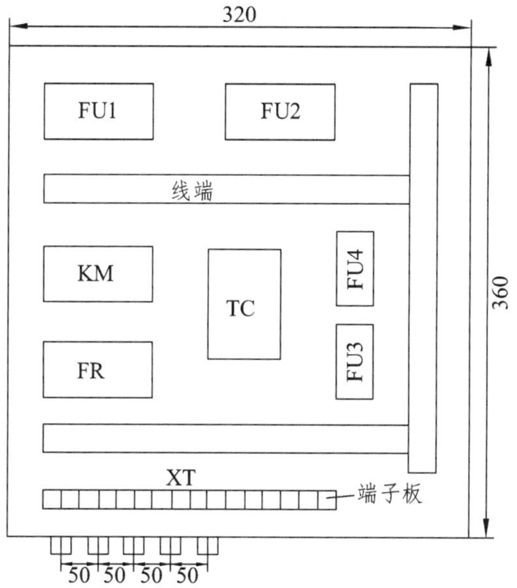

图 6-7-2　CW6132 型普通车床的电器布置图

6.7.4　电器安装接线图

电气安装接线图用于表明所有电器元件、电器设备的连接方式，为电气控制设备的安装和检修调试提供必要的资料。图 6-7-3 所示为三相鼠笼电动机可逆运行控制电器元件布置图。在绘制电器安装接线图时应遵循的原则主要包括：

（1）接线图中，各电器元件的相对位置与实际安装的相对位置一致，并且所有部件都画在一个按实际尺寸以统一比例绘制的虚线框中，如图 6-7-3 所示。

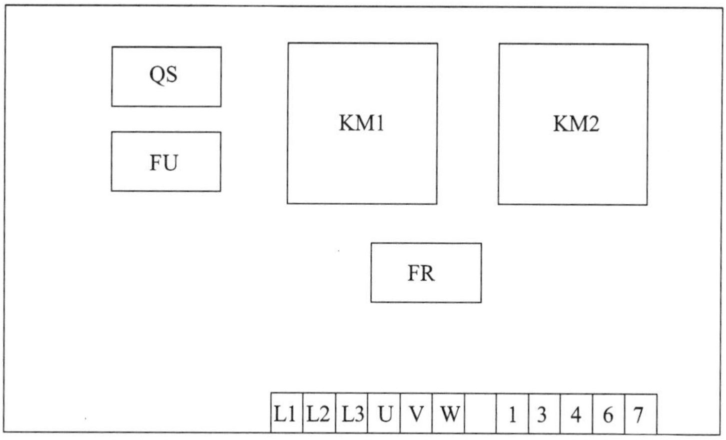

图 6-7-3　三相鼠笼电动机可逆运行控制电器元件布置图

（2）各电器元件的接线端子编号与电气原理图的编号一致。

（3）接线图应详细地标明配线用的导线型号、规格、标称面积及连接导线的根数；标明所穿管子的型号、规格等并标明电源的引入点，还标注出连接导线的型号、根数、截面面积，如 BVR 5×1 mm^2 为聚氯乙烯绝缘软电线、5 根导线、导线截面面积为 1 mm^2，如图 6-7-4 所示。

（4）安装在电气板内外的电器元件之间需通过接线端子板连线。

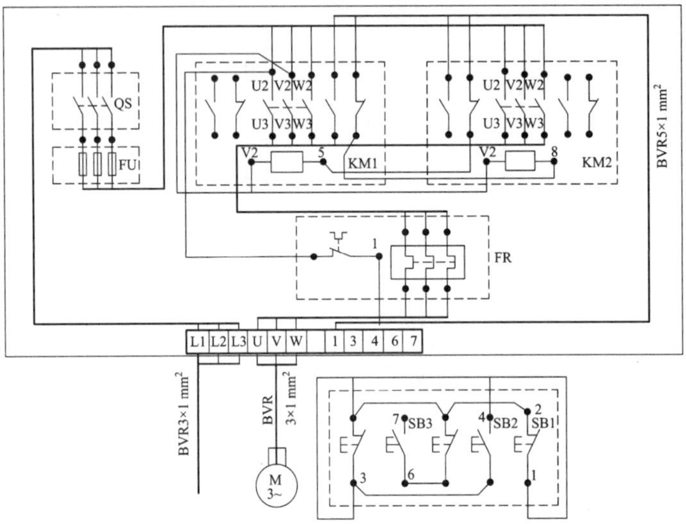

图 6-7-4　三相鼠笼电动机可逆运行控制电器配线图

6.7.5　阅读和分析电气控制电路图的方法

1. 分析主电路

从主电路入手，根据每台电动机和执行电器的控制要求去分析控制内容。控制内容包括起动、转向控制、调速、制动等。

2. 分析控制电路

根据主电路中各电动机和执行电器的控制要求，逐一找出控制电路中的控制环节，利用前面学过的典型控制环节的知识，按功能不同将控制电路“化整为零”地分析。分析控制电路最基本的方法是“查线读图法”。

3. 分析辅助电路

辅助电路包括电源指示、各执行元件的工作状态显示、参数测定、照明和故障报警等部分，一般由控制电路中的元件来控制。在分析辅助线路时，还要对照控制电路进行分析。

4. 分析联锁及保护环节

很多机械设备如机床对于安全性及可靠性要求很高。为了达到高安全性和可靠性，除了合理地选择拖动和控制方案外，还在控制电路中设置了一系列电气保护和必要的电气联锁。

5. 总体检查

"查线读图法"是分析电气原理图的最基本的方法，应用较为广泛。

练习题

一、选择题

1.星形—三角形降压起动的电动机，正常工作时定子绕组接成（　　）。

A. 三角形　B. 星形　C. 星形或三角形　D. 定子绕组中间带抽头

2. 为了实现接触器 KM1 动作后接触器 KM2 才能动作，需要（　　）。

A. 在 KM1 的线圈回路中串入 KM2 的常开触点

B. 在 KM1 的线圈回路中串入 KM2 的常闭触点

C. 在 KM2 的线圈回路中串入 KM1 的常开触点

D. 在 KM2 的线圈回路中串入 KM1 的常闭触点

3. 频敏变阻器起动控制的优点是（　　）。

A. 起动转矩平稳，电流冲击大

B. 起动转矩大，电流冲击大

C. 起动转矩平稳，电流冲击小

D. 起动转矩小，电流冲击大

4. 三相异步电动机 Y-△降压起动时，起动转矩是全压起动转矩的（　　）倍。

A. $\frac{1}{3}$　B. $\frac{1}{\sqrt{3}}$　C. $\frac{1}{2}$　D. 不能确定

5. 下列控制电路能正常工作的是（　　）。

A. 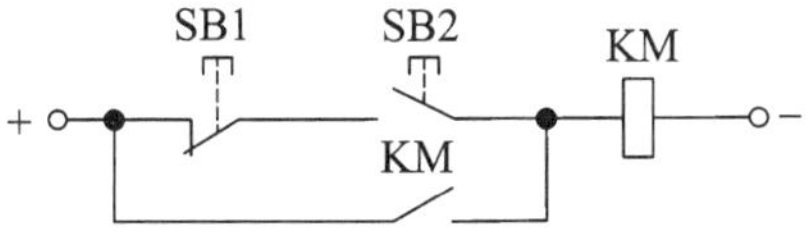

B. 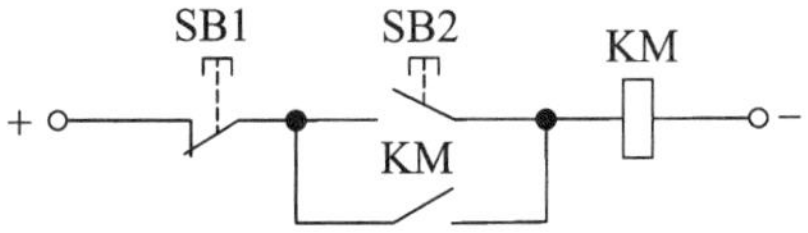

C. 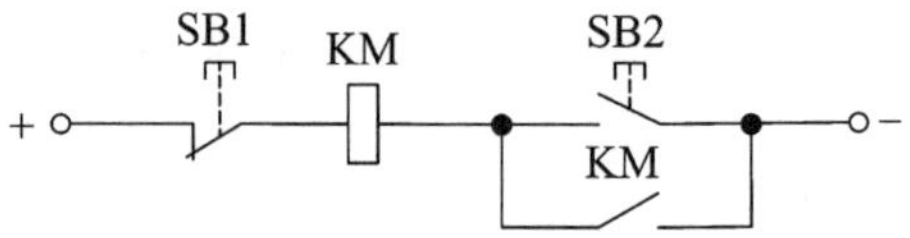

D. 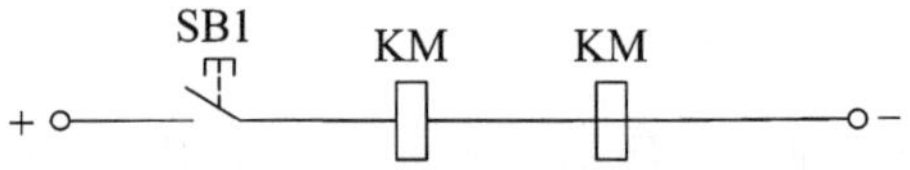

6. 适用于电机容量较大且不允许频繁起动的降压起动方法是（　　）。

A．星形—三角　　B．自耦变压器

C．定子串电阻　　D．延边三角形

7. 用来表明电机、电器实际位置的图是（　　）。

A．电气原理图　　B．电器布置图

C．功能图　　D．电气系统图

8. 转子绕组串电阻起动适用于（　　）。

A．鼠笼式异步电动机　　B．绕线式异步电动机

C．串励直流电动机　　D．并励直流电动机

9. Y-△起动，起动时先把它改接成星形，使加在绕组上的电压降低到额定值的（　　）。

A．1/2　　B．1/3　　C．$1/\sqrt{3}$　　D．以上都不是

10. 在控制电路中，如果两个常开触点串联，则其关系为（　　）。

A．与逻辑关系　　B．或逻辑关系

C．非逻辑关系　　D．与非逻辑关系

11. 电机正、反转运行中的两接触器必须实现相互间（　　）。

A．联锁　　B．自锁　　C．禁止　　D．记忆

12. 欠电流继电器可用于（　　）保护。

A．短路　　B．过载　　C．失压　　D．失磁

13. 下列电动机中可以不设置过电流保护包括（　　）。

A．直流电动机　　B．三相笼型异步电动机

C．绕线式异步电动机　　D．以上三种电动机

14. 若接触器用起动按钮起动，并且起动按钮两端并联接触器的常开触点，则电路具有（　　）。

A．零压保护功能　　B．短路保护功能

C．过载保护功能　　D．弱磁保护功能

二、判断题

1. 电路图中，不画电器元件的实际外形图，而采用国家统一规定的电气图形符号。（　　）

2. 电气原理图设计中，应尽量减少电源的种类。（　　）

3. 电气原理图设计中，应尽量减少通电电器的数量。（　　）

4. 电气接线图中，同一电器元件的各部分不必画在一起。（　　）

5. 电气原理图中所有电器的触点都按没有通电或没有外力作用时的开闭状态画出。(　　)

6. QJ10 和 XJ01 系列自耦变压器减压起动器，在进入正常运行时自耦变压器仍然带电。(　　)

7. 当改变通入电动机定子绕组的三相电源相序，即把接入电动机三相电源进线中的三根线对调接线时，电动机就可以反转。(　　)

8. 起动电阻和调速电阻可以相互替代。(　　)

9. 弱磁保护就是磁场越弱越好。(　　)

10. 两台功率相同的异步电动机，甲电机的转速是乙电机的二倍，则甲电机的转矩是乙电机的一半。(　　)

11. 电动机正反转控制电路为了保证起动和运行的安全性，要采取电气上的互锁控制。(　　)

12. 制动就是给电动机一个与转动电压相反的电压使电动机迅速停转。(　　)

13. 能耗制动比反接制动所消耗的能量小，制动平稳。(　　)

14. 延边△降压起动时，把定子绕组的一部分接成“△”，另一部分接成“Y”，使整个绕组接成延边△。(　　)

三、综合题

1. 常用的电气控制系统有哪三种？

2. 何为互锁控制？实现电动机正反转互锁控制的方法有哪两种？它们有何不同？

3. 分析题图 1 两种顺序联锁控制电路工作原理，试总结其控制规律

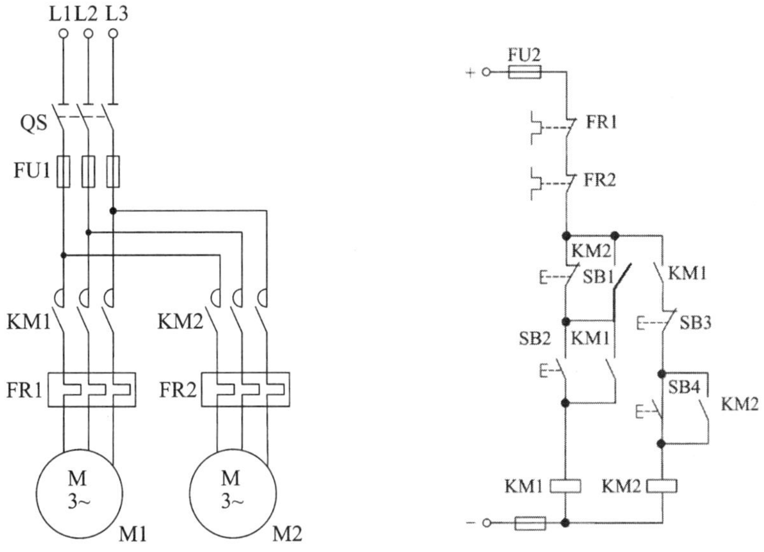

(a) 主电路　　(b) 控制电路 1

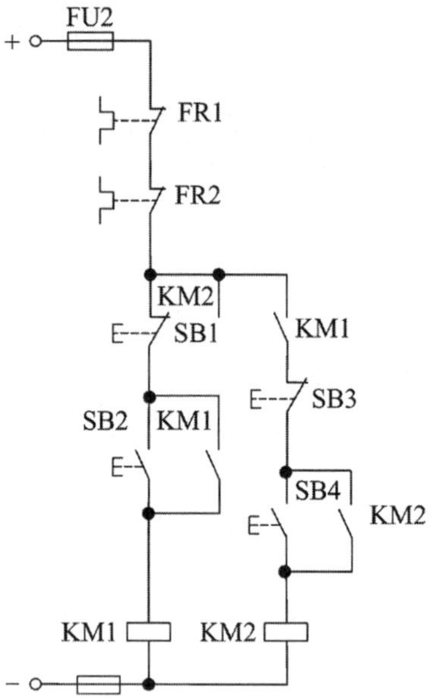

（c）控制电路 2

题图 1

4. 电动机正反转电路时，要实现直接由正转变反转，反转直接变正转，其控制要点在何处？

5. 电动机“正—反—停”控制电路中，复合按钮已经起到了互锁作用，为什么还要用接触器的常闭触点进行联锁？

6. 设计一个三相异步电动机两地起动的主电路和控制电路，并具有短路、过载保护功能。

7. 设计一个三相异步电动机正—反—停的主电路和控制电路，并具有短路、过载保护功能。

8. 设计两台三相异步电动机 M1、M2 的主电路和控制电路，要求 M1、M2 可分别起动和停止，也可实现同时起动和停止，并具有短路、过载保护功能。

9. 一台三相异步电动机运行要求：按下起动按钮，电机正转，5 s 后电机自行反转，再过 10 s 电机停止，并具有短路、过载保护功能。试设计主电路和控制电路。

10. 某机床有两台三相异步电动机，要求第一台电动机起动运行 5 s 后第二台电动机自行起动，第二台电动机运行 10 s 后两台电动机停止；两台电动机都具有短路、过载保护功能。试设计主电路和控制电路。

11. 一台小车由一台三相异步电动机拖动，动作顺序如下：（1）小车由原位开始前进，到终点后自动停止；（2）在终点停留 20 s 后自动返回原位并停止。要求在前进或后退途中任意位置都能停止或起动，并具有短路、过载保护功能。试设计主电路和控制电路。

12. 设计一个控制电路，要求第一台电动机起动 5 s 以后第二台电动机自动起动，运行 10 s 以后第一台电动机停止转动。同时第三台电动机起动运转 5 s 后电动机全部停止。

项目 7

PART SEVEN

典型机床电气控制系统分析

任务 7.1　电气控制系统分析基础

电气控制系统分析是在掌握了机械设备及电气控制系统的构成、运行方式、相互关系以及各电动机和执行电器的用途和控制等基本条件之后，才可对电气控制电路进行具体分析。

电气控制系统分析的一般原则是：化整为零、顺藤摸瓜、先主后辅、集零为整、安全保护和全面检查。

常用分析电气线路图的方法包括查线读图法和逻辑代数法。查线读图法又称为直接读图法或跟踪追击法，是按照电气控制电路图并根据生产过程的工作步骤依次读图。

7.1.1　了解生产工艺与执行电器的关系

在分析电气控制电路之前，应该熟悉机械生产工艺情况，充分了解生产机械要完成哪些工艺，这些工艺之间的关系；然后进一步明确生产机械的工艺与执行电器的关系，必要时可以画出简单的工艺流程图，为分析电气控制电路提供方便。

如车床主轴转动时，要求油泵先给齿轮箱供油润滑，即应保证在润滑油泵电动机起动后才允许主拖动电动机起动，对控制电路提出了按顺序工作的联锁要求。

7.1.2　分析主电路

在分析电气控制电路时，一般应先分析主电路，可以分析出电气系统包括几台电动机；然后根据主电路中控制元件的主触头、限流电阻等判断电动机如何起动，是否需要正反转控制、制动控制和调速要求等。

7.1.3　分析控制电路

在分析控制电路时，一般按照由上往下或由左往右的顺序依次分析；也可以按主电路的构成情况，采用“化整为零”的方法把控制电路分解成与主电路相对应的几个基本环节，一个环节一个环节地分析，然后把各环节串起来。在分析控制电路时的注意事项主要包括：

（1）记住各信号元件、控制元件或执行元件的原始状态；

（2）分析按下操作按钮后电路中有哪些元件受控动作。

（3）分析受控动作元件的触头如何控制其他执行元件动作，进而分析这些其他执行元件有何动作。

（4）继续分析这些其他执行元件带动机械运动时，会使哪些信号元件状态发生变化。

（5）分析这些信号元件的状态变化时执行元件如何动作。

（6）分析控制电路过程中，特别要注意相互的联系和制约关系，直至将控制电路全部看懂为止。

7.1.4 分析辅助电路

辅助电路包括电源指示、各执行元件的工作状态显示、参数测定、照明和故障报警等部分。辅助电路大多是由控制电路中的元件来控制的，所以在分析辅助电路时，还需要对照控制电路进行分析。

7.1.5 分析联锁和保护环节

有些电气设备如机床对安全性及可靠性要求很高。为了实现高安全性和可靠性，除了合理选择拖动和控制方案外，还在控制电路中设置一系列电气保护和必要的电气联锁，必须对电气联锁与电气保护环节在控制电路中的作用进行分析。

7.1.6 总体检查

在总体检查过程中，采取“化整为零”的局部分析方法，逐步分析每一个局部电路的工作原理以及各部分之间的控制关系，还必须采用“集零为整”的方法检查整个控制电路，分析是否存在遗漏的情况，特别要从整体角度去进一步分析和理解各控制环节之间的联系，以理解电路中每个电气元件的名称及其作用。

查线读图法的优点是直观性强、容易掌握，因而得到广泛应用。其缺点是分析复杂电路时容易出错，叙述也较长。

任务 7.2　CA6140 普通车床的电气控制系统分析

普通车床是一种应用极为广泛的金属切削机床，主要用于加工各种回转表面、螺纹和端面，并可通过尾架进行钻孔、铰孔等切削加工。根据结构和用途的不同，车床可分成普通车床、立式车床、六角车床和仿形车床等。图 7-2-1 为 CA6140 普通车床的结构示意图。

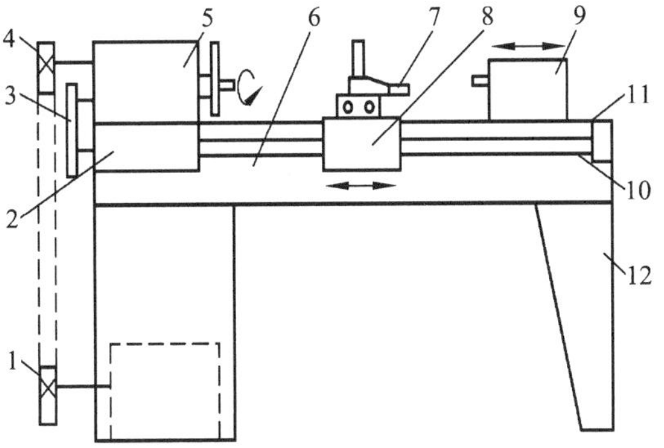

1—带轮；2—进给箱；3—挂轮架；4—带轮；5—主轴箱；6—床身；7—刀架；8—溜板箱；9—尾座；10—丝杠；11—光杠；12—床腿。

图 7-2-1　CA6140 普通车床的结构示意图

CA6140 型普通车床电气原理如图 7-2-2 所示，共有三台电动机：M1 为主轴电动机，拖动主轴旋转，并通过进给机构实现进给运动；M2 为冷却电动机，提供切削液；M3 为快速移动电动机，拖动刀架的快速移动。该型号机床的控制要求主要包括：

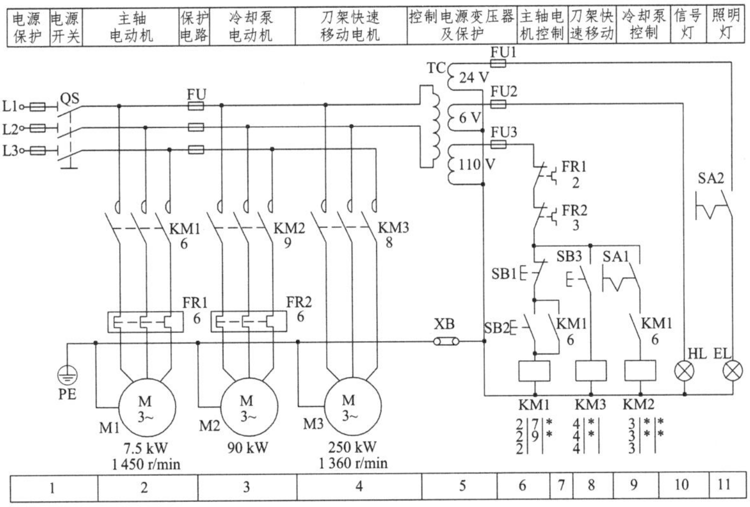

图 7-2-2　CA6140 型普通车床电气原理图

（1）主电动机 M1 完成主轴主运动和刀具的纵、横向进给运动的驱动，电动机为不调速的笼型异步电动机，采用直接起动方式，主轴采用机械变速，正、反转采用机械换向机构。

（2）冷却泵电动机 M2 在加工过程中提供冷却液，防止刀具和工件的温升过高，采用直接起动方式和连续工作状态。

（3）电动机 M3 为刀架快速移动电动机，可根据实际需要随时手动控制启停。

7.2.1 主电路分析

CA6140 型普通车床的主电路共有三台电动机。M1 为主轴电动机（处于原理图的 2 区），带动主轴旋转和刀架做进给运动；M2 为冷却泵电动机（处于原理图的 3 区）；M3 为刀架快速移动电动机（处于原理图的 4 区）。

三相交流电源通过刀开关 QS 引入，主轴电动机 M1 由接触器 KM1 控制起动，热继电器 FR1 为主轴电动机 M1 提供过载保护。冷却泵电动机 M2 由接触器 KM2 控制起动，热继电器 FR2 为冷却泵电动机 M2 提供过载保护。接触器 KM3 用于控制刀架快速移动电动机 M3 的起动，因为快速移动电动机 M3 工作时较短，故不设置过载保护。

7.2.2 控制电路分析

控制变压器 TC 二次侧输出的 110 V 电压作为控制电路的电源。

1. 主轴电动机 M1 的控制

按下起动按钮 SB2，接触器 KM1 的线圈得电吸合，KM1 主触头闭合，主轴电动机 M1 起动。按下停止按钮 SB1，接触器 KM1 的线圈失电断开，KM1 主触头断开，电动机 M1 停转。

2. 冷却泵电动机 M2 的控制

接触器 KM1 的线圈得电吸合，KM1 辅助触头闭合，此时合上开关 SA1 才能使接触器 KM2 线圈得电吸合，冷却泵电动机 M2 起动。

3. 刀架快速移动电动机 M3 的控制

刀架快速移动电动机 M3 的起动是由安装在进给操纵手柄顶端的按钮 SB3 来控制的，它与交流接触器 KM3 组成点动控制环节。将操纵手柄扳到所需的方向，按下按钮 SB3，接触器 KM3 得电吸合，电动机 M3 得电起动，刀架就向指定方向快速移动。

7.2.3 照明、信号灯电路分析

控制变压器 TC 的二次侧分别输出 24 V 和 6 V 电压，作为机床照明灯和信号灯的电源。EL 为机床的低压照明灯，由开关 SA2 控制；HL 为电源的信号灯。

任务 7.3 Z3040 型摇臂钻床的电气控制系统分析

摇臂钻床包括的运动可分为主轴旋转主运动及轴向进给运动，主要包括钻头一边旋转一边作纵向进给、主轴箱沿摇臂的水平移动、摇臂沿立柱的升降运动和回转运动。Z3040 型摇臂钻床结构示意如图 7-3-1 所示。

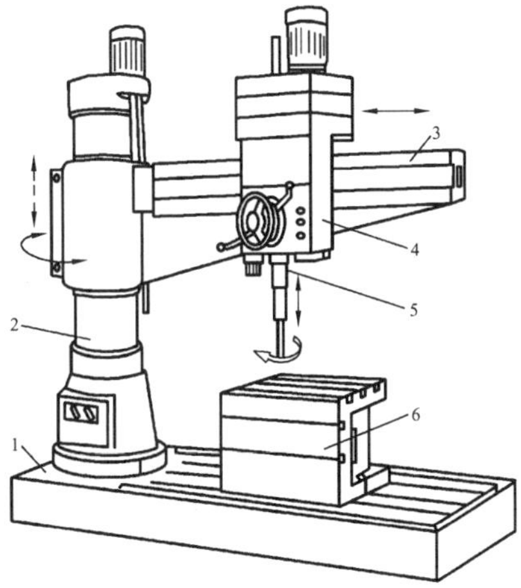

1—底座；2—立柱；3—摇臂；4—主轴箱；5—主轴；6—工作台。

图 7-3-1 Z3040 型摇臂钻床结构示意图

7.3.1 主电路分析

Z3040 型摇臂钻床电气原理图如图 7-3-2 所示，其主电路有 4 台电动机，主电路主要包括：

（1）主电路电源电压为交流 380 V，刀开关 QS1 作为电源引入开关。

（2）M1 是主轴电动机，由接触器 KM1 控制，只要求单方向旋转，主轴的正反转由机械手柄操作。热继电器 FR1 是过载保护元件，短路保护电器是总电源开关中的电磁脱扣装置。

（3）M2 是摇臂升降电动机，用接触器 KM2 和 KM3 控制正、反转。因

为该电动机属于短时工作制，故不设置过载保护元件。

（4）M3 是液压泵电动机，可以做正、反转运行。其正反转和停止由接触器 KM4 和 KM5 控制。热继电器 FR2 是液压泵电动机的过载保护元件。该电动机的主要作用是供给夹紧装置压力油，实现摇臂和立柱的夹紧和松开。

（5）M4 是冷却泵电动机，功率很小，由刀开关 QS2 控制。

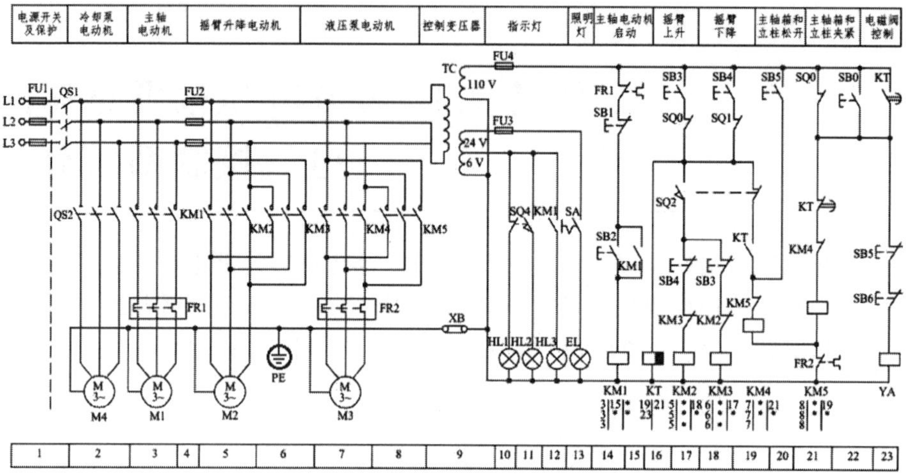

图 7-3-2 Z3040 型摇臂钻床电气原理图

7.3.2 控制电路分析

1. 主轴电动机 M1 的控制

图 7-3-2 中，合上电源开关 QS1，按下起动按钮 SB2，接触器 KM1 线圈得电并自锁，主轴电动机 M1 起动，同时支路中的主轴电动机运转指示灯 HL3 亮，表示主轴电动机正常运行。按下停止按钮 SB1，KM1 线圈失电，其触头断开，M1 停转，同时指示灯 HL3 熄灭。

2. 摇臂的升降控制

由摇臂上升按钮 SB3、下降按钮 SB4 及正反转接触器 KM2、KM3 组成具有双重互锁电动机正、反转点动控制电路。摇臂的移动必须先将摇臂松开再移动，移动到位后摇臂自动夹紧。因此，摇臂移动过程是对液压泵电动机 M3 和摇臂升释电动机 M2 按一定程序进行自动控制的过程。摇臂升降控制必须与夹紧机构液压系统紧密配合，由正、反转接触器 KM4、KM5 控制双向液压泵电动机 M3 的正、反转，送出压力油，经二位六通阀送至摇臂夹紧机构实现夹紧与松开。

摇臂上升的控制原理主要包括：

（1）按住摇臂上升按钮 SB3，时间继电器 KT 线圈得电，位于 19 区的 KT

瞬时常开触头和位于 23 区的延时闭合的常开触头闭合，接触器 KM4 得电，液压泵电动机 M3 正转，同时电磁阀 YA 得电，压力油经过二位六通电磁阀接通摇臂放松油路，使摇臂松开，摇臂完全松开后，压到限位开关 SQ2，位于 19 区的 SQ2 常闭触头断开，接触器 KM4 失电，液压泵电动机 M3 停转；同时位于 17 区的 SQ2 常开触头闭合，接触器 KM2 得电，摇臂升降电动机 M2 起动运行，带动摇臂上升。

（2）当摇臂上升到所需的位置时，松开按钮 SB3，接触器 KM2 和时间继电器 KT 同时失电，M2 停转，摇臂停止升降。位于 21 区的 KT 延时闭合的常闭触头经 1～3 s 延时闭合，使接触器 KM5 线圈得电，液压泵电动机 M3 反转，供给压力油。同时位于 23 区的 KT 延时断开的常开触头经 1～3 s 延时断开，SQ0 常闭触点闭合，使 YA 仍得电，压力油经二位六通电磁阀进入摇臂夹紧油腔，将摇臂夹紧。摇臂夹紧后，位于 21 区的限位开关 SQ0 常闭触头断开，使接触器 KM5 和电磁阀 YA 失电，YA 复位，液压泵电动机 M3 停转，摇臂上升结束。

摇臂下降的控制原理主要包括：

（1）按住摇臂下降按钮 SB4，时间继电器 KT 线圈得电，位于 19 区的 KT 瞬时常开触头和位于 23 区的延时断开的常开触头闭合，接触器 KM4 得电，液压泵电动机 M3 正转，同时电磁阀 YA 得电，压力油经过二位六通电磁阀接通摇臂放松油路，使摇臂松开，摇臂完全松开后，压到限位开关 SQ2，位于 19 区的 SQ2 常闭触头断开，接触器 KM4 失电，液压泵电动机 M3 停转；同时位于 17 区的 SQ2 常开触头闭合，接触器 KM3 得电，摇臂升降电动机 M2 起动运行，带动摇臂下降。

（2）当摇臂下降到所需的位置时，松开按钮 SB4，接触器 KM3 和时间继电器 KT 同时失电，M2 停转，摇臂停止升降。位于 21 区的 KT 延时闭合的常闭触头经 1～3 s 延时闭合，使接触器 KM5 线圈得电，液压泵电动机 M3 反转，供给压力油。同时位于 23 区的 KT 延时断开的常开触头经 1～3 s 延时断开以及 SQ3 常闭触点闭合，使 YA 仍得电，压力油经二位六通电磁阀进入摇臂夹紧油腔，将摇臂夹紧。摇臂夹紧后，位于 21 区的限位开关 SQ3 常闭触头断开，使接触器 KM5 和电磁阀 YA 失电，YA 复位，液压泵电动机 M3 停转，摇臂下降结束。

3. 主轴箱和立柱的放松和夹紧控制

主轴箱与立柱的放松和夹紧是同时进行的，其控制电路是正、反转点动控制电路。利用主轴箱和立柱的放松、夹紧，还可以检查电源相序正确与否，以确保摇臂升降电动机 M2 的正反转控制电路接线正确。其控制原理主要包括：

（1）主轴箱、立柱的松开。按下松开按钮 SB5，KM4 线圈得电，液压泵电动机（此时电磁阀 YA 失电）。拖动液压泵，液压油进入主轴箱、立柱松开油腔。推动活塞，使主轴箱、立柱松开。此时，SQ4 不受压，位于 10 区的 SQ4 常闭触头闭合，松开指示灯 HL1 亮。

（2）主轴箱、立柱的夹紧。到达需要的位置后，按下夹紧按钮 SB6，KM5 线圈得电，液压泵电动机 M3 反转（此时电磁阀 YA 失电），拖动液压泵，液压油进入主轴箱、立柱的夹紧油腔，使主轴箱、立柱夹紧。同时，SQ4 受压，其常闭触头断开，常开触头闭合，夹紧指示灯 HL2 亮，表示可以进行钻削加工。

4. 保护环节、照明及冷却泵电动机的控制

保护环节、照明及冷却泵电动机的控制原理主要包括：

（1）保护环节。熔断器 FU1 对主电路进行短路保护：热继电器 FR1 对主轴电动机进行过载保护；热继电器 FR2 对液压泵电动机 M3 进行过载保护。播臂的上升限位和下降限位分别通过行程开关 SQ1 和 SQ5 实现。

（2）照明电路。照明由开关 SA 控制照明灯 EL 来实现。

（3）冷却泵电动机的控制。冷却泵电动机 M4 的容量很小，由开关 QS2 控制。

任务 7.4　T68 型卧式镗床的电气控制系统分析

镗床是一种精密加工机床，主要用于加工工件上的精密圆柱孔，这些孔的轴心线往往要求严格地平行或垂直，相互间的距离也要求很准确，一般钻床难以达到相应精度。镗床本身刚性好，其可动部分在导轨上的活动间隙很小且有附加支撑，镗床能满足上述加工要求。

镗床除能完成镗孔工序外，在万能镗床上还可以进行镗、钻、扩、铰、车及铣等工序。因此，镗床的加工范围很广。

镗床按用途可分为卧式镗床、坐标镗床、金刚镗床及专门化镗床等。

镗床加工范围广，运动部件多，调速范围广，对电力拖动及控制提出的要求主要包括：

（1）为了适应各种工件的加工要求，主轴运动和进给运动都有较大的调速范围，在机械调速的基础上又采用双速电机，这样既扩大了调速范围，又使机床传动机构简化。

（2）变速时，为了使滑移齿轮能顺利进入正常啮合位置，应有低速或断续变速冲动。

（3）主轴能做正反转低速点动调整，要求对主轴电动机实现正、反转及点动控制。

（4）为了使主轴迅速、准确停车，主轴电动机应具有电气制动。

图 7-4-1 所示的 T68 卧式镗床主要由床身、前立柱、镗头架（即主轴箱）、镗轴（即主轴）、工作台、后立柱、尾架等部分组成。

（a）外形图

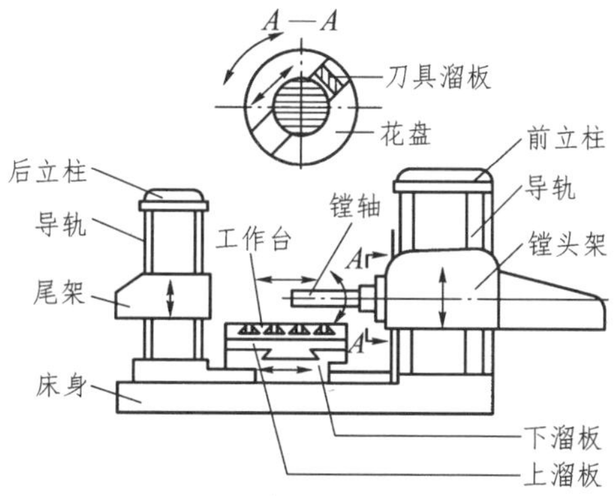

（b）结构示意图

图 7-4-1　T68 型卧式镗床主要结构图

T68 卧式镗床的主运动与进给运动由同一台双速电动机 M1 拖动，运动方向由相应手柄选择各自的传动链来实现；主轴箱的上下、工作台的前后左右及镗轴的进出运动，除工作进给外，还有快速移动，由快速移动电动机 M2 拖动。

7.4.1　主电路的分析

T68 卧式镗床的运动主要包括：

（1）主运动主要包括镗轴和花盘的旋转运动。

（2）进给运动主要包括镗轴的轴向运动、花盘刀具溜板的径向进给运动、主轴箱的垂直进给、工作台的横向进给和纵向进给。

（3）辅助运动主要包括工作台的旋转、后立柱的轴向水平移动、尾架的垂直移动及各部分的快速移动。

T68 型卧式镗床的电气原理图如图 7-4-2 所示，包括主电路、控制电路、照明和指示电路以及各种保护环节。

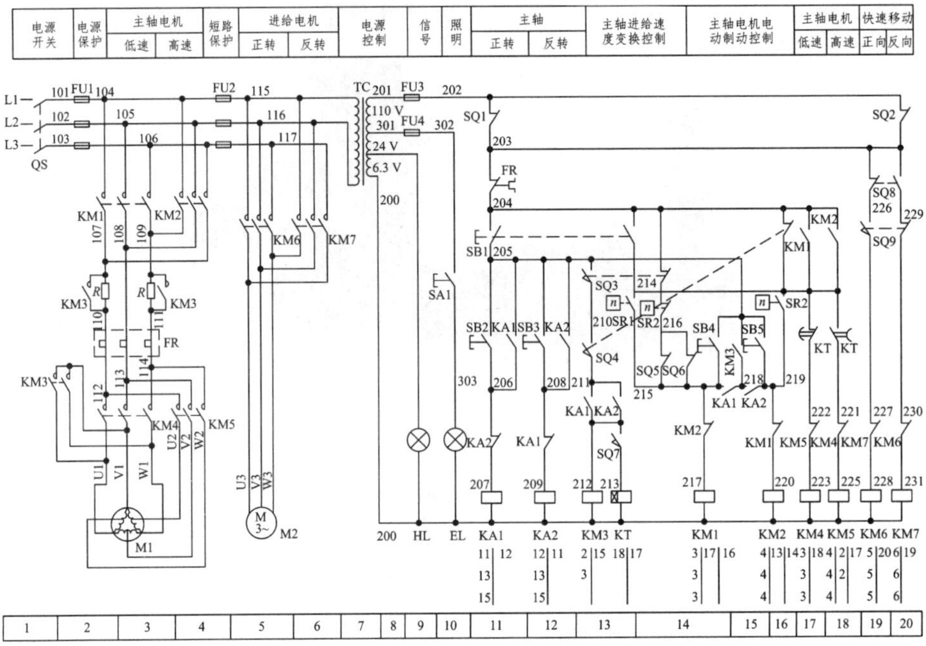

图 7-4-2　T68 型卧式镗床的电气原理图

1）电动机 M1 控制

主电路有两台电动机，M1 为主拖动双速电动机，由接触器 KM1 ~ KM5 控制。电动机 M1 的控制原理主要包括：

（1）KM1、KM2 控制其正、反转。

（2）当 KM4 得电时，电动机定子绕组连接成三角形，为低速运行。

（3）当 KM5 得电时，电动机定子绕组连接成双星形，为高速运行。

（4）KM3 为限流电阻 *R* 的短接接触器，电阻 *R* 为 M1 的反接制动控制和点动控制的限流电阻。

（5）当 KM1、KM3、KM4 同时闭合时，M 为低速正向运行。

（6）当 KM2、KM3、KM5 同时闭合时，M1 为低速反向运行。

（7）当 KM1、KM3、KM5 同时闭合时，M1 为高速正向运行。

（8）当 KM2、KM3、KM5 同时闭合时，M 为高速反向运行。

（9）当 KM1、KM4 同时闭合时，M1 为串电阻低速正向运行。

（10）当 KM2、KM4 同时闭合时，M1 为串电阻低速反向运行。

2）电动机 M2 控制

M2 为快速移动电动机，由 KM6、KM7 来控制其正、反转，因为 M2 为短时间运行，故不需过载保护。

3）其他保护措施

QS 为总电源开关，熔断器 FU1、FU2 起主电路短路保护作用，热继电器 FR 起主拖动电动机 M1 的过载保护作用。

4）控制电路的电源

7 区的 T0 为变压器，经降压后输出交流 110 V/24 V/6.3 V 电压作为控制电路的电源，其中 110 V 为控制电路的电源，24 V 为机床工作照明灯（EL）电源，6.3 V 为功能信号指示灯（HL）电源。

7.4.2 控制电路的分析

T68 卧式镗床的控制电路包括主拖动电动机 M1 的点动控制、M1 的低速正反转控制、M1 的高速正反转控制、M1 的反接制动控制、M1 的速度变换控制以及 M2 的正反转控制。

1. M1 的点动控制

M1 的点动控制包括正转点动控制和反转点动控制。正、反转接触器 KM1、KM2 以及正、反转点动按钮 SB4、SB5 组成 M1 的正反转点动控制电路。当需要 M1 正转点动时，按下 14 区的正转点动按钮 SB4，KM 线圈得电吸合，KM1 在 17 区的常开触头闭合，使 KM4 线圈得电；KM1 和 KM4 的主触头闭合将 M1 的定子绕组接成△形联结，且串电阻 *R* 作正向低速运行；松开按钮 SB4，则 KM1、KM4 线圈失电，M1 停止正转，完成正转点动。反转点动的控制过程与正转点动的控制过程相似，这里不再赘述。

2. M1 低速起动运行控制

将变速手柄扳到低速挡，此时 SQ7 没被压合，其在 13 区的常开触头断开，而主轴变速与进给变速手柄处于推合状态，因此，主轴变速行程开关 SQ3、SQ6 和进给变速行程开关 SQ4、SQ5 是压合的。按下 11 区的正转起动按钮 SB2，KA1 得电吸合并自锁，KA1 在 13 区和 15 区的常开触头闭合。由于此时 SQ3、Q4 在 13 区的常开触头是闭合的，所以 KM3 线圈得电（KT 线圈因 SQ7 断开而不能得电）。KM3 在 2-3 区的主触头闭合，短接限流电阻 *R*；KM3 在 15 区的常开触头闭合，KM1 线圈得电，其在 3 区的主触头接通 M1 的正转电源；KM1 在 17 区的常开触头闭合，使 KM4 线圈得电。KM4 主触头闭合，使 M 定子绕组接成△联结，电动机低速正转起动运行。

反转低速起动的控制过程与正转低速起动的控制过程相似，这里不再赘述。

3. M1 高速起动运行控制

将变速手柄扳到高速挡，此时 SQ7 被压合，其在 13 区的常开触头闭合，而主轴变速与进给变速手柄处于推合状态，因此，主轴变速行程开关 SQ3 和进给变速行程开关 SQ4 是压合的。按下 11 区的正转起动按钮 SB2，KA1 得电吸合并自锁，KA1 在 13 区和 15 区的常开触头闭合。由于此时 SQ3、SQ4 在 13 区的常开触头是闭合的，所以 KM3 线圈和 KT 线圈得电。KM3 在 2-3 区的主触头闭合，短接限流电阻 R；KM3 在 15 区的常开触头闭合，使 KM1 线圈得电，KM1 在 3 区的主触头接通 M1 的正转电源；KM1 在 17 区的常开触头闭合，使 KM4 线圈得电。KM4 主触头闭合，使 M1 定子绕组接成△联结电动机低速正转起动运行。经过一段时间后，通电延时时间继电器 KT 在 17 区的常闭触头延时断开，使 KM4 线圈失电，KM4 在 3 区的主触头断开；同时，KT 在 18 区的常开触头延时闭合，使 KM5 线圈得电，KM5 在 2-4 区的主触头闭合将电动机定子绕组接成双 Y 联结，M1 高速正转运行，即 M1 由低速起动变为高速运行。由此可见，M1 的高速挡为两级起动控制，以减少电动机高速挡起动时的冲击。

反转高速起动运行的控制过程与正转高速起动运行的控制过程相似。

4. M1 的停止制动控制

M1 处于正向低速（或高速）运行时，KA1、KM1、KM3、KM4（或 KM5、KT）及速度继电器在 16 区的常开触头 KS2 是闭合的。当需要停止时，按下停止按钮 SB1，SB1 在 11 区的常闭触头首先断开，使 KA1 线圈失电。KA1 在 13 区的常开触头断开，使 KM3 和 KT 线圈失电（KT 在 18 区的通电延时闭合触头断开，使 KM5 线圈失电 KT 在 17 区的通电延时断开触头闭合）；KA1 在 15 区的常开触头断开，使 KM1 线圈失电，KM1 主触头断开，切断 M1 的正转电源，KM1 在 16 区的常闭触头闭合，为正转反接制动做好准备。继而 SB1 在 14 区的常开触头被压下闭合，使 KM2、KM4 线圈得电，将电动机定子绕组接成△联结，并串电阻 R 反向起动，因此，M1 的正转速度迅速下降。当 M1 的正转速度下降至 100 r/min 时，速度继电器在 16 区的常开触头 KS2 断开，KM2、KM4 线圈失电，完成 M1 的正转反接制动。

反转停止制动的控制过程与正转停止制动的控制过程相似，这里不再赘述。

5. 主轴变速及进给变速的控制

主轴变速可以在停车时进行，也可以在运行中进行。变速时拉出主轴变速操作手柄，转动变速盘，选择速度后，再将变速操作手柄推回。拉出变速手柄时，变速行程开关 SQ3、SQ6 不受压；推回变速操作手柄时，变速行程开关 SQ3、SQ6 受压。具体的操作过程如下：

1）主轴停车变速

将主轴变速操作盘的操作手柄拉出（进给变速操作手柄未拉出，因此，进给变速行程开关 SQ4、SQ5 受压），此时主轴变速行程开关 SQ3、SQ6 不受压，SQ3 在 13 区的常开触头断开，在 14 区的常闭触头闭合，SQ6 在 14 区的常闭触头闭合，速度继电器在 14 区的常闭触头 KS2 因 M1 未运行而闭合，因此，KM1、KM4 线圈得电吸合，M1 串电阻 *R* 低速正转。当正转速度到达 120 r/min 时，速度继电器在 14 区的常闭触头 KS2 断开，KM1 线圈失电，而速度继电器在 16 区的常开触头 KS2 闭合，KM2 线圈得电吸合，M1 进行正转反接制动。M1 正转速度下降，当速度降至 100 r/min 时，速度继电器在 16 区的常开触头 KS2 断开，KM2 线圈失电，而在 14 区的常闭触头 KS2 闭合，KM1 线圈又得电，M1 又开始正转，如此反复（这种低速正转起动，而后又反接制动的缓慢转动有利于齿轮啮合），直到新的变速齿轮啮合好为止（期间 KM4 一直吸合）。此时将主轴变速手柄推回原位，SQ3、SQ6 重新被压合，SQ6 在 14 区的常闭触头断开，切断主轴冲动电路，完成主轴变速，然后以新的主轴速度运行。

2）主轴低速正转运行中变速

主轴低速正转运行时，KA1、KM1、KM3、KM4 线圈得电，当需要变速时，将主轴变速操作盘的操作手柄拉出（进给变速操作手柄未拉出，因此，进给变速行程开关 SQ4、SQ5 受压），此时主轴变速行程开关 SQ3、SQ6 不受压，SQ3 在 13 区的常开触头断开，在 14 区的常闭触头闭合，SQ6 在 14 区的常闭触头闭合，速度继电器在 16 区的常开触头 KS2 因 M1 转速超过 120 r/min 而闭合，因此，KM1、KM3 线圈失电释放，KM2 线圈得电吸合（KM4 一直吸合），M1 串电阻 *R* 正转反接制动，低速正转。M1 正转速度下降，当速度降至 100 r/min 时，速度继电器在 16 区的常开触头 KS2 断开，KM2 线圈失电，而在 14 区的常闭触头 K2 闭合，KM1 线圈又得电，M1 又开始正转，如此反复，直到新的速度齿轮啮合好为止（期间 KM4 一直吸合）。此时将主轴变速手柄推回原位，SQ3、SQ6 重新被压合，SQ6 在 14 区的常闭触头断开，切断主轴冲动电路，完成主轴变速，SQ3 在 13 区的常开触头闭合，KM3、KM1 线圈得电（期间 KA1 一直吸合），M1 正转起动，然后以新的主轴速度运行。主轴低速反转运行中变速及高速正（反）转运行中变速与上述过程相似，这里不再讨论。

进给变速时，操作的是进给变速操作手柄，其控制的是 SQ4、SQ5，其余的与主轴变速过程相似，这里不再讨论。

6. 快速移动电动机 M2 的控制

机床各部分的快速移动由单独的电动机 M2 来拖动。由快速移动手柄压下行程开关 SQ8 或 SQ9 使其闭合，使接触器线圈 KM6 或 KM7 吸合，从而控制电动机 M2 旋转，实现快速移动。

练习题

1. 在 Z3040 型摇臂钻床电气控制电路中，KT 与 YV 各在什么时候通电动作？KT 各触头的作用是什么？

2. 在 Z3040 型摇臂钻床电气控制电路中，设有哪些联锁与保护环节？

3. T68 型卧式镗床控制电路中接通电源后主轴电动机马上运转，试分析它产生的故障原因。

4. T68 型卧式镗床主电动机电气控制具有什么特点？

项目 8

PART EIGHT

典型电气控制系统的故障检修

任务 8.1　典型电气控制系统的故障检修方法

8.1.1　检修步骤

1. 故障调查

（1）问：发生故障后，首先应向操作者了解故障发生的实际情况，有利于根据电气设备的工作原理来分析发生故障的原因。一般询问的内容包括：故障发生在开车前、开车后还是发生在运行中；运行中自行停车还是发现异常情况后由操作者手动停车；发生故障时，机床工作在什么工序，按动了哪个按钮，扳动了哪个开关；故障发生前后设备有无异常现象，如响声、气味、冒烟或冒火等；以前是否发生过类似的故障，是怎样处理的等。

（2）看：熔断器内熔丝是否熔断，其他电气元件有无烧坏、发热、断线，导线连接螺丝有否松动，电动机的转速是否正常。

（3）听：电动机、变压器和有些电气元件在运行时声音是否正常，有助于故障定位。

（4）摸：电机、变压器和电气元件的线圈发生故障时温度显著上升，可切断电源后用手去触摸感知。

2. 电路分析

根据调查结果，参考该电气设备的电气原理图进行分析，初步判断出故障部位，然后逐步缩小故障范围，直至找到故障点并加以消除。

分析故障时应有针对性，如接地故障一般先考虑电气柜外的电气装置，后考虑电气柜内的电气元件。断路和短路故障应先考虑动作频繁的元件，后考虑其余元件。

3. 断电检查

检查前先断开机床总电源，然后根据故障可能产生的部位，逐步找出故障点。检查时应先检查电源线进线处有无碰伤而引起的电源接地、短路等现象，螺旋式熔断器的熔断指示器是否跳出，热继电器是否动作。然后检查电气外部有无损坏，连接导线有无断路、松动，绝缘有否过热或烧焦。

4. 通电检查

断电检查后仍未找到故障点，可对电气设备作通电检查。

通电检查时要尽量使电动机及其所传动的机械部分脱开，将控制器和转换开关置于零位，行程开关还原到正常位置。然后利用万用表检查电源电压是否正常，有否缺相或严重不平衡。在进行通电检查时检查顺序为：先检查控制电路，后检查主电路；先检查辅助系统，后检查主传动系统；先检查交流系统，后检查直流系统；合上开关，观察各电气元件是否按要求动作，有否冒火、冒烟、熔断器熔断的现象，直至查找到故障点为止。

8.1.2 常用检修工具和仪器仪表

由于机电设备的控制电路如同神经网络一样遍布于设备的各个部分，并且有大量的导线和各种不同的元器件存在，给查找电气系统故障带来了很大困难，使之成为一项技术性很强的工作。因此要求维修人员在进行故障查找前做好充分准备，准备工作的内容主要包括：

（1）根据故障现象对故障进行充分的分析和判断，确定切实可行的检修方案，可以减少检修中盲目行动和乱拆乱调现象，避免原故障未排除又造成新故障的情况发生。

（2）研读设备电气控制原理图，掌握电气系统的结构组成，熟悉电路的动作要求和顺序，明确各控制环节的电气过程，为迅速排除故障做好技术准备。为了更方便阅读和在检修过程中使用电气控制原理图，通常对图纸要进行分区处理，即将整张图样的图面按线路功能划分为若干（一般为偶数）个区域，图区编号用阿拉伯数字写在图的下部；用途栏放在图的上部，用文字说明；图面垂直分区用英文字母标注。

（3）故障维修仪表和工具

故障维修前必须准备好电气故障维修用的各种仪表和工具。检修工具一般包括十字起、一字起、电工刀、尖嘴钳、剥线钳、斜口钳等，如表 8-1-1 所示。检修仪表一般包括万用表、钳形电流表、兆欧表等。

1. 验电器

验电器如图 8-1-1 所示，又称试电笔，是检验导线、电器和电气设备是否带电的一种电工常用工具。验电器可分为低压和高压两种，在机床电气设备检修时使用的是低压验电器。低压验电器的测试电压范围为 60 ~ 500 V，其外形及结构如图 8-1-2 所示。使用验电器时，应以手指触及笔尾的金属体，使氖管小窗背光朝向自己，正确使用方法如图 8-1-3 所示。

表 8-1-1　检修常用工具

名称	简图	用途、使用方法及注意事项
一字形螺钉旋具和十字形螺钉旋具		一般用于固定螺丝，使用时应注意以下 3 点： （1）电工不可以使用金属杆直通柄顶的螺丝旋具，否则容易造成触电事故； （2）使用螺丝旋具紧固和拆卸带电的螺丝钉时，手不得触及旋具的金属杆，以免发生触电事故。紧固和拆卸螺丝钉时，若螺丝旋具旋转时螺丝未能旋转，应停止动作，以免损坏螺丝旋具及螺丝； （3）为了避免螺丝旋具的金属杆及皮肤临近带电体，应在金属杆上穿套绝缘管
钢丝钳（老虎钳）		钢丝钳用途很多，钳口用来绞弯和钳夹导线线头；齿口用来紧固或起松螺母；刀口用来剪切或剖削软导线绝缘层；侧口用来侧切电线线芯、钢丝或铅丝等较硬的金属丝。 使用前，必须检查绝缘柄的绝缘性能是否良好，绝缘柄如果损坏，进行带电作业时会发生触电事故。 剪切带电导线时，不得用刀口同时剪切相线和零线，或同时剪切两根相线，以免发生触电事故
尖嘴钳		带有刀口的尖嘴钳能剪断细小的金属线，在装接控制电路时，能将单股导线弯成所需的各种形状
斜口钳		专门用来剪断较粗的金属丝、线材及导线电缆
剥线钳		用来剥落小直径导线绝缘层的专用工具，它的钳口部分设有几个刃口，用以剥落不同线径的导线绝缘层
电工刀		用来剖削电线线头、切割缺口等的专用工具。使用电工刀时应注意 3 点： (1)避免伤手，不得传递未折进刀柄的电工刀； (2)电工刀用完，随时将刀身折进刀柄； (3)电工刀柄无绝缘保护时，不能用于带电作业，以免触电

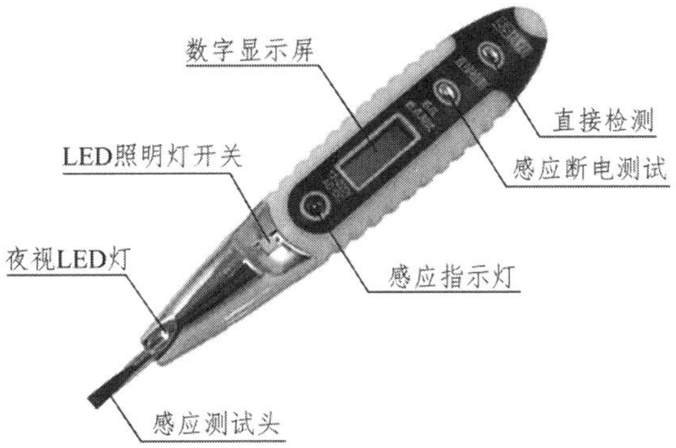

图 8-1-1　验电笔

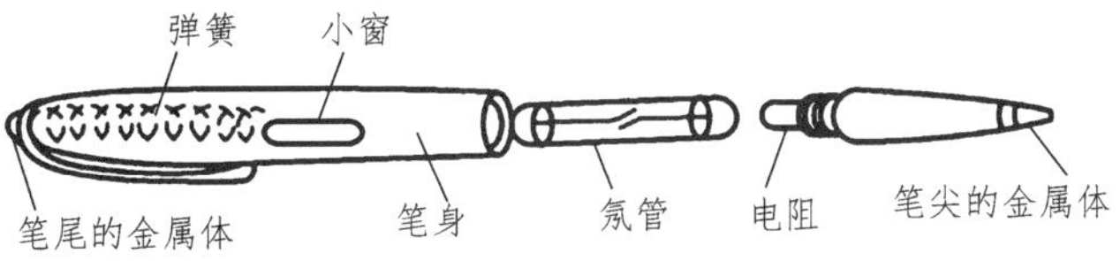

（a）钢笔式验电器

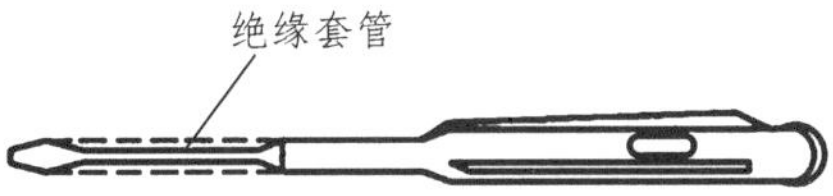

（b）螺丝刀式验电器

图 8-1-2　验电笔的结构

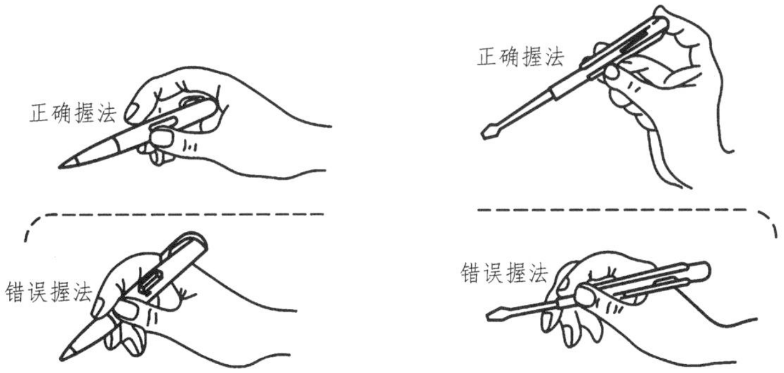

（a）钢笔式握法　　（b）螺丝刀式握法

图 8-1-3　验电笔的握法

验电器除可测试物体的带电情况外，还具有的用途主要包括：

（1）区别电压的高低。测试时可根据氖管发亮的强弱程度来估计电压的高低。

（2）区别直流电与交流电。交流电通过验电器时，氖管里的两个极同时发亮；直流电通过验电器时，氖管里只有一极发亮。

（3）区别直流电的正负极。把验电器连接在直流电路的正负极之间，氖管发亮的一端为直流电的正极。

2. 万用表

万用表如图 8-1-4 所示，是一种带有整流器的并且可以测量交、直流电源的电流、电压及电阻等多种电学参量的磁电式仪表，测量的每一种电学量一般都有几个量程。万用表又称多用电表，简称多用表。万用表是由磁电系电流表（表头）、测量电路和选择开关等组成的。通过选择开关的变换，可方便地对多种电学参量进行测量。万用表对电路进行计算的主要依据是闭合电路欧姆定律。万用表种类很多，使用时应根据不同的要求进行选择。

1）万用表操作规程

（1）使用前应熟悉万用表各项功能，根据被测量的对象正确选用挡位、量程及表笔插孔。

（2）被测物理量的大小不明时，应先将量程开关置于最大值，而后由大量程挡切换到小量程挡，使仪表指针指示在满刻度的 1/2 以上处即可。

（3）测量电阻时，在选择了适当倍率挡后，将两表笔相碰使指针指在零位，如指针偏离零位，应调节“调零”旋钮，使指针归零，以保证测量结果准确。如不能调零或数显表发出低电压报警，应及时检查。

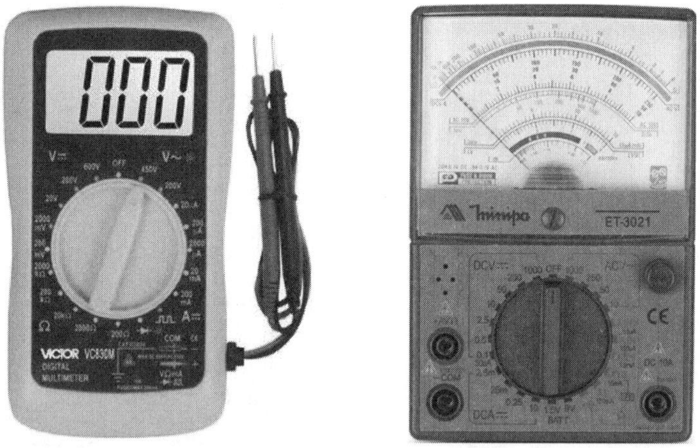

（a）数字式　　（b）指针式

图 8-1-4　万用表

（4）在测量电路电阻时，必须切断被测电路的电源，不得带电测量。

（5）使用万用表进行测量时，要注意人身和仪表设备的安全，测试中不得用手触摸表笔的金属部分，不允许带电切换挡位开关，以确保测量准确，避免发生触电和烧毁仪表等事故。

2）万用表使用注意

（1）在使用万用表之前，应先进行“机械调零”，即在没有被测电量时，使万用表指针指在零电压或零电流的位置上。

（2）在使用万用表过程中，不能用手去接触表笔的金属部分，这样一方面可以保证测量的准确，另一方面也可以保证人身安全。

（3）在测量某一电量时，不能在测量的同时换挡，尤其是在测量高电压或大电流时更应注意。否则，会使万用表毁坏。如需换挡，应先断开表笔，换挡后再进行测量。

（4）万用表在使用时，必须水平放置，以免造成误差。同时，还要注意避免外界磁场对万用表的影响。

（5）万用表使用完毕，应将转换开关置于交流电压的最大挡，有 OFF 挡位的置于 OFF 挡位。如果长期不使用，还应将万用表内部的电池取出来，以免电池腐蚀表内其他器件。

3. 钳形电流表

钳形电流表如图 8-1-5 所示，由电流互感器和电流表组合而成。电流互感器的铁心在捏紧扳手时可以张开；被测电流所通过的导线可以不必切断就可穿过铁心张开的缺口，放开扳手后铁心闭合。

通常用普通电流表测量电流时，需要将电路切断停机后才能将电流表接入进行测量，这是很麻烦的，有时正常运行的电动机不允许这样做。此时，使用钳形电流表就显得方便多了，可以在不切断电路的情况下测量电流。

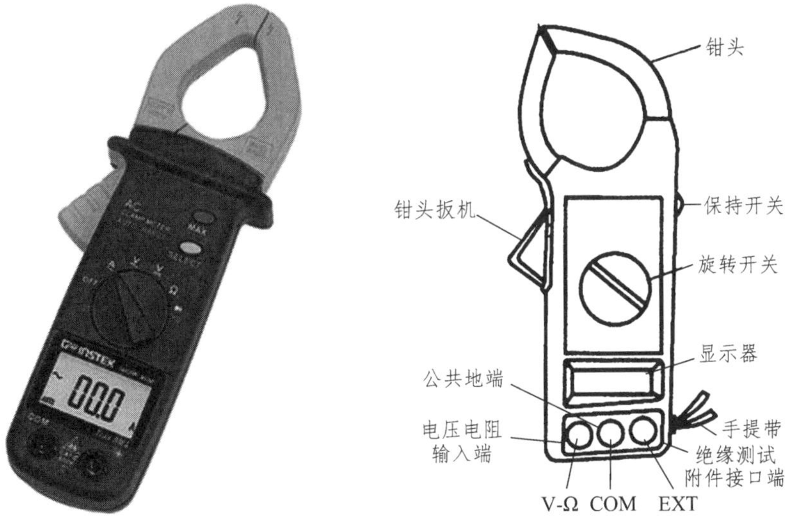

（a）实物　　（b）功能

图 8-1-5　钳形电流表

穿过铁心的被测电路导线就成为电流互感器的一次线圈，其中通过电流便在二次线圈中感应出电流，从而使二次线圈相连接的电流表有所指示，即测出被测线路的电流。钳形表可以通过转换开关的拨挡改换不同的量程，但拨挡时不允许带电进行操作。钳形表一般准确度不高，通常为 2.5 ~ 5 级。为了使用方便，表内还有不同量程的转换开关以供测量不同等级的电流和电压。

钳形电流表使用时的注意事项主要包括：

（1）测量电流时，被测载流体的位置应放在钳口中央，以免产生误差。

（2）测量前估计被测电流大小并选择合适量程。如果不清楚电流大小应选择最大量程，在测量过程中根据实际情况选择合适量程。

（3）为了使读数准确，应保持钳口干净无损。如有污垢，应用汽油擦洗干净再进行测量。

（4）在测量 5 A 以下的电流时，为了测量准确，应该绕圈测量。

（5）钳形表不能测量裸导线电流，以防触电和短路。

（6）测量完后一定要将量程分挡旋钮放到最大量程位置。

4. 兆欧表

兆欧表如图 8-1-6 所示，一般采用手摇发电机供电，故又称摇表，其刻度是以兆欧（MΩ）为单位的。兆欧表是电工常用的一种测量仪表，主要用来检查电气设备、家用电器或电气线路对地及相间的绝缘电阻，以保证这些设备、电器和线路工作在正常状态，避免发生触电伤亡及设备损坏等事故。

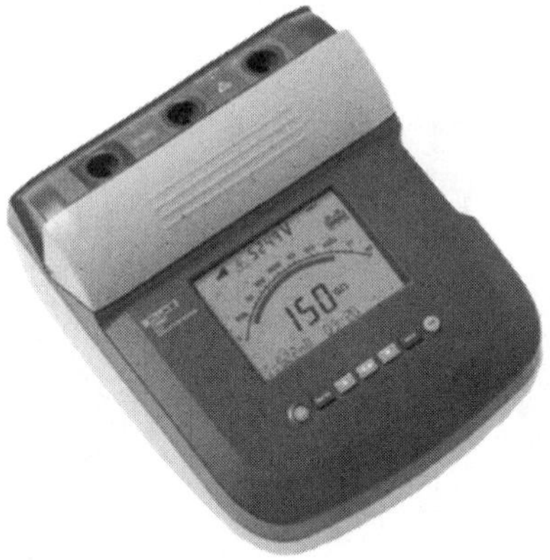

图 8-1-6　兆欧表

兆欧表的使用方法主要包括：

（1）测量前必须切断被测设备电源，并对地短路放电。决不能让设备带电进行测量，以保证人身和设备的安全。对可能感应出高压电的设备，必须消除这种可能性后，才能进行测量。

（2）被测物表面要清洁，减少接触电阻，确保测量结果的正确性。

（3）测量前应将兆欧表进行一次开路和短路试验，检查兆欧表是否良好。即在兆欧表未接上被测物之前，摇动手柄使发电机达到额定转速（120 r/min），观察指针是否指在标尺的“∞”位置。将接线柱“线（L）”和“地（E）”短接，缓慢摇动手柄，观察指针是否指在标尺的“0”位。如果指针不能指到该指的位置，表明兆欧表有故障，应检修后再用。

（4）兆欧表使用时应放在平稳、牢固的地方，且远离大的外电流导体和外磁场。

（5）必须正确接线。兆欧表上一般有三个接线柱，其中L接在被测物和大地绝缘的导体部分，E接被测物的外壳或大地。G接在被测物的屏蔽上或不需要测量的部分。测量绝缘电阻时，一般只用“L”和“E”端。但在测量电缆对地的绝缘电阻或被测设备的漏电流较严重时，就要使用“G”端，并将“G”端接屏蔽层或外壳。线路接好后，可按顺时针方向转动摇把，摇动的速度应由慢而快，当转速达到120 r/min转时，保持匀速转动，1 min后读数，并且要边摇边读数，不能停下来读数。

（6）摇测时将兆欧表置于水平位置，摇把转动时其端钮间不许短路。摇动手柄应由慢渐快，若发现指针指零说明被测绝缘物可能发生了短路，这时就不能继续摇动手柄，以防表内线圈发热损坏。

（7）读数完毕，将被测设备放电。放电方法是将测量时使用的地线从兆欧表上取下来与被测设备短接一下即可（不是兆欧表放电）。

检修器材一般有塑料软铜线、别径压端子、黑色绝缘胶布、透明胶布以及故障排除所用的其他材料。

8.1.3 电气故障检修方法

利用各种电工测量仪表对电路进行电阻、电流、电压等参数的测量，以此进一步分析或判断故障，是电器维修工作中的一项有效措施。例如，利用万用表、钳形表、试电笔、校火灯等仪表来检查电气线路，能迅速有效地找出故障原因。电气故障的检修方法较多，常用的有电压法、电阻法和短接法等。

1. 主电路的编号方法

三相电源自上而下编号为L1、L2、L3，经电源开关后出线上依次编号为U11、V11和W11，每经过一个电器元件的接线桩编号要递增，如U11、V11、W11递增后为U12、V12、W12，……如果是多台电动机，为了不引起混淆，可在电动机编号的字母的前面冠以数字来区分，如果一台电动机有2组进线，则编号分别编号为 1U1、1V1、1W1 和 1U2、1V2、1W2；如果一台电动机只有一组进线，则编号为 2U、2V 和 2W。

主电路编号示意图如图 8-1-7 所示。

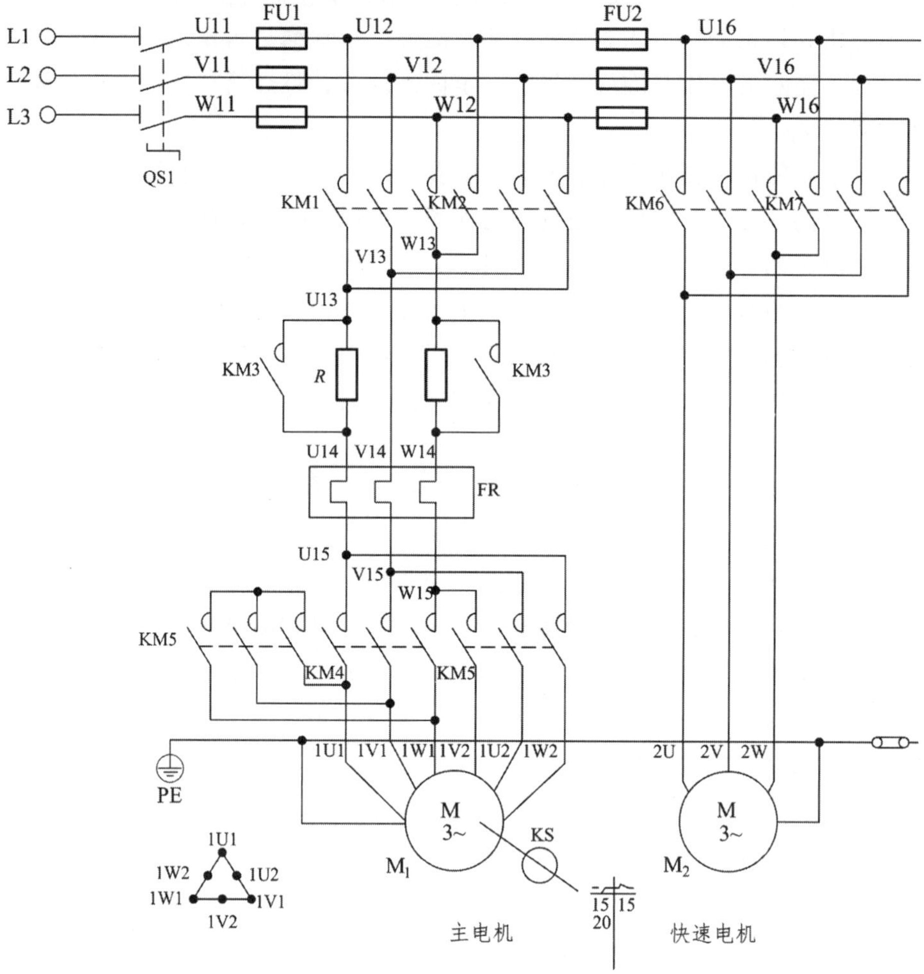

图 8-1-7　主电路编号示意图

2. 控制电路的编号方法

点对点采用 1、2、3、4、5、6、……的方法对接线图编号不易接漏。若是水平布图，数字编号按照自上而下的顺序进行编写；垂直布图，数字编号按照从上至下、由左至右的顺序进行编写。每一个电气接点有一个唯一的接线编号，编号可依次递增。编号采用等位点原则，如图 8-1-8 所示，SB2 进线端线号为 4，与 SB2 并联的 KM1 辅助常开触点进线端线号也为 4；同理，SB2 出线端线号为 4，KM1 辅助常开出线端线号也为 4。

注意：不管在主电路还是控制电路，端子排上进线端和出线端的线号不变。

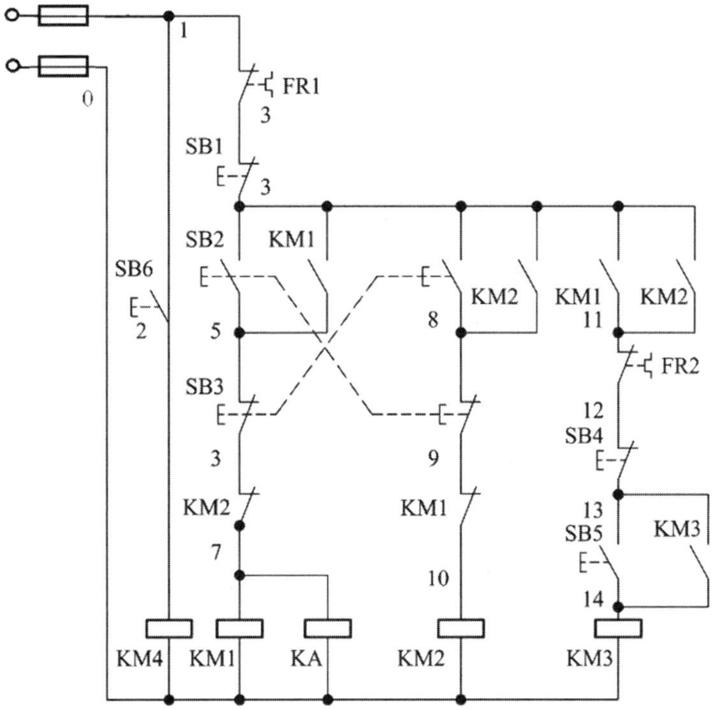

图 8-1-8 控制电路编号示意图

3. 电压测量法

在检查电气设备时，经常用测量电压值来判断电器元件和电路的故障点，检查时万用表扳到交流电压 500 V 挡位。

1）分阶测量法

电压的分阶测量法如图 8-1-9 所示。

若按下起动按钮 SB2，接触器 KM1 不吸合，说明电路有故障。

检修时，首先用万用表测量 1、7 两点之间的电压，若电路正常，应为 380 V。然后按下起动按钮 SB2 不放，同时将黑表棒接到 7 点上，红表笔接 6、5、4、3、2 标号依次向前移动，分别测量 7-6、7-5、7-4、7-3、7-2 各阶之间的电压。电路正常情况下，各阶电压均为 380 V。如测到 7-6 之间无电压说明是断路故障，可将红表笔前移到某点（如 2 点）时电压正常，说明该点（如 2 点）以前触头或接线是完好的，此点（如 2 点）以后的触点或接线断路。这种测量方法像上台阶一样，故称为分阶测量法。分阶测量法可向上测量，即由 7 点向 1 点测量；也可向下测量，即依次测量 1-2、1-3、1-4、1-5、1-6。但向下测量时，若各阶电压等于电源电压，则说明刚测过的触点或导线已断路。向上测量各阶电压值检查故障的方法如表 8-1-2 所示。

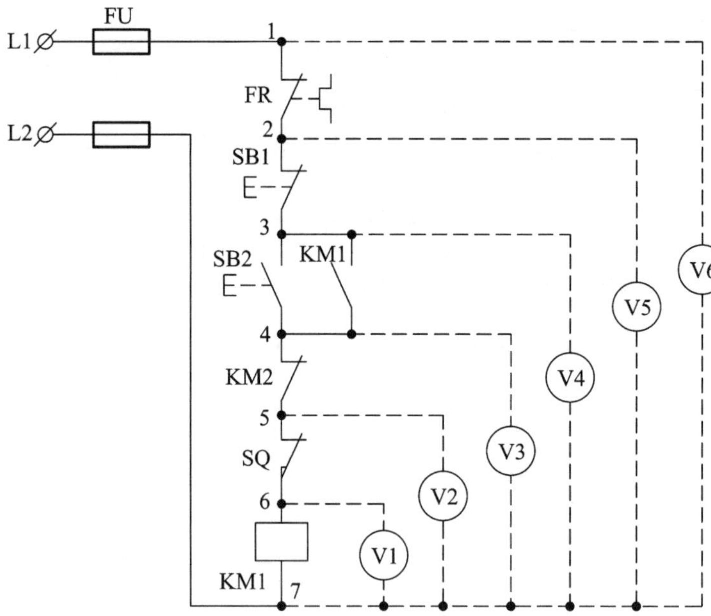

图 8-1-9 分阶测量法

表 8-1-2 用分阶测量法检测故障

故障现象	测试状态	7-6 电压/V	7-5 电压/V	7-4 电压/V	7-3 电压/V	7-2 电压/V	7-1 电压/V	故障原因
按下 SB2 时 KM1 不吸合	按下 SB2 不放	0	380	380	380	380	380	SQ 或者连接 SQ 的导线接触不良
		0	0	380	380	380	380	KM2 或者连接 KM2 的导线接触不良
		0	0	0	380	380	380	SB2 或者连接 SB2 的导线接触不良
		0	0	0	0	380	380	SB1 或者连接 SB1 的导线接触不良
		0	0	0	0	0	380	FR 或者连接 FR 的导线接触不良

2）分段测量法

电压的分段测量法如图 8-1-10 所示。

先用万用表测试 1-7 两点之间的电压，电压为 380 V，说明电源电压正常。

电压的分段测试法是用红、黑两根表棒逐段测量相邻两标号点 1-2、2-3、3-4、4-5、5-6、6-7 的电压。如电压正常，除 6-7 两点间的电压等于 380 V 外，其他任意相邻两点间的电压都应为零。如按下起动按钮 SB2，接触器 KM1 不吸合，说明电路断路。可用电压表逐段测试各相邻两点的电压。如测量某相邻两点电压为 380 V，说明两点所包括的触点连接导线接触不良或断路。如标号 4-5 两点间电压为 380 V，说明接触器 KM2 的常闭触点接触不良。

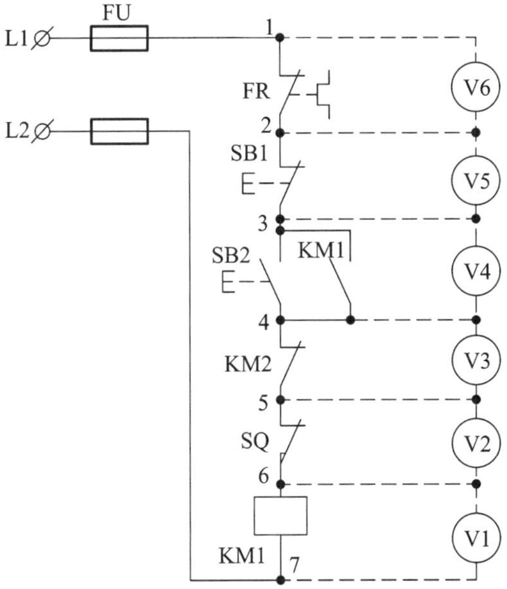

图 8-1-10　分段测量法

根据各段电压值来检查故障的方法如表 8-1-3 所示。

表 8-1-3　用分段测量法检测故障

故障现象	测试状态	1-2 电压/V	2-3 电压/V	3-4 电压/V	4-5 电压/V	5-6 电压/V	故障原因
按下 SB2 时 KM1 不吸合	按下 SB2 不放	380	0	0	0	0	FR 或者连接 FR 的导线接触不良
		0	380	0	0	0	SB1 或者连接 SB1 的导线接触不良
		0	0	380	0	0	SB2 或连接 SB2 的导线接触不良
		0	0	0	380	0	KM2 或者连接 KM2 的导线接触不良
		0	0	0	0	380	SQ 或者连接 SQ 的导线接触不良

4. 对地测量法

机床电气控制电路接 220 V 电压且零线直接接在机床床身，可采用对地测量法来检查电路的故障。电压的对地测量法如图 8-1-11 所示。

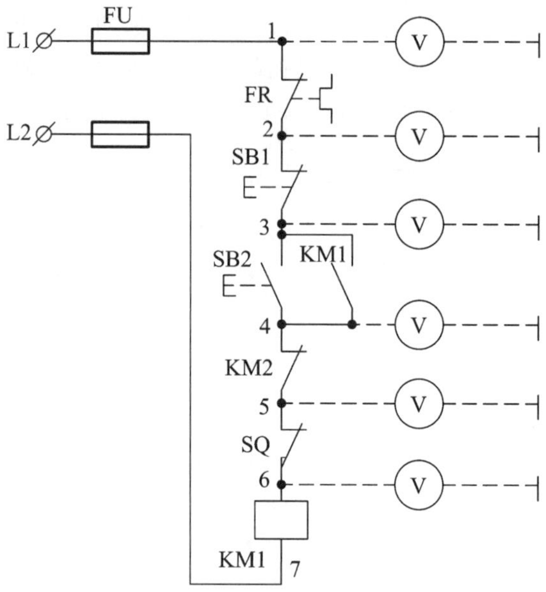

图 8-1-11　对地测量法

测量时，用万用表的黑表棒逐点测 1、2、3、4、5、6 等各点，根据各点对地的测试电压来分析线路的电气故障。利用对地测量的电压值来判别线路电气故障的原因如表 8-1-4 所示。

表 8-1-4　用对地测量法检测故障

故障现象	测试状态	1 点对地电压/V	2 点对地电压/V	3 点对地电压/V	4 点对地电压/V	5 点对地电压/V	6 点对地电压/V	故障原因
按下 SB2 时 KM1 不吸合	按下 SB2 不放	0	0	0	0	0	0	FU 熔断
		220	0	0	0	0	0	FR 常闭触点接触不良
		220	220	0	0	0	0	SB1 接触不良
		220	220	220	0	0	0	SB2 接触不良
		220	220	220	220	0	0	KM2 接触不良
		220	220	220	220	220	0	SQ 常闭触点接触不良
		220	220	220	220	220	220	KM1 线圈断路或接线脱落

用对地测量法检查线路电气故障时应注意事项主要包括：

（1）用分阶测量法来检查线路电气故障时，标号 6 以前各点对 7 点的电压都应为 380 V，如低于额定电压的 20%以上可视为有故障。

（2）用分段或分阶测量法测量到接触器 KM1 线圈两端 6 与 7 的电压等

于电源电压，可判断线路正常；若接触器不吸合，可视为接触器本身有故障。

（3）除对地测量法必须应用于 220 V 线路的故障检测外，其他测量方法如分阶和分段测量法可通用，即在检查一条线路时可同时采用两种及以上的检测方法。

5. 电阻测量法

1）分阶电阻测量法

分阶电阻测量如图 8-1-12 所示。按下起动按钮 SB2，若接触器 KM1 不吸合，说明该电气线路有故障。

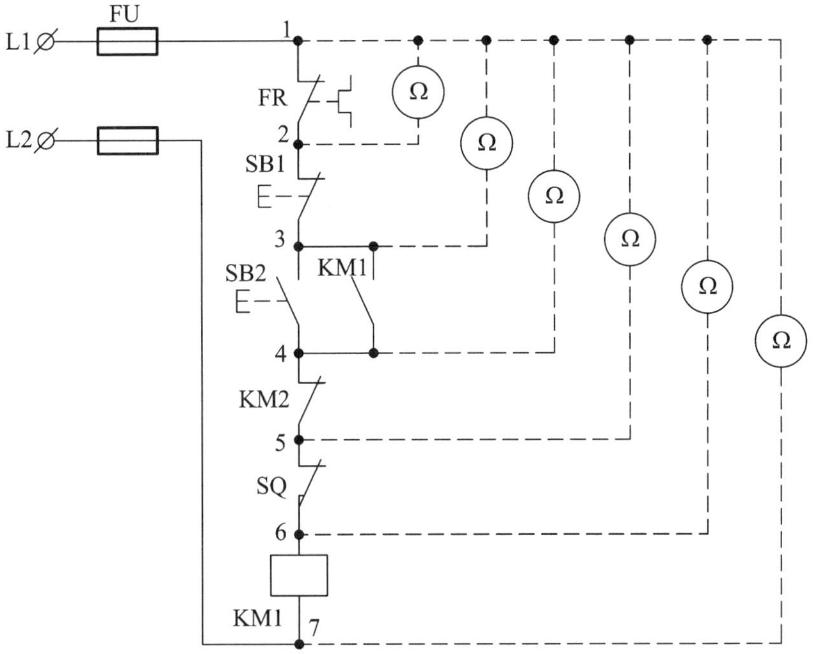

图 8-1-12　分阶电阻测量法

检查时先断开电源，把万用表扳到电阻挡，按下 SB2 不放，测量 1-7 两点间的电阻，如果测得的电阻为无穷大，说明电路断路；然后逐段分阶测量 1-2、1-3、1-4、1-5、1-6 各点的电阻值。当测量到某标号时测得的电阻突然增大，说明表笔刚跨过的触点或连接线接触不良或断路。

2）分段电阻测量法

电阻的分段测量法如图 8-1-13 所示。

检查时先切断电源，按下起动按钮 SB2，然后逐段测量相邻两标号点 1-2、2-3、3-4、4-5、5-6 的电阻。如果测得的某两点间电阻很大，说明该触点接触不良或导线断路。如测得 2-3 两点间的电阻很大，说明停止按钮 SB1 接触不良。

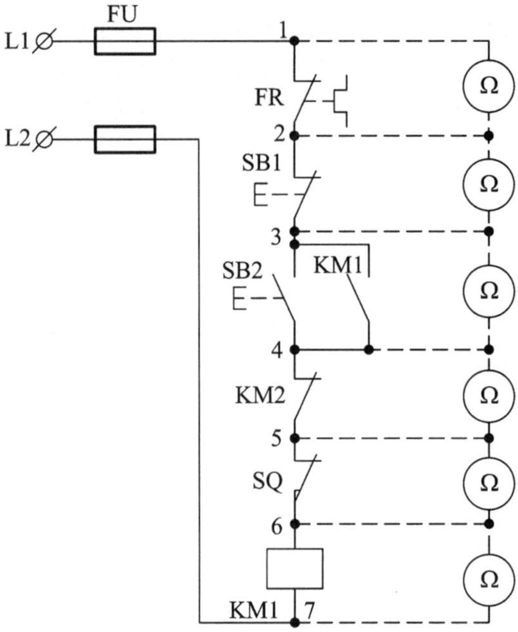

图 8-1-13　分段电阻测量法

3）注意事项

电阻测量法的优点是安全，缺点是测得的电阻值不准确容易造成判断错误。电阻测量法的注意事项主要包括：

（1）用电阻测量法检查故障时一定要断开电源。

（2）所测量线路如与其他线路并联，必须将该线路与其他线路断开，否则所测电阻值不准确。

（3）测量高电阻（如接触器线圈）电器元件，要将万用表的电阻挡扳到适当的位置。

6. 短接测量法

机床电气设备的常见故障为断路故障，如导线断路、虚连、虚焊、触点接触不良、熔断器熔断等。对于这类故障，除用电压法和电阻法检查外，还有一种更为简便可靠的方法即短接法。检查时，用一根绝缘良好的导线，将可能存在断路的部位短接，如短接到某处电路接通，说明该处断路。

1）局部短接法

局部短接法如图 8-1-14 所示。按下起动按钮 SB2 时，若 KM1 不吸合，说明该线路存在故障。检查前，先用万用表测量 1-7 两点间电压，若电压正常，可按下起动按钮 SB2 不放，然后用一根绝缘良好的导线，分别短接到某两点时，接触器 KM1 吸合，说明断路故障就在这两点之间。具体短接部位及故障原因如表 8-1-5 所示。

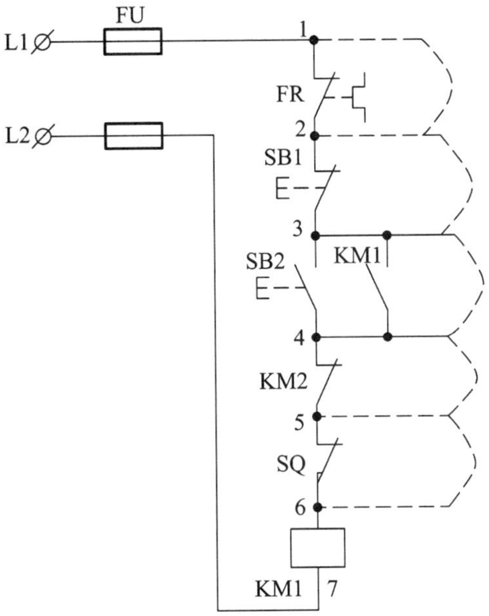

图 8-1-14 局部短接法

表 8-1-5 短接法部位及故障原因

故障现象	短接点标号	KM1 动作	故障原因
按下 SB2 时 KM1 不吸合	1-2	KM1 吸合	FR 常闭触点接触不良或误动作
	2-3	KM1 吸合	SB1 的常闭触点接触不良
	3-4	KM1 吸合	SB2 的常开触点接触不良
	4-5	KM1 吸合	KM2 常闭触点接触不良
	5-6	KM1 吸合	SQ 常闭触点接触不良

2）长短接法

长短接法如图 8-1-15 所示，是指一次短接两个或多个触点来检查故障的方法。当 FR 的常闭触点和 SB1 的常闭触点同时接触不良时，若用局部短接法短接触器 1-2 点，按下 SB2，KM1 仍不能吸合，则可能造成判断错误；而用长短接法将 1-6 点短接，如果 KM1 吸合，说明 1-6 这段电路上有断路故障；再用局部短接法逐段找出故障点。

长短接法的另外一个作用是把故障点缩小到一个较小的范围。如第一次先短接 3-6 点，KM1 不吸合，再短接 1-3 点，KM1 吸合，说明故障在 1-3 点范围内。可见，用长短接法结合的短接法能很快地排除故障。

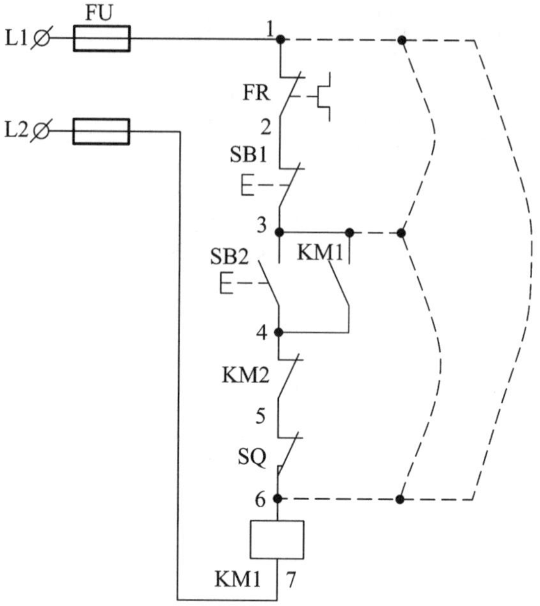

图 8-1-15　长短接法

3）用短接法检查故障时的注意事项主要包括：

（1）短接法是用绝缘导线带电操作的，所以一定要注意安全，避免触电事故。

（2）短接法只适用于压降极小的导线及触点之类的断路故障。对于压降较大的电器，如电阻、线圈、绕组等断路故障，不能采用短接法，否则会出现短路故障。

（3）对于机床的某些关键部位，必须保障电气设备或机械部位不会出现事故的情况下，才能使用短接法。

以上所述检查分析电气设备故障的一般顺序和方法，应根据故障的性质和具体情况灵活应用，断电检查多采用电阻法，通电检查多采用电压法或电流法。各种方法可交叉使用。

任务 8.2　普通常见车床的故障分析与检修

8.2.1　C650 卧式车床常见故障分析与检修

图 8-2-1 所示为 C650 型车床电气原理图，表 8-2-1 为 C650 常见故障分析与检修思路。

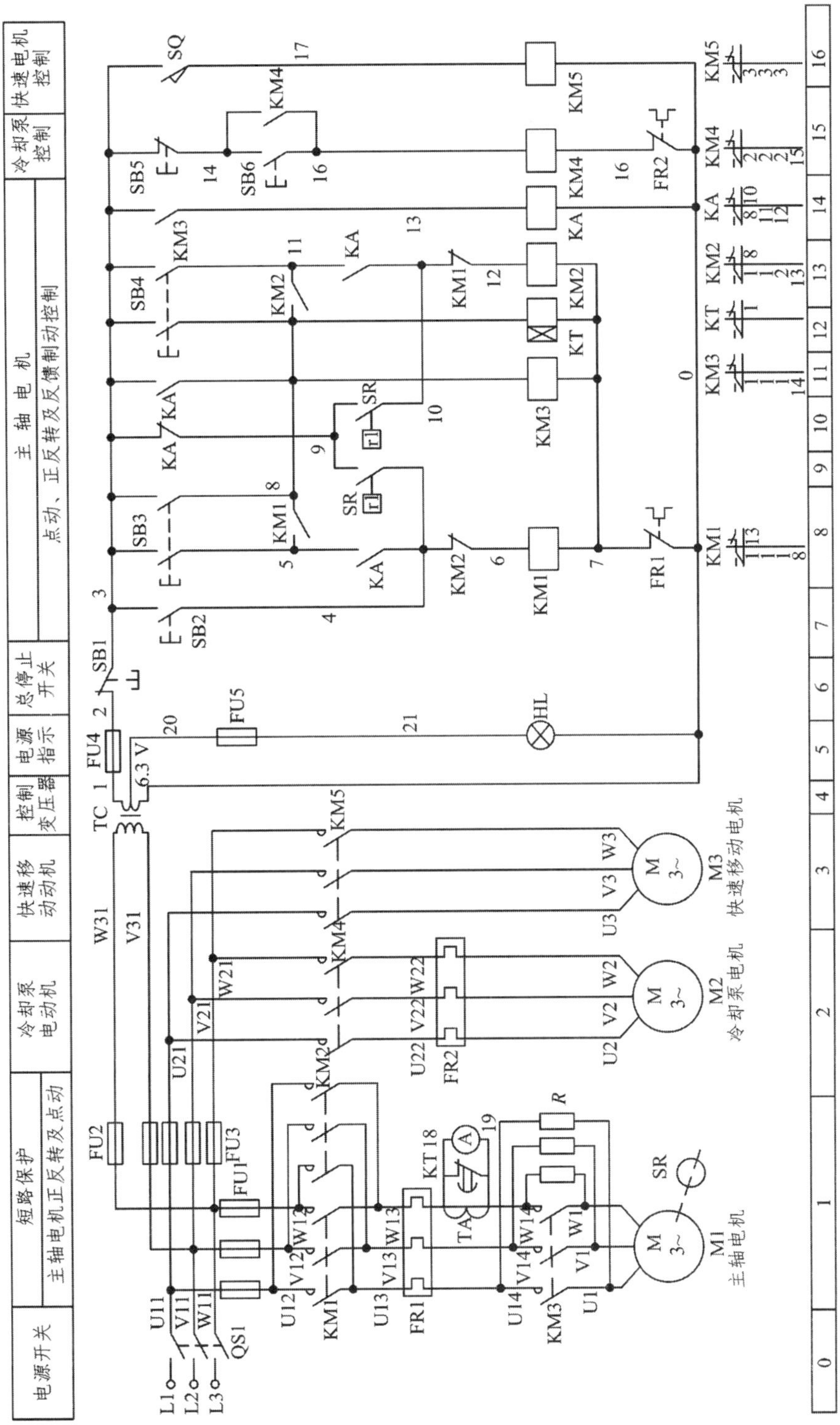

图 8-2-1 C650 型车床电气原理图

表 8-2-1　C650 常见故障分析与检修思路

故障现象	故障原因	故障检修
操作时无反应	（1）无电源； （2）Q1 接触不良或内部熔丝断开； （3）FU4 熔断或接触不良； （4）变压器 TC 线圈有开路； （5）SB1 接触不良； （6）V11、W11、W31、V31、0、1、2、3 号线中有脱落或断路	检查电源是否正常；然后断电后，用万用表电阻挡检查相关部分；
主轴电机不能点动，其余动作正常	（1）3、4 号线中有脱落或断路； （2）SB2 接触不良	用万用表电阻挡检查相关部分
主轴电机不能正反转 KM3 也不能吸合	（1）3、8、7 号线中有脱落或断路； （2）FR1 常闭触点断开或接触不良； （3）KM3 线圈断路	用万用表电阻挡检查相关部分
主轴电机不能正反转 KM3 能吸合	（1）3、13、0 号线中有脱落或断路； （2）KM3（3-13）常开触点接触不良； （3）K1 线圈断路	用万用表电阻挡检查相关部分
主轴电机不能正转，但点动正常，反转正常	（1）3、5、4、8 号线中有脱落或断路； （2）SB5 接触不良； （3）K1（5-6）常开触点接触不良	用万用表电阻挡检查相关部分
主轴电机不能点动及正转，且反转时无反接制动	（1）4、6、7 号线中有脱落或断路； （2）KM2（4-6）常闭触点接触不良； （3）KM1 线圈断路	用万用表电阻挡检查相关部分
主轴电机反转不能自锁	（1）8、11 号线中有脱落或断路； （2）KM2（8-11）常开触点接触不良	用万用表电阻挡检查相关部分
主轴电机正反转均不能自锁	（1）3、8 号线中有脱落或断路； （2）K1（3-8）常开触点接触不良	用万用表电阻挡检查相关部分
主轴电机点动、正转均无反接制动，但反转正常	（1）9、10 号线中有脱落或断路； （2）SR（9-10）常开触点接触不良	用万用表电阻挡检查相关部分
主轴电机正反转均无反接制动	（1）3、9 号线中有脱落或断路； （2）K1（3-9）常开触点接触不良； （3）速度继电器模块损坏	用万用表电阻挡检查相关部分
主轴电机反转缺相，点动、正转不能停车	KM2 主触头中有一个接触不良	用万用表电阻挡检查相关部分
主轴电机点动缺相，正、反转运行时正常，但正反转停车时均不能停车	制动电阻 R 中有一个开路	用万用表电阻挡检查相关部分
主轴电机正反转均无反接制动	（1）3、9 号线中有脱落或断路； （2）K1（3-9）常开触点接触不良； （3）速度继电器模块损坏	用万用表电阻挡检查相关部分
主轴电机正反转均无反接制动	（1）3、9 号线中有脱落或断路； （2）K1（3-9）常开触点接触不良； （3）速度继电器模块损坏	用万用表电阻挡检查相关部分

8.2.2　Z3040 型摇臂钻床常见故障分析与检修

摇臂钻床电气控制的特殊环节是摇臂升降。Z3040 系列摇臂钻床的工作过程是由电气与机械、液压系统紧密结合实现的。因此，在维修中不仅要注意电气部分能否正常工作，也要注意与机械和液压部分的协调关系，下面分析摇臂钻床常见的故障现象及检修。

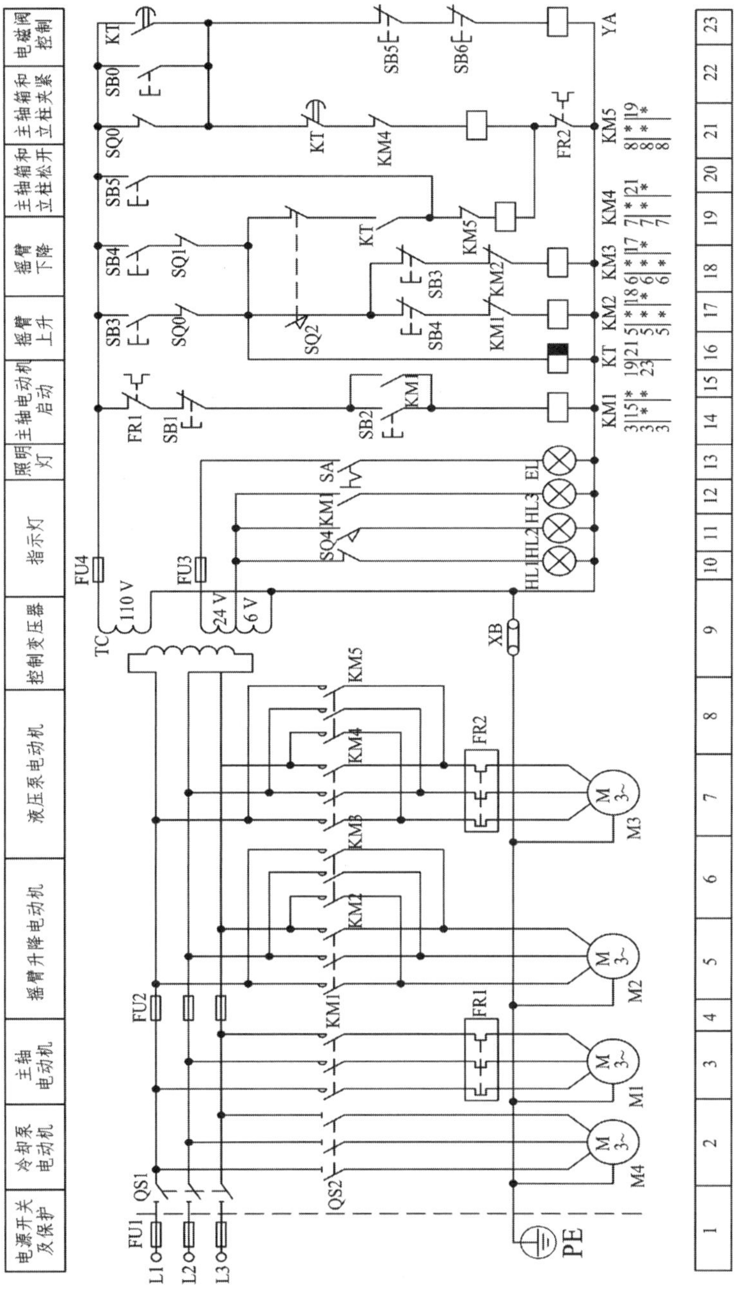

图 8-2-2　Z3040 型摇臂钻床的电气原理图

1. 主轴电动机无法起动

（1）电源总开关 QS1 接触不良，需调整或更换。

（2）控制按钮 SB1 或 SB2 接触不良，需调整或更换。

（3）接触器线圈 KM1 线圈断线或触头接触不良，需重接或更换。

2. 摇臂不能升降

（1）行程开关 SQ2 的安装位置移动，使摇臂松开后没有压下 SQ2。由摇臂升降过程可知，摇臂升降电动机 M2 旋转，带动摇臂升降，其前提是摇臂完全松开，活塞杆压行程开关 SQ2。如果 SQ2 不动作，常见故障是 SQ2 安装位置移动。这时，摇臂虽已放松，但活塞杆压不上 SQ2，摇臂就不能升降，有时，液压系统发生故障，使摇臂放松不够，也会压不上 SQ2，使摇臂不能移动。由此可见，SQ2 的位置非常重要，应配合机械、液压调整好后紧固。

（2）液压泵电动机 M3 的电源相序接反，导致行程开关 SQ2 无法压下。液压泵电动机 M3 电源相序接反时，按上升按钮 SB3（或下降按钮 SB4），液压泵电动机 M3 反转，使摇臂夹紧，SQ2 应不动作，摇臂也就不能升降。因此，在机床大修或重新安装后，要检查电源相序。

（3）控制按钮 SB3 或 SB4 接触不良，需调整或更换。

（4）接触器 KM2、KM3 线圈断线或触头接触不良，需重接或更换。

3. 摇臂升降后，摇臂夹不紧

（1）行程开关 SQ3 的安装位置不当，需进行调整。

（2）行程开关 SQ3 发生松动而过早动作，液压泵电动机 M3 在摇臂还未充分夹紧时就停止了旋转。

由摇臂夹紧的动作过程可知，夹紧动作的结束是由位置开关 SQ3 来完成的，如果 SQ3 动作过早，将导致 M3 尚未充分夹紧就停转。常见的故障原因是 SQ3 安装位置不合适、固定螺丝松动造成 SQ3 移位，使 SQ3 在摇臂夹紧动作未完成时就被压上，切断了 KM5 回路，使 M3 停转。

排除故障时，首先判断是液压系统的故障（如活塞杆阀芯卡死或油路堵塞造成的夹紧力不够），还是电气系统故障。对电气方面的故障，应重新调整 SQ3 的动作距离，固定好螺钉即可。

4. 立柱、主轴箱不能夹紧或松开

立柱、主轴箱不能夹紧或松开的可能原因是油路堵塞、接触器 KM4 或 KM5 不能吸合所致。出现故障时，应检查按钮 SB6、SB7 接线情况是否良好，若接触器 KM4 或 KM5 能吸合，M3 能运转，可排除电气方面的故障，则应请液压、机械修理人员检修油路，以确定是否是油路故障。

5. 摇臂上升或下降限位保护开关失灵

组合开关 SQ1 的失灵分两种情况：一是组合开关 SQ1 损坏，SQ1 触头不能因开关动作而闭合或接触不良使线路断开，由此使摇臂不能上升或下降；二是组合开关 SQ1 不能动作，触头熔焊，使线路始终处于接通状态，当摇臂上升或下降到极限位置后，摇臂升降电动机 M2 发生堵转，这时应立即松开 SB4 或 SB5。根据上述情况进行分析，找出故障原因，更换或修理失灵的组合开关 SQ1 即可。

6. 按下 SQ6 立柱、主轴箱能夹紧，但释放后就松开

由于立柱、主轴箱的夹紧和松开机构都采用机械菱形块结构，所以这种故障多为机械原因造成的。可能是菱形块和承压块的角度方向搞错，或者距离不合适，也可能因夹紧力调得太大或夹紧液压系统压力不够导致菱形块立不起来，可找机械修理工检修。

8.2.3 T68 型卧式镗床常见故障分析与检修

图 8-2-3 所示为 T68 型镗床的电气原理图。

1. 整机不能工作

若整机不能工作，首先考虑是否有 380 V 电源和 110 V 电源，若 380 V、110 V 电源正常，就应该检查 FU3 控制电路熔断器是否熔断以及控制电路是否有断线造成整机不能工作。

2. 按下 SB2 起动按钮 KA1 不能自锁

11 区是 KA1 中间继电器的电路，按下 SB2 按钮，KA1 线圈能吸合，表明起动电路无故障，最大可能是 11 区的 KA 自锁回路出现故障。

3. 按下反转起动按钮 SB3 时 KA2 不能吸合；按下 SB2 时 KA1 能吸合

11 区、12 区是一个中间继电器联锁正反转控制电路，反转不可以起动，而正转可以起动，则说明 205#线之前没有问题，应该重点检查 12 区的线路，包括 205#线至 208#线或至 209#线等回路。

4. MI 不能由低速正转自动变为高速运行（即 KM3 和 KT 不得电吸合）

当将机床高、低变速手柄扳至高速挡时，行程开关 SQ7 在 13 区的常开触头应闭合，按下 11 区 SB2 起动按钮，KA1 闭合并自锁，KA 在 13 区、15 区的常开触头闭合，此时行程开关 SQ3、SQ4 在 13 区的常开触头在正常情况下是闭合的，所以 KM3 和 KT 线圈应通电闭合，不工作原因应围绕从 205#线→210#线→+11#线→212#线→200#线检查。

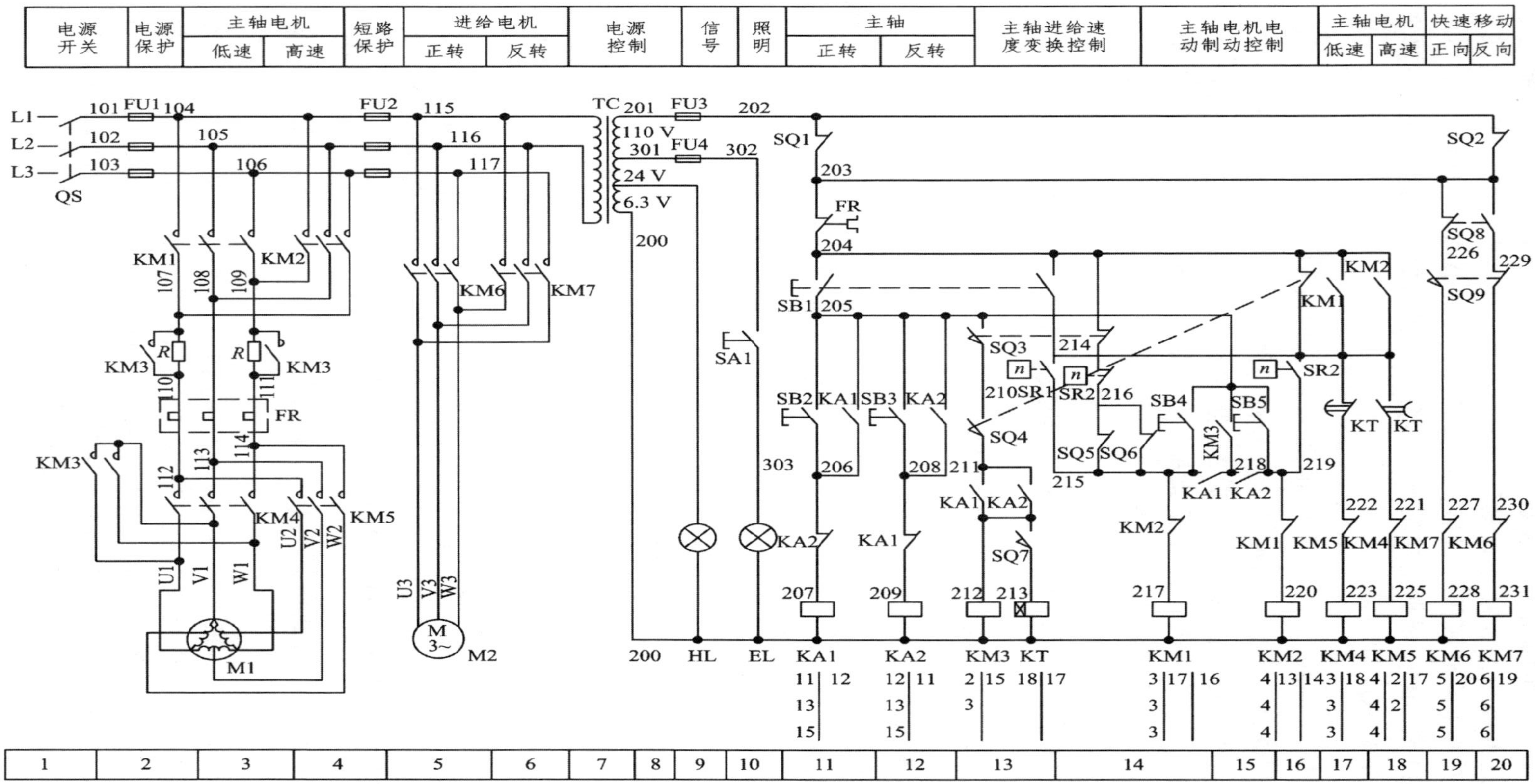

图 8-2-3　T68 型镗床的电气原理图

5. 按下 SB4 按钮，正向点动不工作

根据原理图可知，点动电源是 205#线提供到 14 区的 SB4 按钮上方的。如果按下 SB5，反向点动也不工作，则故障可能出现在点动电路的公共线；如果按下 SB5，反向点动能工作，则故障可能就在 KM1 线圈至 SB4 点动按钮回路。

6. Ml 正转不能制动

当 M 处于正向高速或低速运行达到 120 r/min 时，速度继电器在 16 区的常开触头 KS2 闭合，为反接制动做好准备。主轴制动时，按下 SB1 制动停止按钮，SB1 在 11 区的常闭触头断开，使 KA1 线圈失电释放，KA1 在 13 区、14 区的常开触头断开，切断 KM3、KM 线圈电源，KM 在 16 区的常闭触头闭合为 KM2 制动做好准备。当 SB1 常开触头闭合时，接通 KM2 线圈电源而实现制动。根据以上思路，可用万用表电阻挡逐个排除线路故障。

7. 主轴反转不能停车制动控制

参照上述方法进行分析，可用电压分段测量法，也可用电阻分段测量法逐个排除线路故障。

8. 进给变速控制正常，但变速不能啮合

选择新的速度后将进给变速手柄推回原位时，进给变速行程开关 SQ5 在 14 区的常闭触头闭合，KM1 线圈应得电吸合，KM4 得电吸合，主轴电动机低速串电阻 R 正转起动，当转速达到 120 r/min 时，速度继电器在 14 区的常闭触头 KS2 断开，在 16 区的常开触头 K2 又闭合，KM2 线圈得电，M1 进行正转反接制动；当转速减至 100 r/min 时，速度继电器在 14 区的常闭触头 KS2 又复位闭合，主轴电动机又正转起动，如此反复，直至变速齿轮啮合好为止。变速手柄回原位，SQ5 被压合，SQ5 在 14 区的常闭触头断开，切断变速冲动电路 S4 行程开关重新被压合，这时 KM3、KM1、KM5 线圈得电，完成进给变速。根据以上原理，用万用表检查该控制回路，逐个查找故障。

本模块主要介绍了典型电气控制系统的电气故障检修方法和思路，要想快速、正确地进行电气故障检修，熟知电气控制电路的工作原理，了解各电气元器件与机械操作手柄的关系是基础；了解故障发生的情况及经过是关键。还需掌握用万用表检查电路或用导线短接法查找故障点的方法。通过不断参加生产实践，提高阅读与分析电路图的能力，提高分析与排除故障的能力。

练习题

1. 简述万用表的使用方法。

2. 简述利用仪表排除电气故障的几种方法。

3. 根据所学知识，简述题图 1 所示 CA6140 卧式车床快速进给电动机不工作的故障排除过程。

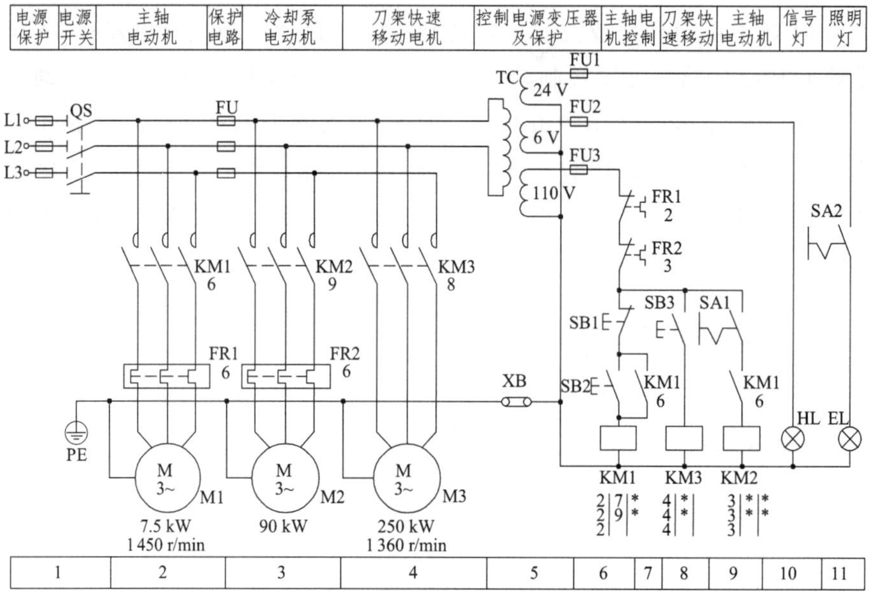

题图 1

参考文献

[1] 罗文，程晶晶，成茜．电机与电气控制技术[M]．成都：西南交通大学出版社，2021．
[2] 袁维义，陈锐．电机与电气控制技术[M]．北京：北京理工大学出版社，2013．
[3] 白雪．电机与电气控制技术[M]．西安：西北工业大学出版社，2008．
[4] 刘伦富，侯守军．电机与电气控制[M]．2版．北京：国防工业出版社，2010．
[5] 张明金．电机与电气控制技术[M]．北京：电子工业出版社，2011．
[6] 姜新桥，蔡建国．电机与电气控制技术[M]．北京：人民交通出版社，2014．
[7] 吴敏．电机与电气控制技术[M]．北京：机械工业出版社，2014．
[8] 许翏．电机与电气控制技术[M]．4版．北京：机械工业出版社，2024．
[9] 刘克军，陈东林．电机与电气控制技术及技能[M]．北京：高等教育出版社，2015．
[10] 赵承荻，王玺珍，宋涛．电机与电气控制技术[M]．北京：高等教育出版社，2016．
[11] 曾令琴．电机与电气控制技术[M]．北京：人民邮电出版社，2017．
[12] 修胜全，王旭亮．电机与电气控制技术[M]．北京：清华大学出版社，2017．
[13] 冯泽虎．电机与电气控制技术[M]．2版．北京：高等教育出版社，2018．
[14] 李艳玲，朱光耀．电机与电气控制技术[M]．北京：机械工业出版社，2020．
[15] 吴敏，陈菊华，汤泽容．电机与电气控制技术[M]．北京：机械工业出版社，2013．
[16] 李坤，刘辉．电机与电气控制技术[M]．2版．北京：北京理工大学出版社，2022．
[17] 田淑珍．电机与电气控制技术[M]．北京：机械工业出版社，2010．
[18] 罗明凤．电机与电气控制技术[M]．成都：西南交通大学出版社，2016．
[19] 程周．电机与电气控制技术[M]．2版．北京：电子工业出版社，2014．
[20] 赵勇，胡建平．电机与电气控制技术[M]．成都：西南交通大学出版社，2017．
[21] 姚昕，孙欣．电机与电气控制[M]．北京：北京邮电大学出版社，2019．